"十四五"职业教育国家规划教材

职业教育工业分析技术专业教学资源库（国家级）配套教材

仪器分析

李炜　夏婷婷　主编

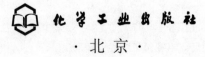化学工业出版社

·北京·

《仪器分析》为职业教育工业分析技术专业教学资源库（国家级）配套教材之一。本教材全面贯彻党的教育方针，落实立德树人根本任务，在教材中有机融入党的二十大精神。

全书共分为九个项目，内容包括仪器分析的基本知识、紫外-可见分光光度法的应用、红外吸收光谱法的应用、原子吸收光谱法的应用、电位分析法的应用、色谱分析法基本知识、气相色谱分析法的应用、高效液相色谱分析法的应用、其他仪器分析法简介。教材内容含有大量图片、动画和视频，并使用二维码技术，方便学生随时观看动画和视频。

本书可作为工业分析技术专业及其他学习仪器分析技术课程的相关专业学生使用，亦可供通过教学资源库系统学习仪器分析知识的专业技术人员等学习使用。

图书在版编目（CIP）数据

仪器分析/李炜，夏婷婷主编. —北京：化学工业出版社，2020.1（2023.10重印）
职业教育工业分析技术专业教学资源库（国家级）配套教材
ISBN 978-7-122-36016-8

Ⅰ.①仪… Ⅱ.①李…②夏… Ⅲ.①仪器分析-职业教育-教材 Ⅳ.①O657

中国版本图书馆 CIP 数据核字（2020）第 004301 号

责任编辑：刘心怡　蔡洪伟　　　　　　　　　　文字编辑：孙凤英
责任校对：边　涛　　　　　　　　　　　　　　装帧设计：王晓宇

出版发行：化学工业出版社（北京市东城区青年湖南街 13 号　邮政编码 100011）
印　　装：高教社（天津）印务有限公司
787mm×1092mm　1/16　印张 15　字数 394 千字　　2023 年 10 月北京第 1 版第 6 次印刷

购书咨询：010-64518888　　售后服务：010-64518899
网　　址：http://www.cip.com.cn
凡购买本书，如有缺损质量问题，本社销售中心负责调换。

定　　价：**39.80 元**　　　　　　　　　　　　　　　　版权所有　违者必究

前言

"仪器分析"是高职高专院校工业分析技术专业的专业核心课程，也是化学化工类及其他分析检测类专业的必修课。本教材结合微知库工业分析技术专业国家教学资源库"仪器分析"课程资源进行编写，吸收了本专业理论与实践的新进展，根据企业岗位对从业人员知识与技能要求编写，注重分析检测人员职业能力的培养。结合常见仪器分析技术阐述了基本理论、基本技能和操作方法。

遵照教育部对教材编写工作的相关要求，本教材在编写、修订及进一步完善过程中，注重融入课程思政，体现党的二十大精神，以潜移默化、润物无声的方式适当渗透德育，适时跟进时政，让学生及时了解最新前沿信息，力图更好地达到新时代教材与时俱进、科学育人之效果。

全书共设有九个项目和三十九个任务单元，主要包括仪器分析的基本知识、紫外-可见分光光度法的应用、红外吸收光谱法的应用、原子吸收光谱法的应用、电位分析法的应用、色谱分析法基本知识、气相色谱分析法的应用、高效液相色谱分析法的应用、其他仪器分析法简介等内容。

本书在编排体例上，立足教、学结合，在全方位服务师生的同时，兼顾了学生职业方向和用人单位的需要，实现了教学资源与教学内容的有效对接，打造生动、立体课堂，提高学生学习兴趣及主动性。情景项目体现了"主体教材＋教学资源库"一体化的特点，主体教材内容涵盖了项目引导、任务要求、思考与交流、项目小结、练一练测一测等内容，并从"工业分析技术专业教学资源库"中摘选部分教学动画，以二维码形式呈现。动画资源的加入，为教师课堂教学预留空间的同时，也便于学生自学掌握必备的知识点。

本书由李炜、夏婷婷主编，编写分工如下：天津渤海职业技术学院李炜副教授编写项目一、项目六、项目七并负责全书的统稿，天津渤海职业技术学院曹卫忠副教授编写项目二，天津渤海职业技术学院邢竹副教授编写项目三，江苏工程职业技术学院夏婷婷编写项目四、项目八，天津渤海职业技术学院何姗副教授编写项目五，天津职业大学朱虹副教授编写项目九。

本书在编写过程中吸收了国内外专家、学者的研究成果和先进理念，参考了大量著作、教材和网络资源，在此衷心感谢所有参考文献资源的编著者们！也感谢教学资源库中本课程资源的制作者们的辛勤付出！

本书在编写过程中虽已尽了最大努力，但由于时间仓促等诸多原因，部分内容不尽满意，更难免有不足之处，恳请读者批评指正。

编者

目录

部分练一练测一测答案

参考文献

项目一
仪器分析的基本知识

 项目引导

仪器分析是分析化学学科的一个重要分支，是一门涉及化学、物理学、数学等多学科的综合性课程。有别于化学分析法，仪器分析是以物质的物理或物理化学性质为基础建立起来的多种分析方法的总称，是以合理运用基本理论知识及熟练的操作技能解决分析测试实际问题为目的的应用型课程。具体地说，仪器分析利用专门的测量仪器对物质进行定性分析、定量分析、结构分析及形态分析。

本模块将介绍仪器分析的基本知识，包括仪器分析的产生及发展，仪器分析的概念、类型、特点等方面的内容。

任务　认识仪器分析

任务要求

1. 了解仪器分析的产生和发展趋势。
2. 掌握仪器分析的概念。
3. 理解仪器分析的特点。
4. 了解仪器分析的类型。

一、仪器分析的产生及发展

1. 仪器分析的产生

仪器分析是分析化学的一个重要分支。经过十九世纪的发展，到二十世纪二三十年代，分析化学的发展已经基本成熟，它不再是各种分析方法的简单堆砌，已经从经验操作上升到了理论认知的阶段，从而建立了分析化学自身的基本理论，如分析化学中的滴定误差、滴定曲线、指示剂的作用原理、沉淀的生成和沉淀的溶解等。

二十世纪四十年代后，一方面由于生产和科学技术发展的需要，另一方面由于物理学的革命使人们对科学的认识进一步深化，分析化学也随之发生了革命性的变革，从传统的化学分析法逐渐发展为仪器分析。

现代仪器分析的发展经历了三次巨大的变革。第一次变革是在十六世纪分析天平的发明到二十世纪溶液的四大平衡理论的建立，分析化学引入物理化学的知识，从而形成了自身的理论基础。第二次变革是在二十世纪四十年代，随着科学技术的不断进步，尤其是物理学和电子技术的飞速发展，为现代仪器分析奠定了坚实的理论基础。第三次变革在二十世纪八十年代初，伴随着计算机的应用，尤其是微型计算机的发展，给现代仪器分析注入了新的活力，也带来了全新的革命。化学计量学的出现，使现代仪器分析的检测方法更加简便、快捷，灵敏度更高，检测结果更加准确，自动化程度大大提高。

在现代仪器分析的发展中，理论和方法相辅相成、相互作用。理论起到了基础指导作用，转化为方法时，需要特定的仪器、设备和试剂来实现，而技术就是实现和实施测定方法的桥梁。我们学习的重点就在于仪器分析的实用技术。

2. 仪器分析的发展趋势

现代仪器分析技术的发展正处于第三次变革时期，特别是生命科学、环境科学、新材料学的发展需求，同时生物学、信息技术的引入，使仪器分析的发展进入了新时代。仪器分析的发展趋势主要可归纳为以下几点：

（1）方法的创新　尤其是针对分析方法的灵敏度、选择性的提高。方法的灵敏度是各种分析方法发展所追求的目标，许多新技术的引入都是基于此目的。例如，激光技术的引入，促使了一系列光学分析法的更新，大大提高了测定的灵敏度。同时，方法选择性的提高在一定程度上要求采用新的选择性试剂、选择性传感器和检测器等也是当前仪器分析研究的重要课题。

（2）分析仪器的自动化、智能化　主要体现在微处理器、集成电路和微型计算机等微电子技术在仪器分析检测中的广泛应用。各类仪器工作站的投入使用，不仅仅可以完成分析数据的运算，甚至还能够储存分析方法和标准数据，乃至自主设计检测方法，控制仪器的全部操作，从而实现分析操作自动化和智能化。

（3）非破坏性检测及遥测技术　对于生产流程的控制，离线分析检测不能及时、直接、准确地反映生产实际。而运用先进的技术和分析原理，研究并建立的实时、在线和高灵敏度、高选择性的新型动态分析检测和非破坏性检测，将是二十一世纪仪器分析发展的主流。生物传感器、酶传感器及纳米传感器等的不断涌现也为现代仪器分析带来了前所未有的机遇。而以激光雷达、激光散射原理为基础建立的遥测技术也在环境化学、国防军事等领域发挥越来越重要的作用。

（4）复杂物质形态的表征与测定　对于迄今为止发现的上千万种化合物，我们已经不满足于进行定性、定量的测定，而开始关注其微观形态、状态。例如，环境学中不同价态的同一元素形成的不同形态的有机化合物，在毒性上可能存在较大差异；材料学中物质的晶态、结合态等是影响材料性能的重要因素；生物学中，生物大分子及生物活性物质的表征与测定，已经使我们在研究生命过程方面达到了分子细胞水平的层面。仪器分析技术在以上领域已占据了十分重要的地位。

（5）微型化及微环境的表征与测定　现代分析化学已经逐渐从宏观世界向微观世界拓展。电子学、光学、工程学向微型化发展促进了分析仪器的微型化。电子显微镜、电子探针、激光微探针等微束技术的实现为微区分析提供了重要手段。电子能谱、次级离子质谱、脉冲激光原子探针等的发展使其广泛用于材料学、催化剂、生物学等领域的表面分析。

（6）多种方法的联合使用　多种方法的联用可使每种方法的优点得以发挥，缺点得以补救。联用分析技术已成为当前仪器分析的重要发展方向。目前已实现商品化的仪器有色谱-质谱联用仪和色谱-光谱联用仪等。

（7）扩展时空多维信息　随着环境科学、宇宙科学、能源科学、生命科学、临床化学、生物医学等学科的兴起，现代仪器分析已不仅仅局限于将待测组分分离出来进行表征和测量，而是逐渐成为一门尽可能多地提供物质化学信息的科学。随着人们对客观物质认知的深入，某些过去所不甚熟悉的领域，如多维空间、不稳定和边界条件等也逐渐被提到研究日程上来。采用现代核磁共振光谱、质谱、红外光谱等分析方法，可提供有机物分子的精细结构、空间排列构成及瞬态变化等信息，为人们对化学反应历程及生命的认识提供了重要基础。

总之，仪器分析正在向更加简便、快速、准确、灵敏及特殊分析的方向迅速发展。

二、仪器分析的概念

仪器分析是指采用比较复杂的仪器设备，通过测定物质的物理或物理化学性质及其参数变化，来确定物质的组成、结构及其相对含量的一门科学。与化学分析相比，仪器分析具有明显不同的特征。仪器分析一般都要采用比较复杂的仪器设备，而化学分析一般仅限于使用实验室常见的玻璃仪器及一些准确的量具；仪器分析一般都会用到大型的分析设备，比如光谱仪、色谱仪等，这是仪器分析的表观特征。

仪器分析的本质特征是测定物质的物理或物理化学性质，这一特征也是明显区别于化学分析的典型特征。化学分析测定的关键步骤一般都会涉及物质的化学性质，例如，在滴定分析中的四大滴定过程就分别涉及酸碱中和反应、配位反应、氧化还原反应和沉淀反应；而仪器分析测定的关键步骤是测定物质的一些物理或物理化学性质及其参数，一般都不会涉及化学性质或化学反应。例如比色分析，它是通过比较物质或溶液颜色深浅来确定物质含量或溶液浓度的方法，由于测定的参数是物质颜色的深浅，它应该属于仪器分析中的光学分析。值得注意的是，比色分析中的目视比色，是直接用眼睛观察进行比色，整个测定过程仅仅用到了比色管这种玻璃仪器，而并没有用到大型的分析仪器设备，由于其测定的是物理性质，即颜色，因此也应该属于仪器分析的范畴。

仪器分析的任务是测定物质的组成、结构及相对含量，也就是对被测物质进行定性、定量分析。而仪器分析法定量只能测定相对含量，需要纯物质或已知含量的标准物质作为参照，这是要依靠化学分析法来解决的。

仪器分析与化学分析二者共同构成了分析化学这门学科，是分析化学学科的两大分支。仪器分析以化学分析为基础，不能脱离化学分析而独立存在。前面提到了仪器分析是一种相对分析法，需要参照物，也就是纯物质或已知含量的标准物质，而这些物质的获得必须依靠化学分析法。此外，仪器分析过程中对样品的分离、富集、消除干扰等处理环节都需要化学分析法支撑。因此仪器分析是依靠化学分析的，也可以说化学分析是仪器分析的基础。此外，仪器分析法是分析化学学科的发展趋势。现代仪器分析技术由于其测定简便、快速、灵敏度高、应用广泛等一系列优势，已经逐渐取代了化学分析法在分析化学中的应用价值，是今后分析化学学科主要的发展方向。

三、仪器分析方法的分类

仪器分析是一门多学科汇集的综合性应用科学，所涉及的范围非常广泛，分析的方法也有很多，一般可以根据分析测定的基本原理进行分类，主要包括光学分析法、电化学分析法、色谱分析法及其他分析法共四大类。

第一类，光学分析法。这是建立在物质与光辐射相互作用基础上的一类分析方法，根据作用形式的不同又可以分为光谱法和非光谱法两种。光谱法是测定物质对光的吸收、发射、散射等性质的，包括原子光谱法和分子光谱法，原子光谱法又分为原子发射光谱、原子吸收光谱、原子荧光光谱、X射线荧光光谱等分析方法；分子光谱法分为紫外-可见分光光度法、红外吸收光谱法、分子荧光光谱法、分子磷光光谱法、光声光谱、拉曼光谱和化学发光法等。非光谱法是建立在测定其他光学性质的基础上的，包括折射法、干涉法、散射浊度法、旋光法、X射线衍射法、X射线荧光分析法、X射线光电子能谱法、电子衍射法等。

第二类，电化学分析法。这是建立在溶液电化学基础上的一类分析方法，用来测定化学电池的电化学性质。根据测定的电化学性质的不同可以分为电位分析法、电导分析法、电解分析法、库仑分析法、伏安法、极谱分析法等。

第三类，色谱分析法。这是一种分离分析的方法，是利用混合物中各组分在互不相溶的两相，即固定相和流动相中的吸附能力、分配系数或其他亲和作用的差异建立的分离、测定的方法。根据两相状态及分离形式的不同可以分为气相色谱法、高效液相色谱法、超临界流体色谱法、离子色谱法、薄层色谱法、纸色谱法、高效毛细管电泳法等。

第四类，把不属于以上三类的仪器分析方法都归为第四类，即其他分析法。典型的有质谱法、核磁共振波谱分析法、热分析法（包括热重分析、差热分析及差示扫描量热分析法）、核分析法（包括放射化学分析和同位素稀释法）、电子显微镜分析法（包括透射电显、扫描电显及电子探针显微分析法）等。

综上所述，我们可以看到，仪器分析的种类相当复杂，分析方法的数量非常庞大，要想完整地学习仪器分析就需要长期坚持不懈地努力。本门课程仅简单介绍一些常用的仪器分析方法，包括紫外-可见分光光度法、红外吸收光谱法、原子吸收光谱法、电位分析法、气相色谱法、高效液相色谱法等。

四、仪器分析的特点

与化学分析相比，仪器分析具有一系列的优点，同时也存在一定的局限性。

第一，仪器分析具有极高的检测灵敏度。例如，光学分析法中的原子吸收光谱法，其测定的灵敏度可达10^{-14} g，如此高的灵敏度是化学分析法所不能达到的。因此大多数仪器分析方法适用于微量、痕量组分分析。而化学分析法只适合于常量组分分析。

第二，仪器分析消耗的试样量少。化学分析法完成一次测定一般需要消耗几克或几十毫升的样品，而仪器分析法中固体试样用量常在$10^{-2} \sim 10^{-8}$ g，液体样品一般只需要消耗几毫升甚至几微升。

第三，仪器分析对低浓度组分的测定，准确度较高，含量在$10^{-7} \sim 10^{-8}$范围内的杂质测定，相对误差低达$1\% \sim 5\%$。化学分析虽然测定的准确度很高，相对误差可小于0.1%，但这是在常量组分分析的基础上，而微量或痕量组分的分析是化学分析无法完成的。

第四，仪器分析比化学分析的速度更快。例如，发射光谱法在1min内可同时测定水中48种元素。

第五，仪器分析是一种非破坏性检测方法，即不破坏试样。而化学分析由于涉及了化学反应，在测定前后，样品组成和性质改变了，因此是一种破坏性检测。相对于化学分析，仪器分析更加适用于考古、文物、生命过程等特殊领域的分析。有的方法还能进行表面分析或微区分析，甚至可以回收试样。

第六，仪器分析比化学分析应用广泛。从分析任务上来说，仪器分析可进行定性、定量分析；从分析对象上来看，无论是无机物还是有机物，仪器分析法几乎可以测定所有的物质，也可同时测定材料的组分比和原子的价态。放射性分析法还可以作痕量杂质的分析。

第七，仪器分析测定的专一性强。例如，用离子选择性电极可以测定指定离子的浓度等。

第八，仪器分析较化学分析更加适合于实现自动化、智能化及遥测，可作即时、在线分析，控制生产过程、环境自动监测与控制等。

仪器分析操作简便，省去了烦琐的化学操作过程。随着自动化、程序化程度的提高，操作将更加趋于简化。

仪器分析具有以上优势的同时，也不可避免地具有一定的缺点和局限性。首先，仪器分析所用到的仪器设备较复杂、价格昂贵，几万到几十万的仪器很常见，某些仪器甚至上百万，这在一定程度上也限制了仪器分析方法的应用。其次，仪器分析对于常量组分分析测定的准确度不高。再次，仪器分析法一般为相对分析法，作为参照物的标准物质依赖化学分析法获得。

我们学习仪器分析，应该正确认识它的特点，充分发挥它的优势，尽可能地减小或克服它的缺陷，更好地利用仪器分析的方法完成复杂的分析检测过程。

思考与交流

1. 仪器分析的概念是什么？其分析任务是什么？
2. 与化学分析法相比，仪器分析具有哪些特点？

知识拓展

我国古代的测量技术

在中国文明五千年的发展历史中，勤劳的智慧先人发明了许多计量测量技术。

早在公元前 344 年，商鞅监制颁发的铜方升，规定了体积容量中的一升，与当今实测容积仅相差 1%。公元前 770～前 221 年（春秋末期），楚国制造的木衡铜环权，是利用杠杆原理制作的天平砝码，用于称量黄金货币，可以精确至 16mg。公元 9 年（西汉）制作的新莽铜嘉量，包括了龠、合、升、斗、斛这五个容量单位，巧妙地把尺度、容量、重量三个单位量组合在同一个器物上，制造工艺相当复杂。同期制作的新莽铜卡尺，可以测量圆径和孔深，大大提高了当时的生产效率。西汉末年，律历学家刘歆用黄钟律管进行参校，定出长度、容量、重量之间的参数关系，建立了三者的自然物标准。在东汉时期发明的杆秤是对世界计量技术的重大贡献。三国时曹冲称象的故事，说明当时已能利用浮力原理解决大秤量的技术问题。唐代制作的精美象牙尺，集实用性和艺术性为一体，日本遣唐使带去日本的彩色唐牙尺，作为见证至今珍藏在日本古都奈良正仓院。清朝康熙年间规定以金、银、铜、铅等金属作为长度和重量的标准，后来改用一升的纯水作为重量标准。

我国古代对自然规律影响度量衡技术方面已有深入的了解，很早就发现了温度对度量衡器具的测量结果有影响。《后汉书礼仪志》中曾记载："水一升，冬重十三两"。检定度量衡器具都选择春秋分时节进行，因为这时"昼夜均而寒暑平"，气温适中，昼夜温差小，校正度量衡器具不会受温度变化的影响。古人还认识到"悬羽与炭而知燥湿之气""燥故炭轻，湿故炭重"等测量湿度的知识。

我们的祖先在不断的实践中，积累了丰富的计量测量知识和经验，留下了弥足珍贵的度量衡仪器，在世界度量衡科技史上留下重要一笔。

练一练测一测

一、选择题

1. 与化学分析相比，关于仪器分析的特点描述不准确的是（　　）。

A. 是一种相对分析法　　　　　　　　B. 适用于微量或痕量组分分析

C. 分析过程可以不破坏样品　　　　　D. 作为分析化学的发展方向，可以替代化学分析

2. 以下不属于仪器分析方法的是（　　）。

A. 称量分析法　　　B. 比色分析法　　　C. 容量分析法　　　D. 色谱分析法

二、填空题

1. 仪器分析是指采用_____的仪器设备，通过测定物质的_____或_____性质，来确定物质的_____、_____及其_____的一门学科。

2. 仪器分析的优点主要包括_____、_____、_____、_____、_____、_____、_____、_____等方面。

3. 仪器分析的发展趋势可概括为，向更加_____、_____、_____、_____和_____等方向飞速发展。

三、简答题

1. 简要描述仪器分析和化学分析的关系。

2. 简述仪器分析的分类。

项目二
紫外-可见分光光度法的应用

 项目引导

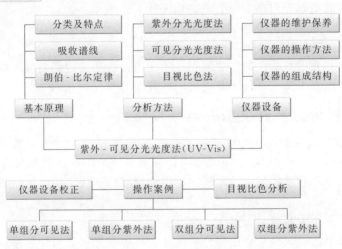

任务一　认识分光光度法

任务要求

1. 了解光学分析法的分类。
2. 理解光度分析法与吸收光谱法的区别。
3. 掌握紫外-可见分光光度法的概念。
4. 了解紫外-可见分光光度法的特点。

一、光学分析法的分类

光学分析法是基于电磁辐射（能量）作用于待测物质后，产生的辐射信号或引起信号的变化而建立的分析方法。按照所产生或改变辐射信号的不同，光学分析法可做如下分类：

1. 光谱分析法

这是一种建立在被测物质对电磁辐射产生吸收、发射、散射三种作用形式，而使电磁辐射的波长和强度发生改变的基础上的光学分析法。光谱分析法测定的是能级跃迁产生的光谱图。

　　光谱分析法的种类复杂，有多种分类方式。按照作用形式的不同，光谱分析法可以分为吸收光谱法、发射光谱法、散射光谱法；按照与被测物质作用的电磁辐射区域的不同，光谱分析法可分为紫外吸收光谱法、可见吸收光谱法、红外吸收光谱法；按照辐射作用的主体的不同，光谱分析法又可以分为原子光谱法和分子光谱法。通常其分类情况参考图 2-1。

　　光谱分析法是现代仪器分析中应用最为广泛的一类分析方法。组分的定量或定性分析中，有的已成为常规的分析方法。在物质结构分析的"四大谱"（即紫外光谱，红外光谱，核磁共振的"H"谱和"C"谱及质谱）中光谱分析法占三大项，可见光谱分析法是结构分析中不可缺少的分析工具。

图 2-1　光谱分析法的种类

　　2. 非光谱分析法

　　这是一类不以光的波长或强度为分析依据，不涉及能级的跃迁的分析方法。分析时测定电磁辐射作用于被测物质，会引起电磁辐射在方向上或物理性质上的变化，如旋光法、折射法、干涉法、散射浊度法、X 射线衍射法、电子衍射法等。

　　光谱分析法与非光谱分析法的主要区别在于光谱分析法是内部能级发生变化，而非光谱分析法的内部能级不发生变化，仅测定电磁辐射性质的改变。

二、紫外-可见分光光度法的概念及特点

　　紫外-可见分光光度法是利用物质的分子对紫外-可见光区（2015 年版《中华人民共和国药典》标明是 $190\sim800nm$）辐射的吸收来进行分析测定的一种仪器分析方法。这种分子吸收光谱产生于价电子和分子轨道上的电子在电子能级间的跃迁，它广泛用于无机和有机物质的定性和定量分析。

　　1. 光度分析法与吸收光谱法

　　在讨论光谱分析法时，经常会出现分光光度法和吸收光谱法两种名称。它们其实是指同一种方法，之所以有不同的名称，主要是因为在应用上的侧重点不同。例如，紫外分光光度法是利用物质对紫外线的吸收程度来测定被测物质（溶液）含量（浓度）的方法，简单地说就是一种定量的方法；而紫外吸收光谱法是根据物质对紫外线的吸收光谱曲线来对被测物质进行定性及结构分析的方法。两种方法所用的仪器及测定过程完全一样，只是在测定参数上有所不同，测定的目的（应用）也不同。所以，我们可以根据该种方法的名称来判断其主要的测定应用。

　　2. 分光光度法的种类

　　分光光度法是一种利用物质（溶液）对特定波长的光的吸收程度，来测定被测物质（溶液）含量（浓度）的光学分析法。在方法的发展过程中，先后出现了目视比色法、光电比色法和分光光度法三种方法。

　　（1）比色法　大千世界色彩斑斓的花鸟虫鱼会呈现出不同的颜色，有翠绿的柳叶，嫩黄的迎春花，粉红的荷花，亮紫的高锰酸钾。当这些物质中的有色成分浓度发生变化时，颜色深浅也随之而变，浓度越高，颜色也就越深。因此，利用被测溶液本身的颜色，或加入试剂后呈现的颜色，用眼睛（或目测比色计）观察、比较溶液颜色深度，或用光电比色计进行测量以确定溶液中被测物质浓度的方法就称为比色分析法。比色法包括目视比色法和光电比

色法。

目视比色法虽然略显粗糙,且无法克服操作者的主观误差,存在准确度不高等一系列缺点,但是具有仪器简单、操作简便的特点,直到今天仍然有其应用价值,尤其是对于限界分析,目视比色法可以快速得出准确分析结果。例如在药物分析中关于杂质限量的检查经常采用目视比色或比浊法。

与目视比色法相比,光电比色法消除了主观误差,提高了测量准确度,而且可以通过选择滤光片来消除干扰,从而提高了选择性。但光电比色计采用钨灯光源和滤光片,只适用于可见光谱区,且只能得到一定波长范围的复合光,而不是单色光,这一系列局限性,使它无论在测量的准确度、灵敏度和应用范围上都不如紫外-可见分光光度计。在二十世纪七十年代后,光电比色法逐渐为分光光度法所代替。光电比色计也已经退出了历史舞台。

(2) 分光光度法　分光光度法是以分光光度计测定有色物质溶液对光的吸收程度来确定被测物质含量(浓度)的方法。包括:可见分光光度法(测定 400~800nm 光的吸收程度);紫外分光光度法(测定 190~400nm 光的吸收程度);红外分光光度法(测定波数 400~4000cm^{-1} 光的吸收程度)。可见分光光度法与紫外分光光度法由于被测物质对光的吸收作用原理一致,经常结合在一起进行讲解和操作。红外分光光度法虽然可以定量,但更多的是用于有机化合物的结构鉴定,因此称为红外吸收光谱法较为准确。紫外-可见分光光度法是在 190~800nm 波长范围内测定物质的吸光度,用于鉴别、杂质检查和定量测定的方法。

3. 紫外-可见分光光度法的特点

紫外-可见分光光度法测定的灵敏度高,适于微量组分的分析,检测下限一般可以达到 10^{-5}~10^{-6}mol/L,甚至 10^{-7}mol/L。与比色法相比,紫外-可见分光光度法测定更为准确,比色法测定的相对误差一般在 5%~20%,而分光光度法在 2%~5%,甚至仅有 1%~2%。此外,紫外-可见分光光度计结构简单、操作简便、分析速度快,一般完成测定仅需要几分钟。最后,紫外-可见分光光度法可用于大部分无机离子和部分有机物的定性定量分析,应用广泛。另外,由于物质的紫外吸收光谱曲线特征性不强,使利用此曲线进行定性分析的效果不理想。

🔥 思考与交流

1. 在光学分析法中光谱分析法和非光谱分析法有什么区别?
2. 如何区分分光光度法和吸收光谱法?
3. 紫外-可见分光光度法与比色分析法有什么不同?

任务二　理解紫外-可见分光光度法基本原理

🔥 任务要求

1. 了解物质的颜色与光的关系。
2. 掌握物质的吸收曲线。
3. 理解朗伯-比尔定律。

🔥 想一想

1. 光是什么?
2. 为什么大千世界色彩斑斓的花鸟虫鱼会呈现出不同的颜色?
3. 荷花粉色深浅不一,粉色的深浅怎么量化呢?

一、物质的颜色与光的关系

光是一种电磁波，可见光是由不同波长（400～800nm）的电磁波按一定比例组成的混合光，通过棱镜可分解成红、橙、黄、绿、青、蓝、紫等各种颜色相连续的可见光谱。如把两种光以适当比例混合可产生白光感觉时，则这两种光的颜色互为互补色。

当白光通过溶液时，如果溶液对各种波长的光都不吸收，溶液就没有颜色。如果溶液吸收了其中一部分波长的光，则溶液就呈现透过溶液后剩余部分光的颜色。例如，我们看到 $KMnO_4$ 溶液在白光下呈紫色，就是因为白光透过溶液时，绿色光大部分被吸收，而紫色光透过溶液。同理，$CuSO_4$ 溶液能吸收黄色光，所以溶液呈蓝色。由此可见，有色溶液的颜色是被吸收光颜色的互补色。吸收越多，则互补色的颜色越深。比较溶液颜色的深度，实质上就是比较溶液对它所吸收光的吸收程度。

二、物质的吸收光谱曲线

吸收光谱曲线是物质的特征性曲线，它和分子结构有严格的对应关系，故可作为定性分析的依据。以不同波长的单色光作为入射光，测定某一溶液的吸光度，然后以入射光的不同波长为横轴，各相应的吸光度为纵轴作图，可得到溶液的吸收光谱曲线。不同的物质，分子的结构不同，其吸收光谱曲线也有其特殊形状。如图 2-2。

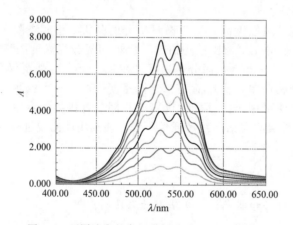

图 2-2　不同浓度的高锰酸钾溶液吸收光谱曲线

码 2-1　比尔定律

三、朗伯-比尔定律

朗伯-比尔定律（Lambert-Beer law），是光吸收的基本定律，适用于所有的电磁辐射和所有的吸光物质，包括气体、固体、液体、分子、原子和离子。朗伯-比尔定律是吸光光度法、比色分析法和光电比色法的定量基础。光被吸收的量正比于光程中产生光吸收的分子数目。如果媒质是均匀透明溶液，则对光的吸收量应与溶液内单位长度光路上的吸收分子数目成正比，这又与溶液的浓度 c 成正比，所以吸收率 A 也与浓度 c 成正比。朗伯-比尔定律可以表达为：当一束平行单色光垂直入射通过均匀、透明的吸光物质的稀溶液时，溶液对光的吸收程度与溶液的浓度及液层厚度的乘积成正比，数学表示为：

$$A = Kbc$$

式中，A 是吸光度（absorbance），表示某一单色光垂直通过均匀溶液时被吸收的程度，吸光度 A 和透光度 T（transmission）被合称为光密度（optical density，OD），可由紫外-

可见分光光度计的显示屏直接显示；K 是溶液的吸光系数，仅由媒质分子决定，与溶液浓度 c 无关，其物理意义是单位浓度的 1cm 厚度溶液层在一定波长下的吸光度。当溶液的浓度以物质的量浓度（mol/L）表示，样品溶液的厚度以厘米（cm）表示时，相应的溶液吸光系数 K 被称为摩尔吸光系数，以 ε 表示，它的单位是 L/(mol·cm)。摩尔吸光系数表示物质对某一特定波长光的吸收能力，值越大，则该物质对这一波长光的吸收能力越强，分析检测的灵敏度也会相应提高。因此，分析检测时应尽量选择摩尔吸光系数大的化合物进行测定。一般认为 $\varepsilon < 1 \times 10^{4}$ L/(mol·cm) 时，检测灵敏度低；1×10^{4} L/(mol·cm) $< \varepsilon < 1 \times 10^{6}$ L/(mol·cm) 时，检测灵敏度中等；$\varepsilon > 1 \times 10^{6}$ L/(mol·cm) 时，检测灵敏度高。

该定律应用的条件为：①入射光必须为平行且垂直照射的单色光；②样品必须为均匀且非散射介质体系；③辐射与物质间的作用仅限于光吸收过程，无荧光和光化学现象产生，吸光质点之间不发生相互作用；④只适用于浓度小于 0.01mol/L 的稀溶液。

思考与交流

1. 在多组分体系中，如果在某波长下的各组分没有干扰，那么总吸光度与各组分的吸光度有什么关系？
2. 影响朗伯-比尔定律的因素有哪些？如何产生影响？
3. 不同浓度的同一溶液吸收曲线有什么异同？

任务三　认识紫外-可见分光光度计

任务要求

1. 了解紫外-可见分光光度计的硬件构造。
2. 了解不同类型的紫外-可见分光光度计的特点及应用。
3. 掌握常见类型的紫外-可见分光光度计的使用。
4. 掌握紫外-可见分光光度计的校正与维护保养。

想一想

1. 紫外-可见分光光度计的核心组件是什么？
2. 仪器灯泡坏了你会换吗？
3. 紫外-可见分光光度计如果手持便携会带来什么优势和应用？
4. 如果测量的吸收值异常应怎么处理？

一、仪器的基本组成结构

紫外-可见分光光度计是由光源、单色器、吸收池（样品池）、检测器和信号处理器等部件组成的。由光源发出的光，经单色器分光后获得一定波长的单色光，平行垂直照射到样品溶液后被吸收，被吸收后的透射光被检测器检测到，并将检测到的光信号转换为电信号，并显示出来，完成测定。紫外-可见分光光度计基本结构如图 2-3。

码 2-2　紫外-可见分光光度计工作流程

光源的功能是提供足够强度的、稳定的连续光谱。紫外光区通常用氢灯、氘灯或氙灯，可见光区通常用钨灯或卤钨灯。单色器的功能是将光源发出的复合光分解并从中分出所需波长的单色光，通常包括入射狭缝、准光器、色散元件、聚焦元件和出射狭缝等几部分，其中，色散元件有棱镜和光栅两种。可见光区的测量用玻璃吸收池，也可以用石英材质的吸收池，但紫外光区的测量必须用石英吸收池。检测器的功能是通过光电转换元件检测透过光的强度，将光信号转变成电信号。常用的光电转换元件有光电管、光电倍增管及光二极管阵列检测器。

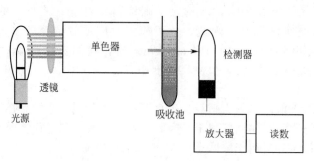

码 2-3　光电倍增管（PMT）工作原理

图 2-3　紫外-可见分光光度计组成结构图

二、紫外-可见分光光度计的类型及特点

分光光度计的分类方法有多种：按光路系统可分为单光束和双光束分光光度计；按测量方式可分为单波长和双波长分光光度计；按绘制光谱图的检测方式分为分光扫描检测与二极管阵列全谱检测。

1. 单光束紫外-可见分光光度计

单光束是指从光源发出的光，经过单色器等一系列光学元件，通过吸收池，最后照在检测器上时，始终为一束光。它只有一束单色光（光束只能交替通过参比溶液、样品溶液）、一只比色皿，一只光电转换器。工作时，一条光路，先通过参比溶液，再通过试样溶液进行光强度的测定。单光束紫外-可见分光光度计的特点是结构简单、价格低，主要适用于作定量分析，测量结果受电源的波动影响较大，容易给测量结果带来较大的误差。所以，它们在应用上受到限制。一般来讲，要求较高的制药、质量检验等行业不适宜使用单光束紫外-可见分光光度计。常用的单光束紫外-可见分光光度计有 721 型、722 型、723 型、724 型、727 型等。国外的 Du70 型、Pu8700 型也是单光束分光光度计。

2. 双光束紫外-可见分光光度计

双光束紫外-可见分光光度计就是有两束单色光的紫外-可见分光光度计。其光路设计基本上与单光束分光光度计相似，区别是在单色器与吸收池之间加了一个切光器，其作用是以一定的频率把一个光束交替分为强度相等的两束光，使一路通过参比溶液，另一路同时通过样品溶液。然后由检测器交替接收参比信号和样品信号，最后由显示系统显示。这类仪器的特点是能连续改变波长，自动地比较溶液的透光强度，自动消除光源强度变化所引起的误差。对于必须在较宽的波长范围内获得复杂的吸收光谱曲线的分析，双光束分光光度计比较适合。常见的双光束紫外-可见分光光度计主要有 710 型、730 型等。

码 2-4　双光束紫外-可见分光光度计工作流程

3. 双波长紫外-可见分光光度计

双波长紫外-可见分光光度计采用两个单色器，可以同时得到两束波长不同的单色光。光源发出的光被两个可以自由转动的光栅单色器分别分离出波长为 λ_1 和 λ_2 的单色光。通过切光器，将两束光以一定的时间间隔交替照射到装有样品试液的同一个吸收池，由检测器显示出试液在波长 λ_1 和 λ_2 的透射比或吸光度差值。这类分光光度计的特点是不用参比溶液，只用一个待测溶液，因此可以消除背景吸收干扰，提高了测量的准确度。双波长分光光度计不仅能测量高浓度试样、多组分混合试样，而且在测定混浊样品时比单波长测定更灵敏、更有选择性。常用的双波长分光光度计有国产的 WFZ800S，日本岛津 UV-300、UV-365 等。

三、常用紫外-可见分光光度计的使用

紫外-可见分光光度计的品种和型号繁多，不同型号的仪器操作方法却基本一致（详见各仪器的使用说明书）。下面粗略概括紫外-可见分光光度计的一般使用步骤。

1. 开机

① 检查线路连接是否正确，各旋钮及开关是否在起始位置。

② 检查样品室内是否有异物。

③ 将光闸置于关闭状态。

④ 接通电源并打开仪器开关，开始自检预热（一般需 10～30min 不等）。

2. 光谱扫描

① 将参比溶液和被测溶液分别置于比色皿中，放入样品室。

② 调整仪器的参数，设置测量波长。

③ 将参比溶液置于光路中，调整仪器示值 $A=0$（或 $T=100\%$）。

④ 将被测溶液置于光路中，读取并记录当前仪器吸光度示值 A。

⑤ 改变测量波长，重复③、④操作步骤。以一定波长间隔，测量设定波长范围内所有波长的吸光度值。

⑥ 根据测得的吸光度和对应的波长绘制吸收曲线，完成光谱扫描。

⑦ 对于带有工作站的紫外-可见分光光度计，可在参数设置中直接设定测量波长的范围。测定时，先以参比溶液进行全波长范围的基线背景校正，再以被测溶液测定全波长范围扣除背景后的吸光度值（自动扣除）。自动绘制光谱吸收曲线。

3. 定量测定

① 设置定量测定方式：光度测量、定量测定、浓度直读等。

② 根据选择的定量测定方式设置相关参数，选定测量波长。

③ 将参比溶液置于光路中，调整仪器示值 $A=0$（或 $T=100\%$）。

④ 将被测溶液置于光路中，读取并记录当前仪器吸光度示值 A。

⑤ 更换其他被测溶液，重复③、④操作步骤，直至所有溶液测量完成。

⑥ 根据所选测量方式计算定量结果。

⑦ 对于带有工作站的紫外-可见分光光度计，可以直接进行标准曲线的绘制及数据处理、打印报告等操作。

4. 测量结束

① 取出吸收池，洗净晾干后保存。

② 关闭仪器电源，拔下电源插头。

四、紫外-可见分光光度计的检验与维护保养

① 清洁仪器外表时，请勿使用乙醇、乙醚等有机溶剂，不使用时请加防尘罩。

② 比色皿每次使用后应用石油醚清洗，并用镜头纸轻拭干净，存于比色皿盒中备用。

③ 更换光源。打开上盖，拧下光源灯架的定位螺钉，小心取出光源组件，换上新的光源后开启主机电源开关，拔下单色光器上的黑圆盖，将波长选择在 280nm 处，检查光源灯是否对中狭缝。

④ 波长检查范围。转动波长旋钮至波长范围两端，按 100% 键，应能正常调节 $100\%T$，

开样品室盖时按0％键应能正常调0％T。

　　⑤ 透射比重复性检查。主机正常开机并预热30min，模式为"透射比"挡。将主机波长设定在280nm，仪器调0％T，调100％T，置入透射比为40％T左右并在附近平坦吸收的样品，连续测三次检查显示值，其最大差值应在±0.3％T内。

　　⑥ 定点噪声检查。设定波长在280nm，仪器调0％T，调100％T，设定标尺至"吸光度"，然后观察显示窗内数字跳动应在0.002A范围内。

　　⑦ 波长重复性检查。设定标尺为"透射比"，以空气为空白，仪器调0％T，调100％T，将样品置入光路，读出在355～365nm波长范围内与峰值相对应的波长值。重复操作，波长读数误差不应大于±1nm。

　　紫外-可见分光光度计常见故障分析与排除方法如表2-1所示。

表 2-1　常见故障分析和排除方法

故障	可能原因	处理方法
开机无反应	1. 插头松动	重插
	2. 保险烧坏	更换保险丝
光源自检出错	1. 氘灯或钨灯烧坏	换灯
	2. 光源电路故障	联系厂家
光源定位、滤色片出错	1. 插头松动	检查插头并重插
	2. 电机故障	联系厂家
	3. 光耦环故障	
波长自检出错	1. 样品池被挡光	清除挡光体
	2. 自检中样品室开盖了	盖好样品室重新自检
	3. 波长平移过大	联系厂家
精度误差、重复性误差超标	1. 样品浓度过高导致超量程	稀释至合适浓度
	2. 紫外区使用玻璃比色皿	正确选取比色皿
	3. 比色皿不干净	清洗比色皿
	4. 比色皿架不干净	清除脏物
	5. 仪器硬件等其他原因	联系厂家
能量过低	1. 样品池被挡光	清除挡光体
	2. 紫外区使用玻璃比色皿	正确选取比色皿
	3. 比色皿不干净	清洁比色皿
	4. 换灯点设置错误	按要求重设换灯点
	5. 自检中样品室开盖了	盖好样品室重新自检
程序错误、死机	1. 安装环境不符合要求	按要求改进环境
	2. 软件运行异常	联系厂家

思考与交流

　　1. 紫外-可见分光光度计的核心部件功能是什么？
　　2. 紫外-可见分光光度计的主要应用是什么？
　　3. 紫外-可见分光光度计的波长自检出错的可能原因是什么？如何处理？

任务四　掌握紫外-可见分光光度法的应用

任务要求

　　1. 熟悉常用的显色剂和显色反应。

2. 掌握测量条件的选择。

3. 掌握目视、可见和紫外测量方法。

4. 掌握常用的定性和定量测量方法。

💡 想一想

1. 在分析时究竟选用何种显色反应需要考虑哪些因素？

2. 显色反应中的干扰应如何消除？

3. 在现代化的今天，目视比色法是否还有应用价值？

4. 影响分析结果的误差主要有哪些？

5. 为什么紫外吸收光谱可以对某些物质定性？

2015 年版《中华人民共和国药典》（四部）通则中指出，紫外-可见分光光度法是在 190～800nm 波长范围内测定物质的吸光度，用于鉴别、杂质检查和定量测定的方法。当光穿过被测物质溶液时，物质对光的吸收程度随光的波长不同而变化。因此，通过测定物质在不同波长处的吸光度，并绘制其吸光度与波长的关系图即得被测物质的吸收光谱。从吸收光谱中，可以确定最大吸收波长 λ_{max} 和最小吸收波长 λ_{min}。物质的吸收光谱具有与其结构相关的特征性。因此，可以通过特定波长范围内样品的光谱与对照光谱或对照品光谱的比较，或通过确定最大吸收波长，或通过测量两个特定波长处的吸收比值来鉴别物质。用于定量时，在最大吸收波长处测量一定浓度样品溶液的吸光度，并与一定浓度的对照溶液的吸光度进行比较或采用吸收系数法求算出样品溶液的浓度。

一、分析前仪器的校正检定和准备

1. 波长的校正

由于环境因素的影响，仪器的波长经常会略有变动，因此除应定期对所用的仪器进行全面校正检定外，还应于测定前校正测定波长。常用汞灯 237.83nm、253.65nm、275.28nm、296.73nm、313.16nm、334.15nm、365.02nm、404.66nm、435.83nm、546.07nm 与 576.96nm 的较强谱线或用仪器中氘灯的 486.02nm 与 656.10nm 谱线进行校正；钬玻璃在波长 279.4nm、287.5nm、333.7nm、360.9nm、418.5nm、460.0nm、484.5nm、536.2nm 与 637.5nm 处有尖锐吸收峰，也可作波长校正用，但因来源不同或随着时间的推移会有微小的变化，使用时应注意。近年来，常使用高氯酸钬溶液校正双光束仪器，以 10% 高氯酸溶液为溶剂，配制含氧化钬（Ho_2O_3）4% 的溶液，该溶液的吸收峰波长为 241.13nm、278.10nm、287.18nm、333.44nm、345.47nm、361.31nm、416.28nm、451.30nm、485.29nm、536.64nm 和 640.52nm。仪器波长的允许误差为：紫外光区±1nm；500nm 附近±2nm。

2. 吸光度的准确度检定

可用重铬酸钾的硫酸溶液检定。取在 120℃ 干燥至恒重的基准重铬酸钾约 60mg，精密称定，用 0.005mol/L 硫酸溶液溶解并稀释至 1000mL，在规定的波长处测定并计算其吸收系数，并与规定的吸收系数比较，应符合表 2-2 中的规定。

表 2-2　特定波长下吸收系数的规定

波长/nm	235(最小)	257(最大)	313(最小)	350(最大)
吸收系数($E_{1cm}^{1\%}$)的规定值	124.5	144.0	48.6	106.6
吸收系数($E_{1cm}^{1\%}$)的许可范围	123.0～126.0	142.8～146.2	47.0～50.3	105.5～108.5

3. 杂散光的检测

可按表 2-3 所列的试剂和浓度，配制成水溶液，置于 1cm 石英吸收池中，在规定的波长处测定透光率，应符合表 2-3 中的规定。

表 2-3　特定波长下试剂透光率的规定

试剂	浓度/(g/mL)	测定用波长/nm	透光率/%
碘化钠	1.00	220	<0.8
亚硝酸钠	5.00	340	<0.8

4. 样品溶剂的选择

含有杂原子的有机溶剂，通常均具有很强的末端吸收。因此，当作溶剂使用时，它们的使用范围均不能小于截止使用波长。例如甲醇、乙醇的截止使用波长为 205nm。另外，当溶剂不纯时，也可能增加干扰吸收。因此，在测定供试品前，应先检查所用的溶剂在供试品所用的波长附近是否符合要求，即将溶剂置于 1cm 石英吸收池中，以空气为空白（即空白光路中不置任何物质）测定其吸光度。溶剂和吸收池的吸光度，在 220～240nm 范围内不得超过 0.40，在 241～250nm 范围内不得超过 0.20，在 251～300nm 范围内不得超过 0.10，在 300nm 以上时不得超过 0.05。

5. 显色反应的选择

显色反应可以是氧化还原反应，或者是配位反应，或者是上述两种反应皆有。选择显色反应的一般标准如下：

① 选择性好。一种显色剂最好只与被测组分起显色反应。干扰少，或干扰容易消除。

② 灵敏度高。分光光度法一般用于微量组分的测定，故一般选择生成有色化合物的、吸光度高的显色反应。但灵敏度高的反应选择性不一定好，故应加以全面考虑。对于高含量组分的测定，不一定选用最灵敏的显色反应，应考虑选择性。

③ 有色化合物的组成要恒定。化学性质稳定，对于形成不同配位比的配位反应，必须注意控制试验条件，使生成一定组成的配合物，以免引起误差。

④ 有色化合物与显色剂之间的颜色差别要大。这样显色时的颜色变化鲜明，而且在这种情况下，试剂空白一般较小。一般要求有色化合物的最大吸收波长与显色剂最大吸收波长之差在 60nm 以上。

⑤ 显色反应的条件要易于控制。如果要求过于严格，显色反应条件难以控制的话，测定结果的再现性差。

6. 显色条件的选择

（1）显色剂的选择　显色剂分为无机显色剂和有机显色剂。部分无机显色剂和有机显色剂列于表 2-4 和表 2-5 中。其中无机显色剂与金属形成的配合物组成不恒定、不稳定，反应选择性差、灵敏度不高，所以常用有机显色剂。而且有机显色剂种类多，与金属离子形成的配合物稳定，反应灵敏、选择性好，实际应用较广。随着科学技术的发展，还将不断合成出新的高灵敏度、高选择性的显色试剂。具体的显色剂种类、性质和应用，读者可查阅有关的专业手册。

表 2-4　几种常见的无机显色剂

显色剂	测定元素	酸度	配合物		λ_{max}/nm
			组成	颜色	
硫氰酸盐	铁	0.1～0.8mol/L HNO$_3$	Fe(SCN)$_5^{2-}$	红	480
	钼	1.5～2mol/L H$_2$SO$_4$	MoO(SCN)$_5^{2-}$	橙	460
	钨	1.5～2mol/L H$_2$SO$_4$	WO(SCN)$_4^-$	黄	405
	铌	3～4mol/L HCl	NbO(SCN)$_4^-$	黄	420

续表

显色剂	测定元素	酸度	配合物		λ_{max}/nm
			组成	颜色	
钼酸铵	硅	$0.15\sim0.3mol/L\ H_2SO_4$	$H_4SiO_4\cdot10MoO_3\cdot Mo_2O_5$	蓝	$670\sim820$
	磷	$0.5mol/L\ H_2SO_4$	$H_3PO_4\cdot10MoO_3\cdot Mo_2O_5$	蓝	$670\sim820$
	钒	$1mol/L\ HNO_3$	$P_2O_5\cdot V_2O_5\cdot22MoO_3\cdot nH_2O$	黄	420
过氧化氢	钛	$1\sim2mol/L\ H_2SO_4$	$TiO(H_2O_2)^{2-}$	黄	420

表 2-5　几种常用的有机显色剂

显色剂	测定	反应介质	颜色	λ_{max}/nm
磺基水杨酸	Fe	pH 8~11.5	黄色	520
丁二酮肟	Ni	碱性	红色	470
1,10-邻二氮菲	Fe	pH 5~6	橘红	508
铬天青 S	Al	pH 5~5.8	蓝绿	530
二甲酚橙	Zr	$0.2\sim0.7mol/L$ 盐酸	红色	540
邻苯二酚紫	Sn	微酸性	橙红	555
二安替比林甲烷	Ti	$1\sim2mol/L$ 盐酸	黄色	390
偶氮胂Ⅲ	Th	强酸性		665
	稀土	弱酸性		660

　　通常情况下，加入过量的显色剂，有利于配合物的生成，但显色剂过量也会带来诸如增加了试剂空白的吸光度或改变配合物组成等副作用。实际中要根据工作经验加入适量的显色剂，这个量可以通过作吸光度 A 与显色剂浓度 c_R 曲线来确定。实验方法是：被测组分浓度和所有其他条件不变的情况下，分别在不同的组次试验中，加入不同浓度的显色剂，分别测量吸光度 A 值，绘制 A-c_R 曲线，会得到如图 2-4 的三种曲线。图 2-4(a)、图 2-4(b) 适合在配合物稳定的 $a\sim b$ 或 $a'\sim b'$ 浓度区间选择显色剂的用量。而图 2-4(c) 说明吸光度 A 值随着显色剂浓度的不断增大而增大，这时需要严格控制显色剂的用量，或者另外选择合适的稳定显色剂。

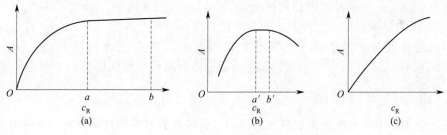

图 2-4　吸光度与显色剂浓度关系曲线

　　(2) 显色时间　由于反应速率不同，完成显色反应的时间也各异。主要从"显色时间"和"稳定时间"两个方面来考虑。有些反应瞬时完成，而且完成后有色配合物能稳定很长时间，例如偶氮胂Ⅲ与稀土的显色反应。有些反应进行得较慢，一旦完成，稳定时间也较长，例如钛铁试剂与钛的显色反应。有些显色反应虽能迅速完成，但产物会迅速分解，例如丁二酮肟与镍的显色反应。因此，应通过实验确定有色配合物的生成和稳定时间。其方法是：配制一份显色剂，从加入显色剂起计算时间，每隔几分钟测量一次吸光度，然后绘制 A-t 曲线，从而确定显色时间及测量吸光度的时刻。

　　(3) 显色 pH 值　酸度对显色体系的影响主要表现在以下三方面：

　　① 对显色剂的影响。许多显色剂都是有机酸或碱，介质酸度的变化将直接影响显色剂

的离解程度和显色反应能否进行完全。

② 对被测金属离子的影响。当介质酸度降低时，许多金属离子会发生水解，形成各种羟基配合物，甚至析出沉淀，使显色反应无法进行。

③ 对有色配合物的影响。对于有些能形成逐级配合物的显色反应，产物的组成会随介质酸度的改变而不同。

由此可见，介质酸度是影响显色反应的重要因素。显色反应的最佳酸度可通过实验确定。其方法是：固定溶液中被测离子和显色剂的浓度，改变溶液的酸度，测量各溶液的吸光度，绘制 A-pH 曲线，从中找出最佳 pH 范围。

（4）显色温度   显色温度因显色反应的不同而区别各异，多数显色反应在室温下能迅速进行，但有些反应需适当升高温度。例如，以硅钼蓝法测硅时，生成硅钼黄的反应在室温下需几十分钟才能完成，而在沸水浴中 30s 即可完成。对于某些显色反应，温度升高会降低有色配合物的稳定性。例如钼的硫氰酸配合物，在 $15\sim20$℃时可稳定 40h，当温度超过 40℃，12h 就完全褪色。因此，在标准工作曲线的绘制以及样品测量时应保证溶液温度一致。

二、测量条件的选择

光度分析中，为使测得的吸光度有较高的灵敏度和准确度，还必须选择合适的测量条件。

1. 入射光波长的选择

一般以 λ_{max} 作为入射光波长。如有干扰，则根据干扰最小而吸光度尽可能大的原则选择入射光波长。

2. 参比溶液的选择

参比溶液主要是用来消除由于吸收皿壁及试剂或溶剂等对入射光的反射和吸收带来的误差。应视具体情况，分别选用纯溶剂空白、试剂空白或试液空白作参比溶液。

3. 吸光度读数范围的选择

吸光光度分析所用的仪器为分光光度计，测量误差不仅与仪器质量有关，还与被测溶液的吸光度大小有关。若分光光度计的读数误差为 5%，当透射率 $T=65\%\sim20\%$（或 $A=0.19\sim0.70$），测量误差较小。因此，通常应控制溶液吸光度 A 在 $0.2\sim0.7$，此范围是最适读数范围。通过调节溶液的浓度或比色皿的厚度可以将吸光度调节到最适范围内。当 $T=36.8\%$ 或 $A=0.434$ 时，由于读数误差引起的浓度测量相对误差最小。

三、目视比色分析法

目视比色法是一种用眼睛辨别颜色深浅，以确定待测组分含量的方法。一般采用标准系列法，即在一套等体积的比色管中配制一系列浓度不同的标准溶液，并按同样的方法配制待测溶液，待显色反应达平衡后，从管口垂直向下观察，比较待测溶液与标准系列中哪一个标准溶液颜色相同，便表明二者浓度相等。如果待测试液的颜色介于某相邻两标准溶液之间，则待测试样的含量可取两标准溶液浓度的平均值，如图 2-5。

目视比色法有其独有的特点，其利用自然光，无需特殊仪器，比较的是吸收光的互补色光；目测法方法简便、灵敏度高，但准确度低（一般为半定量且不可分辨多组分）。

四、定量分析方法

1. 单组分定量分析

（1）对照品比较法   按同样的方法，分别配制待测样品溶液和对照品溶液，对照品溶液

标准系列 样品

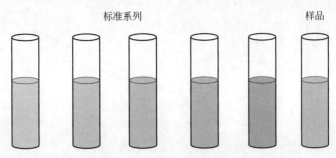

图 2-5 目视比色法原理示意图

中所含被测成分的量应为供试品溶液中被测成分规定量的 $100\%\pm10\%$，所用溶剂也应完全一致，在规定的波长处测定供试品溶液和对照品溶液的吸光度后，按下式计算供试品中被测溶液的浓度：

$$c_x=(A_x/A_s)\,c_s$$

式中，c_x 为供试品溶液的浓度；A_x 为供试品溶液的吸光度；c_s 为对照品溶液的浓度；A_s 为对照品溶液的吸光度。

（2）吸收系数法　按规定的方法配制供试品溶液，在规定的波长处测定其吸光度，再以该品种在规定条件下的吸收系数 ε 计算含量。用本法测定时，摩尔吸光系数通常应大于 $100\mathrm{L}/(\mathrm{mol\cdot cm})$，并注意仪器的校正和检定。计算公式为（假设所用比色皿厚度 b 为 1cm）：

$$c_x=A/\varepsilon$$

（3）标准曲线法　校准曲线包括标准曲线和工作曲线。在分析化学中，特别是仪器分析实验中，经常用某物质已校正的标准曲线来描述待测物质浓度或量与相应测量仪器响应值或其他指示量之间的定量关系，从而求相应物质的未知浓度，这种关系曲线就是标准曲线。工作曲线的溶液须与样品分析步骤完全相同，标准曲线的溶液分析步骤可有所省略。

标准曲线通常是一条过原点的直线，被测组分含量可从标准曲线上求得。但有时由于人为操作误差、仪器系统不稳定等因素，所有的实验点（X_i，Y_i）往往不在同一条直线上，这就需要用数理统计方法找出各数据点误差最小的直线，对数据用最小二乘法进行分析，求出回归方程，然后绘制回归曲线。现在一般不直接使用手动计算的方法，而是采用电脑办公软件，比如用 Office 中的 Excel 来作图求出直线方程。

由于检测的多样性或要求各异，以单一物质测定为例，标准曲线常有多点校正和单点校正。单点校正法即只测一个与样品浓度相近的标准点，然后假定过此点的直线经过原点，形成标准曲线。前述的对照品比较法和吸收系数法也就是单点校正法。用多个标准点的浓度和相应的吸光度在坐标轴上绘制标准曲线，可分为多种不同浓度和同一种浓度两种配制方法。工作曲线反映的数据较为真实，只是试验步骤烦琐，不利于提高工作效率，如果试验处理步骤取消不影响试验结果，即标准曲线与工作曲线经数理统计检验无显著性差异，可以在试验过程中使用标准曲线。当吸光度和浓度关系不呈良好线性时，应取数份梯度量的对照品溶液，用溶剂补充至同一体积，显色后测定各份溶液的吸光度，然后以吸光度与相应的浓度绘制标准曲线（图 2-6），再根据供试品的吸光度在标准曲线上查得其相应的浓度，并求出其含量。

配制不同浓度标准溶液时，各标液浓度呈梯度递增，然后吸取相同体积定容到相同总体积。例如，浓度分别为：1.0mg/mL、2.0mg/mL、3.0mg/mL、4.0mg/mL、5.0mg/mL

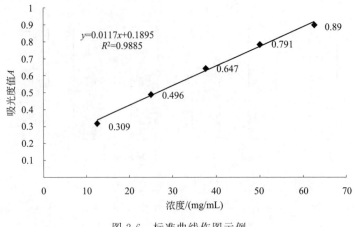

图 2-6　标准曲线作图示例

和 6.0mg/mL 等，吸取 1mL 定容至 100mL，配制成标准溶液系列（曲线）。也可以先配制同一个浓度的标准溶液，然后吸取呈梯度递增的体积配成系列标准溶液。如先配 5mg/mL 标准溶液，然后吸取不同体积：1.0mL、2.0mL、3.0mL、4.0mL、5.0mL 和 6.0mL 统一定容至 100mL。以上两种配制方法，通常认为前一种方法更科学。

多点校正的标准曲线的线性关系极好，所测样品求出的结果较科学。但单点校正，每个样得出多个不同的结果，相对偏差（在此不作计算）也各不相同。样品吸光度与标准点吸光度较接近的点偏差较小，所算出的结果较科学，样品吸光度与标准点吸光度相差越大，偏差越大。而样品浓度正是未知浓度，所以说这种方法有很大的随机性。多点校正是比较完整、完善的绘制标准曲线的方法。标准曲线法中多点校正法可消除由于个别标准溶液配制不准而引入的误差，且不需每次测定都新配制标样，只要测定条件（如溶液温度、比色皿厚度、入射光波长、溶液均匀程度）不变，多点标准曲线可用较长时间。多点标准曲线法是仲裁法，对于求出的回归方程 $y=ax+b$ 可信度很高，且准确度很高。分光光度计法误差达 2%～5%。精密分光光度计误差为 1%～2%。单点校正法的误差很大，单点校正有很大的可变性，单点校正法必须经常（在相同条件下）配制标样，而对于标样的配制及操作要求非常严格，标样稍有偏差将产生很大的误差，并要求所测样品浓度在标准溶液浓度附近以减小误差。但单点校正也有其优点，此法适用于检测那些严禁使用在食品中的食品添加剂或食品中含有的有毒有害物质等。如国家公布的严禁使用的食品添加剂：苏丹红、瘦肉精、亚铁氰化钾等，还有白酒中严禁加入的甜味剂糖精钠等。

（4）标准加入法　又名标准增量法或直线外推法，是一种被广泛使用的检验仪器准确度的测试方法。这种方法尤其适用于检验样品中是否存在干扰物质。当很难配制与样品溶液相似的标准溶液，或样品基体成分很高，而且变化不定或样品中含有固体物质而对吸收的影响难以保持一定时，采用标准加入法是非常有效的。将一定量已知浓度的标准溶液加入待测样品中，测定加入前后样品的浓度。加入标准溶液后的浓度将比加入前的高，其增加的量应等于加入的标准溶液中所含的待测物质的量。如果样品中存在干扰物质，则浓度的增加值将小于或大于理论值。标准曲线法适用于标准曲线的基体和样品的基体大致相同的情况，优点是速度快，缺点是当样品基体复杂时测定结果不准确。标准加入法可以有效克服上面所说的缺点，因为它是把样品和标准溶液混在一起同时测定的（"标准加入法"的叫法就是从这里来的），但其缺点是速度很慢。标准曲线法可在样品很多的时候使用，先作出曲线，然后从曲线上找点，比较方便。标准加入法，适合待测样品数量少的时候。标准加入法也经常使用在原子吸收光谱定量分析、气相或液相色谱定量分析中。

2. 多组分定量分析

在同一波长下，一种溶液的总吸光度等于各个成分的吸光度的总和。根据这点就可分析混合物的各个组分。如果有一种混合物，虽然是多组分，但组分吸收带不相重叠。在某波长处一种组分的吸收很大，而其他组分在此波长处则无吸收。这样就可在此波长下采用上述的标准曲线法进行此组分的定量测定。如果一个多组分混合物，其吸收带虽然相互重叠，但能遵守比尔定律，则可以采用解联立方程式的办法来进行定量。如混合物中含有 n 个已知组分，则需在 n 个适当的波长下进行 n 次组分各自在 n 个波长的摩尔吸光系数测定。波长的选择应注意使一个组分的吸光系数比其他组分的吸光系数大，这样才能得到较高的精确度。如果混合物中的几个组分吸收带相互重叠并且不遵守比尔定律，便不能用解联立方程式的办法来解析。此时用分光光度法定量比较困难。

如果混合物中含有未知吸收带的组分就更困难了。此时最好先用化学法分离纯化。但也可直接利用分光光度法来分析。虽然利用分光光度法可以作多组分分析，但方法比较烦琐。近年来，很多分光光度计设有多组分分析附件，借助于微处理机来分析计算混合物中多种组分的含量，十分简便、迅速、准确，使得分光光度法在混合物的定量分析中发挥更大的作用。同样，也可用后面介绍的导数光谱法来定量。

五、定性分析方法

分子的紫外-可见吸收光谱是由于分子中的某些基团吸收了紫外-可见辐射光后，发生了电子能级跃迁而产生的吸收光谱。它是带状光谱，反映了分子中某些基团的信息。可以使用标准光谱再结合其他手段进行定性分析。

紫外吸收光谱是物质吸收紫外光后，其价电子从低能级向高能级跃迁，产生吸收峰形成的。但是，并非所有的有机物质在紫外光区都有吸收，只有那些具有共轭双键（ π 键）的化合物，其 π 电子易于被激发发生跃迁，在紫外光区形成特征性的吸收峰。一般来讲，饱和烷烃类在紫外光区没有吸收峰，芳香烃中的 π 键构成的环状共轭体系约在波长为 $200\sim300$ nm 的区间有吸收峰，而且芳核环数越多，吸收峰的波长也越长。例如，两环芳烃的吸收峰在 230nm；三环以上的芳烃吸收峰在 260nm；五环芳烃的特征性吸收峰在 248nm；卟啉类化合物具有典型的吸收带：钒卟啉的最大吸收峰在 410nm、574nm、535nm，镍卟啉在 395nm、554nm、516nm。因此，紫外吸收光谱可以检测芳烃、非烃化合物，并可应用于有关的地质研究。因此，可以选择合适的溶剂（非极性），使用有足够纯度单色光的分光光度计，在相同的条件下测定相近浓度的待测试样和标准品的溶液的吸收光谱，然后比较二者吸收光谱特征：吸收峰数目及位置、吸收谷及肩峰所在的位置等（分子结构相同的化合物应有完全相同的吸收光谱），从而实现对未知物质的定性分析。

1. 未知试样的定性鉴定

不同的化合物具有不同的特征性吸收光谱曲线，因此根据化合物的紫外吸收光谱特征——吸收峰的波长和强度，可以进行物质的鉴定和纯度的检查。一般常用比较光谱法。所谓比较光谱法，是将经过提纯的样品和标准物用相同的溶剂配成溶液，并在相同条件下绘制吸收光谱曲线，比较其吸收光谱是否一致。如果紫外光谱曲线完全相同，比如曲线的形状、吸收峰的位置和数量、最大和最小吸收波长、拐点等一致，那么就可以初步认为是同一种化合物。为了进一步确认，可更换一种溶剂，重新测定后再作比较。

如果没有标准物，就可以借助各种有机化合物的紫外-可见标准图谱，或者与有关电子光谱的文献资料进行比较。最常用的标准图谱资料就是萨特勒（Sadtler）标准图谱手册，它由美国费城萨特勒资料研究实验室编写出版，该图谱收集了 46000 多种化合物的紫外光谱图，并附有五种索引途径，便于查找。使用与标准图谱比较的方法时要求仪器准确度和精密度较高，操作设定条件要完全与文献规定的条件相同，否则可靠性较差。

紫外吸收光谱只能表现化合物生色团、助色团和分子母核，而不能表达整个分子的特征，因此只靠紫外吸收光谱曲线来对未知物进行定性是不可靠的，还需要参照一些经验规则以及其他的方法，例如红外光谱法、核磁共振波谱、质谱以及化合物的某些物理常数等。

2. 推测未知化合物的分子结构

根据化合物的紫外吸收光谱可以确定化合物的类型。如果紫外光谱在 $200 \sim 400nm$ 无吸收，则化合物应无共轭双键系统，或为饱和有机物；如果在 UV 中 $270 \sim 350nm$ 给出一个很弱的吸收峰 $[\varepsilon = 10 \sim 100 L/(mol \cdot cm)]$，并且在 $200nm$ 以上无其他吸收，则该化合物含有非键电子的 n^{*}-p 跃迁，相应的结构为 $C = C - O$、$C = O$ 等；如果在 UV 中给出许多吸收峰，某些峰甚至出现在可见光区，则该化合物存在稠环芳香发色团或长链共轭体系（$4 \sim 5$ 个以上 $C = C$），但一些含氮化合物及碘仿等除外；如果化合物在 $250nm$ 以上有 $\varepsilon_{max} = 1000 \sim 10000 L/(mol \cdot cm)$ 的吸收，而且具有细微结构，说明芳环的存在。紫外吸收光谱还可以推测官能团结构中的共轭关系和共轭体系中取代基的位置、种类和数目。此外，紫外光谱还可以用来区分化合物的构型，因为不同构型的最大波长和吸收强度不同，反式构型没有立体障碍，而顺式结构有立体障碍，因此反式构型的吸收波长和强度都比顺式构型的要大。按照以上规律进行初步推断，或能缩小该化合物的归属范围，然后再按照前面介绍的对比法作进一步的确认，当然还需要配合其他方法才能得出可靠性结论。

3. 化合物纯度的鉴定

紫外吸收光谱能检查化合物中是否含有具有紫外吸收的杂质，如果化合物在紫外光区没有明显的吸收峰，而它所含的杂质在紫外光区有较强的吸收峰，就可以检测出该化合物所含的杂质。例如，要检查乙醇中的杂质苯，由于苯在 $256nm$ 处有吸收，而乙醇在此波长下并无吸收，因此可以用这种方法检测乙醇中的杂质苯。另外还可以用摩尔吸光系数来检查物质的纯度，一般认为当该试样测出的摩尔吸光系数比标准样品测出的摩尔吸光系数要小时，则其纯度不如标样，值相差越大，说明试样纯度越低。比如在生物医药应用中，DNA 在 $260nm$ 处吸收强烈，OD_{260} 值为 1 的溶液相当于大约 $50\mu g/mL$ 双链 DNA，而蛋白质的特征吸收在 $280nm$ 处，测定 DNA 提取物中 $260nm$ 处和 $280nm$ 处的吸收值 OD_{260} 和 OD_{280}，可大致判断所提取的 DNA 的纯度。OD_{260}/OD_{280} 的值在 $1.7 \sim 1.9$，说明提纯度较好；低于 1.7，说明提取的 DNA 中残留有较多的蛋白质，可用酚、氯仿继续抽提；若大于 2.0，说明有 RNA 污染或 DNA 链断裂。

🕯 思考与交流

1. 如果你拥有一台紫外-可见分光光度计想创业的话，你会选择做什么？

2. 没有颜色，也没有紫外吸收特征的物质是不是肯定不可以使用紫外-可见分光光度计来分析？

3. 讨论一下紫外-可见分光光度计在各行各业中如何发挥作用。

🕯 任务实施

操作 1　邻二氮菲分光光度法测定微量铁

一、目的要求

（1）实训目的

① 了解邻二氮菲分光光度法测定微量铁的基本原理。

② 了解测量条件的选择原则。

③ 掌握可见分光光度计的正确使用方法。

④ 掌握工作曲线法定量的过程。

（2）素质要求

① 严格遵守实训岗位安全守则和工作纪律。

② 服从指导教师的安排，按照分析检验人员的基本素质要求完成实训任务。

③ 实训前认真预习，了解操作原理，熟悉仪器使用方法及操作要点。

④ 实训中严格操作规程和规范，独立完成实训任务。

⑤ 对原始数据应实事求是，严肃认真，不得随意记录、编造、篡改。

⑥ 实训结束后，正确关闭仪器设备、恢复实训室的卫生，检查水、电、门窗等设施。

⑦ 按照格式要求完成实训报告，正确处理数据，结论严谨规范。

（3）操作要求

① 容量分析基本操作：正确使用容量瓶、移液管等，标准溶液配制规范。

② 仪器操作：正确使用可见分光光度计，规范使用比色皿。

③ 仪器维护：正确进行可见分光光度计的调试及校准、比色皿的清洗及配对。

④ 测量条件：正确选择测量波长、参比溶液、比色皿规格，合理调整试液浓度。

⑤ 作图：规范绘制吸收光谱曲线和工作曲线。

⑥ 数据记录与处理：原始数据记录真实、规范，数据处理严谨、正确。

二、方法原理

邻二氮菲（又名邻菲罗啉）是测定铁的一种良好的显色剂。在 pH 值为 2.0～9.0 的溶液中，Fe^{2+} 与邻二氮菲生成稳定的橙红色配合物，配合物的配合比为 3∶1。测定时，如果铝和磷酸盐含量高或酸度高，则反应进行缓慢；酸度太低，则 Fe^{2+} 易水解，影响显色。本实验采用 HAc-NaAc 缓冲溶液（pH 值为 5.0～6.0）调整溶液的 pH 值，使溶液显色完全。

Fe^{3+} 与邻二氮菲作用形成蓝色配合物，稳定性较差，因此在实际应用中常加入还原剂盐酸羟胺或对苯二酚使 Fe^{3+} 还原为 Fe^{2+}。Bi^{3+}、Cd^{2+}、Hg^{2+}、Zn^{2+} 及 Ag^+ 等离子与邻二氮菲作用生成沉淀，干扰测定。CN^- 与 Fe^{2+} 生成配合物，干扰也很严重。以上离子应事先设法除去。实验证实，相当于铁量 40 倍的 Sn^{2+}、Al^{3+}、Ca^{2+}、Mg^{2+}、Zn^{2+}、SiO_3^{2-}，20 倍的 Cr^{3+}、Mn^{2+}、VO_3^-、PO_4^{3-}，5 倍的 Co^{2+}、Ni^{2+}、Cu^{2+} 不干扰测定。本法测定铁的灵敏度高，选择性好，稳定性高。

三、仪器与试剂

1. 721 型或 722 型分光光度计 1 台。

2. 容量瓶（50mL）7 只。

3. 移液管（1mL、5mL、10mL）各 2 只。

4. 铁标准溶液（100μg/mL）：准确称取 0.8634g 铁盐 $NH_4Fe(SO_4)_2 \cdot 12H_2O$（482.18g/mol）置于烧杯中，加入 20mL 6mol/L 的 HCl 溶液和少量水，溶解后，定量转移入 1L 容量瓶中，加水稀释到刻度，充分摇匀。

5. 铁标准溶液（10μg/mL）：用移液管移取上述铁标准溶液 10.00mL，置于 100mL 容量瓶中，加 6mol/L 的 HCl 溶液 2.00mL 然后加水稀释至刻度，充分摇匀。

6. 盐酸羟胺溶液（10%）：10g 溶于 100mL 水。临用时配制。

7. 邻二氮菲溶液（0.15%）：0.15g 溶于少许酒精，用水稀释至 100mL。临用时配制。

8. HAc-NaAc 缓冲溶液（pH≈5.0）：称取 136g NaAc，加水使之溶解，加入 120mL 乙酸，加水稀释至 500mL，pH 试纸测量 pH 值在 5 左右。

9. 未知试样：约 10μg/mL，具体值为本实验待测。

10. 2mol/L 的 HCl 溶液：180mL 浓盐酸加水至 1000mL。

四、测定步骤

1. 系列浓度梯度铁标准显色溶液的配制：取 50mL 容量瓶 7 只，分别准确加入 10μg/mL 的铁标准溶液 0mL、2.00mL、4.00mL、6.00mL、8.00mL、10.00mL 及未知试样溶液 5.00mL，再于各容量瓶中分别加入 10% 盐酸羟胺溶液 1mL，摇匀，稍停，再各加入 HAc-NaAc 缓冲溶液 5mL 及 0.15% 邻二氮菲溶液 2mL，每加一种试剂后均摇匀再加另一种试剂，最后用水稀释到刻度，充分摇匀，放置 5min 待用。

2. 比色皿间读数误差的校正：依据教师要求进行比色皿间读数误差的校正，记录误差值，用于测量值校正。

3. 有色溶液颜色稳定性试验：取两只 50mL 容量瓶，一只瓶中准确加入 10μg/mL 的铁标准溶液 5.00mL，另一只不加铁标准溶液，然后分别加 10% 的盐酸羟胺溶液 1mL，摇匀，稍停，加入 1mol/L 的 NaAc 溶液 5mL 和 0.15% 邻二氮菲溶液 2mL，用水稀释到刻度，迅速摇匀。用 2cm 比色皿，以不含铁的相应试剂空白溶液作参比，立即在 510nm 波长处测得吸光度，并记下读取吸光度的时间，然后固定使用这对比色皿，依次测定放置不同时间后的吸光度。

4. 测绘吸收曲线及选择测量波长：选用加有 6.00mL 铁标准溶液的显色溶液（吸光度值为 0.4 左右的标准样品组进行试验），以不含铁标准溶液的试剂溶液为参比，用 1cm 比色皿，在 721 型或 722 型分光光度计上在波长 450～550nm 间，每隔 20nm 测定一次吸光度 A 值，在最大吸收波长左右，再每隔 5nm 各测一次，测量结果记录于表中。注意：每改变一次波长，均需用参比溶液将透光率调到 100%（或者吸光值 A 调为零），然后再测定吸光度。测定结束后，以测量波长为横坐标，以测得的吸光度为纵坐标，绘制吸收曲线。选择吸收曲线的峰值波长为本实验的测量波长，以 λ_{max} 表示。

5. 标准曲线的绘制：在选定波长 λ_{max} 下用 1cm 比色皿，以相同参比溶液测量铁标准系列的吸光度值。再以吸光度为纵坐标、总铁含量（μg）为横坐标，绘制标准曲线。

6. 试样的分析：在相同条件下测定试样的吸光度值，从标准曲线上查出其所对应的铁含量，即为试样溶液的浓度，由此可计算出试样的原始浓度（μg/mL）。

五、数据记录与处理

1. 实验所用仪器型号：＿＿＿型分光光度计；

实验所用比色皿规格：＿＿＿cm 比色皿。

2. 比色皿吸光度差值：＿＿＿＿＿＿。

3. 有色溶液稳定性实验数据结果：

时间/min	0	1	3	5	10	30	60
A							

4. 吸收曲线的绘制

波长/nm	450	470	490	505	510	515	520	530	550
A									

作图查得吸收曲线的峰值波长：λ_{max} = ＿＿＿＿＿＿nm。

5. 标准曲线的绘制及未知样品 $A_{未知}$ 测量

序号	0	1	2	3	4	5	未知试样
标液体积/mL	0	2.00	4.00	6.00	8.00	10.00	5.00
浓度/(μg/mL)	0						
吸光度 A	0						

以吸光度 A 为纵坐标、浓度 c 为横坐标绘制标准曲线，采用手动计算或 Excel 作图求出一元线性回归方程以及相关系数 R^2。

6. 未知试样溶液的吸光度 $A_x =$ _____，

从标准曲线上查出的浓度 $c_x =$ _____ $μg/mL$，或者通过方程计算出 c_x，

计算出试样的原始浓度 $c_0 =$ _____ $μg/mL$。

六、操作注意事项

1. 用 10mL 吸量管依次准确移取 2.00mL、4.00mL、6.00mL、8.00mL、10.00mL 溶液。

2. 本实验应首先绘制吸收曲线找出最大吸收波长后再进行测定。

3. 注意从标准曲线上查出的浓度并非试样的原始浓度，需要计算得出。

【任务评价】

序号	评价项目	分值	评价标准							评价记录	得分
1	准确度	20	相对误差/% ≤	1.0	2.0	3.0	4.0	5.0	≥6.0		
			扣分标准/分	0	4	8	12	16	20		
2	精密度	10	相对偏差/% ≤	1.0	2.0	3.0	4.0	5.0	≥6.0		
			扣分标准/分	0	2	4	6	8	10		
3	职业素养	5	态度端正、操作规范、精益求精、数据真实、结论严谨，1分/项								
4	完成时间	5	超时/min ≤	0		5	10	≥20			
			扣分标准/分	0		1	2	5			
5	操作规范	40	1. 每个不规范操作，扣 1 分 2. 分光光度计操作顺序错误，扣 3 分 3. 比色皿使用错误，扣 2 分 4. 损坏比色皿或其他玻璃仪器，扣 5 分/件 5. 溶液重新配制，扣 3 分/次 6. 操作条件设置错误，扣 2 分/个 7. 操作步骤不完全，扣 5 分								
6	原始记录	5	1. 未及时记录原始数据，扣 2 分 2. 原始记录未记录在实验报告，扣 5 分 3. 非正规修改记录，扣 1 分/处 4. 原始记录空项，扣 1 分/处								
7	数据处理	10	1. 计算错误，扣 5 分（不重复扣分） 2. 数据中有效数字位数修约错误，扣 1 分/处 3. 有计算过程，未给出最终结果，扣 5 分								
8	结束工作	5	1. 考核结束仪器未清洗或清洗不洁，扣 5 分 2. 考核结束仪器摆放不整齐，扣 2 分 3. 考核结束仪器未关闭，扣 5 分								
9	重大失误	0	1. 原始数据未经认可擅自涂改，计 0 分 2. 编造数据，计 0 分 3. 损坏分光光度计，根据实际损坏情况赔偿								

💡 **思考与交流**

1. 本实验为什么要控制 pH 值在 2.0~9.0 范围内？应如何控制？
2. 绘制吸收曲线的目的是什么？为什么？
3. 绘制标准曲线时，各点是否完全呈线性关系？为什么？如果不是，应如何处理标准曲线？
4. 比色皿规格的选择对测定有无影响？为什么？对计算有无影响？

操作 2 紫外分光光度法测定水中的硝酸盐氮

一、目的要求

（1）实训目的

① 学习紫外分光光度法测水中硝酸盐氮的实验原理。

② 学习紫外可见分光光度计的使用方法。

③ 学习紫外可见分光光度计操作软件的使用方法。

（2）素质要求

① 严格遵守实训岗位安全守则和工作纪律。

② 服从指导教师的安排，按照分析检验人员的基本素质要求完成实训任务。

③ 实训前认真预习，了解操作原理，熟悉仪器使用方法及操作要点。

④ 实训中严格操作规程和规范，独立完成实训任务。

⑤ 对原始数据应实事求是，严肃认真，不得随意记录、编造、篡改。

⑥ 实训结束后，正确关闭仪器设备，恢复实训室的卫生，检查水、电、门窗等设施。

⑦ 按照格式要求完成实训报告，正确处理数据，结论严谨规范。

（3）操作要求

① 容量分析基本操作：正确使用容量瓶、移液管等，标准溶液配制规范。

② 仪器操作：正确使用紫外分光光度计，正确选择和规范使用比色皿。

③ 仪器维护：正确进行紫外分光光度计的调试及校准、比色皿的清洗及配对。

④ 测量条件：正确选择测量波长、参比溶液、比色皿材质，合理调整试液浓度；

⑤ 作图：正确绘制工作曲线。

⑥ 数据记录与处理：原始数据记录真实、规范，数据处理严谨、正确。

二、方法原理

用紫外分光光度法测定水中的硝酸盐氮可以不经显色反应，直接利用 NO_3^- 在 220nm 波长下的特征吸收来测定，它对于一般饮用水和其他较洁净的地面水中的 NO_3^- 的测定具有简便、快速、准确的优点。天然水中的悬浮物以及 Fe^{3+} 和 Cr^{3+} 对本法有干扰，可采用 $Al(OH)_3$ 的絮凝共沉淀加以排除。SO_4^{2-}、Cl^- 不干扰测定，Br^- 对测定有干扰，但是一般淡水中不常见。HCO_3^- 和 CO_3^{2-} 在 220nm 处有微弱吸收，加入一定量的盐酸可以消除 HCO_3^-、CO_3^{2-} 以及絮凝中带来的细微胶体等的影响，并在加入氨基磺酸以消除亚硝酸盐的干扰时起到辅助作用。亚硝酸盐低于 0.1mol/L 时可以不加氨基磺酸，对于饮用水和较清洁水可以不做预处理。另外，水中的有机物在 220nm 会产生吸收干扰测定，可利用有机物在 275nm 有吸收，而 NO_3^- 在 275nm 无吸收这一特征，对水样在 220nm 和 275nm 处分别测定吸光度 A 值，A_{220} 减去 A_{275} 即扣除有机物的干扰，这种经验性的校正方法对有机物含量不太高或者稀释后的水样可以得到相当准确的结果。

本法最低检出限为 0.08mg/L 硝酸盐氮，测定上限为 4mg/L 硝酸盐氮。

三、仪器与试剂

1. 756MC 型紫外-可见分光光度计 1 台。

2. 容量瓶（50mL）8 只。

3. 吸量管（10mL）2 支。

4. 氢氧化铝悬浮液：溶解 125g $AlK(SO_4)_2 \cdot 12H_2O$（CP）或 $AlNH_4(SO_4)_2 \cdot 12H_2O$（C.P.）于 1L 水中，加热至 60℃，然后在搅拌下慢慢加入 55mL 浓氨水，放置 1h 后转移入大瓶内，用蒸馏水反复洗涤沉淀至溶液中不含氨、氯化物、硝酸盐和亚硝酸盐为止。澄清后把上层清液尽量倾出，只留浓的悬浮液，最后加水 100mL。使用前应振荡均匀。

5. 硝酸盐氮标准储备液（100μg/mL）：准确称取 0.7218g 无水 KNO_3 溶于去离子水中，移至 1000mL 容量瓶中，用去离子水稀释到刻度。

6. 硝酸盐氮标准溶液（10μg/mL）：准确移取 100mL 上述储备液溶于 1000mL 容量瓶中，用去离子水稀释到刻度。

7. 氨基磺酸溶液（0.8%）：应避光保存于冰箱中。

8. 盐酸溶液（1mol/L）。

四、测定步骤

1. 溶液的配制：取 10.00mL 透明水样于 50mL 容量瓶中。另取 50mL 容量瓶 7 只，分别加入含氮 10μg/mL 的硝酸盐氮标准溶液 0.00mL、1.00mL、2.00mL、4.00mL、6.00mL、8.00mL、10.00mL。

向水样和标准系列溶液中分别加入 1mol/L 的 HCl 溶液 1mL、氨基磺酸 1 滴，分别用去离子水稀释到刻度，摇匀。

2. 校正比色皿间的误差。

3. 吸光度的测定：用 1cm 比色皿，以空白（标准系列中加入 0.00mL 硝酸盐氮标准溶液的容量瓶）溶液作参比，测定水样和标准系列在 220nm 处的吸光度，在 275nm 处还要测定一次水样的吸光度。

五、数据记录与处理

1. 标准曲线的绘制：

序号	0	1	2	3	4	5	6
V/mL	0.00	1.00	2.00	4.00	6.00	8.00	10.0
$c/(\mu g/50mL)$							
A							

以吸光度 A 为纵坐标、硝酸盐氮的总量 c（μg/50mL）为横坐标，绘制标准曲线。

2. 测得水样的吸光度：$A_{220} = \underline{\quad\quad}$；$A_{275} = \underline{\quad\quad}$；

由此计算水样中氮的校正吸光度：$A_{校正} = A_{220} - A_{275} = \underline{\quad\quad}$。

3. 由 $A_{校正}$ 值从标准曲线上查出水样含硝酸盐氮的总量：$c_{水样} = \underline{\quad\quad}$ μg/50mL。

4. 计算水样中硝酸盐氮的原始浓度。

六、操作注意事项

1. 氢氧化铝悬浮液在使用前应振荡均匀。

2. 所选水样需透明，若不符合条件，可以离心过滤后取滤液进行试验。

【任务评价】

序号	评价项目	分值	评价标准							评价记录	得分
1	准确度	20	相对误差/% ≤	1.0	2.0	3.0	4.0	5.0	≥6.0		
			扣分标准/分	0	4	8	12	16	20		
2	精密度	10	相对偏差/% ≤	1.0	2.0	3.0	4.0	5.0	≥6.0		
			扣分标准/分	0	2	4	6	8	10		
3	职业素养	5	态度端正、操作规范、精益求精、数据真实、结论严谨,1分/项								
4	完成时间	5	超时/min ≤	0		5		10	≥20		
			扣分标准/分	0		1		2	5		
5	操作规范	40	1. 每个不规范操作,扣1分 2. 分光光度计操作顺序错误,扣3分 3. 比色皿使用错误,扣2分 4. 损坏比色皿或其他玻璃仪器,扣5分/件 5. 溶液重新配制,扣3分/次 6. 操作条件设置错误,扣2分/个 7. 操作步骤不完全,扣5分								
6	原始记录	5	1. 未及时记录原始数据,扣2分 2. 原始记录未记录在实验报告,扣5分 3. 非正规修改记录,扣1分/处 4. 原始记录空项,扣1分/处								
7	数据处理	10	1. 计算错误,扣5分(不重复扣分) 2. 数据中有效数字位数修约错误,扣1分/处 3. 有计算过程,未给出最终结果,扣5分								
8	结束工作	5	1. 考核结束仪器未清洗或清洗不洁,扣5分 2. 考核结束仪器摆放不整齐,扣2分 3. 考核结束仪器未关闭,扣5分								
9	重大失误	0	1. 原始数据未经认可擅自涂改,计0分 2. 编造数据,计0分 3. 损坏分光光度计,根据实际损坏情况赔偿								

💡 思考与交流

1. 本实验为什么要控制 pH 值在 2.0～9.0? 应如何控制?

2. 绘制吸收曲线的目的是什么? 为什么?

3. 绘制标准曲线时,各点是否完全呈线性关系? 为什么? 如果不是,应如何处理标准曲线?

4. 比色皿规格的选择对测定有无影响? 为什么? 对计算有无影响?

💡 知识拓展

光谱的发现

人类对光的认识源于对颜色的认知。1666 年牛顿利用棱镜进行的色散试验,虽未观察到明显的光谱,但是发现了白光并不是单纯的光,而可以分成多种颜色,同时多色光也可以混合成为白光。1802 年,英国科学家沃拉斯顿采用窄狭缝发现了太阳光谱中的 7 条暗线,但误认为是颜色的分界线,并未引起重视。光谱学的创始人——德国物理学家夫琅和费,在研究玻璃对各种颜色光的折射率时偶然发现了灯光光谱中的橙色双线,1814 年,他又发现太阳光谱中的许多暗线。1822 年，夫琅和费用拿钻石刻刀在玻璃上刻划细线的方法制成了衍射光栅，并编排出太阳光谱里 576 条"夫琅和费线"。海德堡大学的物理学教授基尔霍夫在解释夫琅和费线的成因时创建了基尔霍夫定律，描述了物体的发射率与吸收比之间的关系。19 世纪 60 年代基尔霍夫与本生提出了实用光谱学，指出了各元素光谱的特征性，为光谱定性奠定了基础，并利用该法发现了 18 种元素。

1868 年，瑞典物理学家埃斯特朗发表了"标准太阳光谱"图表，记载了上千条夫琅和费谱线的波长，为光谱学提供了有价值的标准。为纪念埃斯特朗，后将"埃"定为波长的一个单位。1882 年，美国物理学家罗兰研制出平面光栅和凹面光栅，获得了极其精密的太阳光谱，谱线多达 20000 多条，新编制的"太阳光谱波长表"被作为国际标准，使用长达 30 年之久。

光谱学研究的重要课题是氢原子光谱。氢原子光谱最强的一条谱线是 1853 年由瑞典物理学家埃斯特朗探测出来的。氢原子光谱的研究成果在一定程度上促进了量子力学的建立。1885 年，瑞士科学家巴耳末总结出一个经验公式来说明已知的氢原子谱线的位置，此后便把这一组线称为巴耳末系。1889 年，瑞典光谱学家里德伯又发现了许多元素的线状光谱系。尽管氢原子光谱线的波长的表示式十分简单，不过当时人们对其起因却茫然不知。1913 年，玻尔对氢原子光谱的起因作出了解释，但并不能解释所观测到的原子光谱的各种特征。直到 20 世纪，量子力学的提出才能够满意地解释原子光谱的成因。目前，光谱学正在广泛用于各领域的分析检测工作中，发展前景十分广阔。

💡 项目小结

一、理论小结

1. 名词解释：电磁波谱、复合光、互补光、吸收曲线、透射比、吸光度、摩尔吸光系数、试剂参比、溶剂参比、褪色参比、工作曲线。

2. 原理：光的波粒二象性、物质对光的选择性吸收、吸收定律。

3. 硬件结构：仪器分类、特点、基本组成部件、工作流程、使用条件、维护保养常识、日常检查和调试。

4. 分析方法：显色条件、分析条件、参比选择、定量与定性方法。

二、操作小结

1. 标准溶液的配制。

2. 设备的检查与调试。

3. 仪器的日常操作与维护保养。

4. 吸收曲线和工作曲线的绘制。

5. 分析条件和方法的选择。

6. 数据记录与处理。

🔧 练一练测一测

一、选择题

1. 人眼能感觉到的可见光的波长范围是（　　）。

A. 400～760nm　　　B. 200～400nm　　　C. 200～600nm　　　D. 360～800nm

2. 物质的颜色是由于其分子选择性地吸收了白光中的某些波长的光所致。例如，硫酸铜溶液呈蓝色，是由于它吸收了白光中的（　　）。

A. 蓝色光　　　　　B. 绿色光　　　　　C. 黄色光　　　　　D. 青色光

3. 在分光光度计中，光电转换装置接收的是（　　）。

A. 入射光的强度　　B. 透射光的强度　　C. 吸收光的强度　　D. 散射光的强度

4. 紫外-可见分光光度法中，透射光强度 I 与入射光强度 I_0 之比 I/I_0 称为（　　）。

A. 吸光度　　　　　　B. 吸光系数　　　　C. 透光度　　　　　D. 百分透光度

5. 符合朗伯-比尔定律的有色溶液被稀释后，其最大吸收峰的波长位置（　　）。

A. 向长波方向移动　　　　　　　　B. 向短波方向移动

C. 不移动　　　　　　　　　　　　D. 移动方向不确定

6. 在用分光光度法测定某有色物质的浓度时，下列操作中错误的是（　　）。

A. 比色皿外壁有水珠　　　　　　　B. 待测溶液注到比色皿的 2/3 高度处

C. 光度计没有调零　　　　　　　　D. 将比色皿透光面置于光路中

7. 在可见分光光度计中常用的检测器是（　　）。

A. 光电管　　　　　　B. 检流计　　　　　C. 光电倍增管　　　D. 毫伏计

8. 影响吸光物质摩尔吸光系数的因素是（　　）。

A. 比色皿的厚度　　B. 入射光的波长　　C. 浓度　　　　　　D. 温度

9. 下列表达不正确的是（　　）。

A. 吸收光谱曲线表明吸光物质的吸光度随波长的变化而变化

B. 吸收光谱曲线以波长为纵坐标、吸光度为横坐标

C. 吸收光谱曲线中，最大吸收处的波长为最大吸收波长

D. 吸收光谱曲线表明吸光物质的光吸收特性

10. 在光度分析中，参比溶液的选择原则是（　　）。

A. 通常选用蒸馏水

B. 通常选用试剂溶液

C. 根据加入试剂和被测试液的颜色、性质来选择

D. 通常选用褪色溶液

二、填空题

1. 各种物质都有特征吸收曲线和最大吸收波长，这种特性可作为物质＿＿＿＿＿＿的依据；同种物质的不同浓度溶液，任一波长处的吸光度随物质的浓度的增加而增大，这是物质＿＿＿＿＿＿的依据。

2. 朗伯-比尔定律表达式中的吸光系数在一定条件下是一个常数，它与＿＿＿＿＿＿、＿＿＿＿＿＿及＿＿＿＿＿＿无关。

3. 符合朗伯-比尔定律的 Fe^{2+}-邻菲罗啉显色体系，当 Fe^{2+} 浓度 c 变为 $3c$ 时，A 将＿＿＿＿＿＿，T 将＿＿＿＿＿＿，ε 将＿＿＿＿＿＿。

4. 某溶液吸光度为 A_1，稀释后在相同条件下，测得吸光度为 A_2，进一步稀释测得吸光度为 A_3。已知 $A_1-A_2=0.50$，$A_2-A_3=0.25$，则 T_3/T_1 为＿＿＿＿＿＿。

5. 光度分析中，偏离朗伯-比尔定律的重要原因是入射光的＿＿＿＿＿＿差和吸光物质的＿＿＿＿＿＿引起的。

6. 在分光光度法中，入射光波一般以选择＿＿＿＿＿＿波长为宜，这是因为＿＿＿＿＿＿。

7. 如果显色剂或其他试剂对测量波长也有一些吸收，应选＿＿＿＿＿＿为参比溶液；如试样中其他组分有吸收，但不与显色剂反应，则当显色剂无吸收时，可用＿＿＿＿＿＿作参比溶液。

8. 在以波长为横坐标、吸光度为纵坐标的浓度不同 $KMnO_4$ 溶液吸收曲线上可以看出＿＿＿＿＿＿未变，只是＿＿＿＿＿＿改变了。

9. 不同浓度的同一物质，其吸光度随浓度增大而＿＿＿＿＿＿，但最大吸收波长

_____。

10. 符合光吸收定律的有色溶液,当溶液浓度增大时,它的最大吸收峰位置_____,摩尔吸光系数_____。

三、计算题

1. 某有色溶液在 3.0cm 的比色皿中测得透光度为 40.0%,求比色皿厚度为 2.0cm 时的透光度和吸光度各为多少?

2. 用邻菲罗啉法测定铁,已知显色液中 Fe^{2+} 的含量为 $50\mu g/100mL$,用 2.0cm 的比色皿,在波长 500nm 测得吸光度为 0.205,计算 Fe^{2+}-邻菲罗啉的吸光系数、摩尔吸光系数。(已知 1mol Fe^{2+} 生成 1mol Fe^{2+}-邻菲罗啉配合物)。

3. 用分光光度法测定水中微量铁,取 $3.0\mu g/mL$ 的铁标准液 10.0mL,显色后稀释至 50mL,测得吸光度 $A_s = 0.460$。另取水样 25.0mL,显色后也稀释至 50mL,测得吸光度 $A_x = 0.410$,求水样中的铁含量(mg/L)。

项目三
红外吸收光谱法的应用

 项目引导

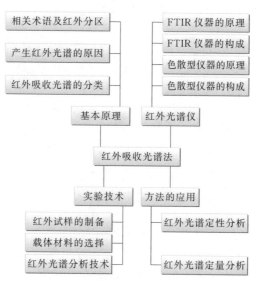

红外吸收光谱法（IR，红外光谱法）是由分子振动能级的跃迁而产生，因为同时伴随有分子中转动能级的跃迁，故又称振转光谱，它也是一种分子吸收光谱。红外吸收光谱法作为一种现代仪器分析方法，目前已被广泛用于分子结构的基础研究和化学组成的研究上。如今，红外光谱的研究已由中红外扩散到远红外和近红外，其应用范围亦迅速扩展到生物化学、高聚物、环境、染料、食品医药等诸多领域。

任务一　认识红外吸收光谱法

任务要求

1. 理解红外吸收光谱法的产生、特点。
2. 了解红外吸收光谱的表示方法。

一、红外吸收光谱法的产生及特点

1. 红外光的发现

1800 年，英国天文学家赫谢尔（F. W. Herschel）用温度计测量太阳光可见光区内、外温度时，发现红色光以外"黑暗"部分的温度比可见光部分的高，从而意识到在红色光之外还存有一种肉眼看不见的"光"，因此把它称为红外光，而对应的这段光区便称为红外光区。

2. 物质对红外光的选择性吸收

接着，赫谢尔在温度计前放置了一种水溶液，结果发现温度计的示值下降，这说明溶液对红外光具有一定的吸收。然后，他用不同的溶液重复了类似的实验，结果发现不同的溶液对红外光的吸收程度是不一样的。赫谢尔意识到这个实验的重要性，于是，他固定用同一种溶液，改变红外光的波长做类似的实验，结果发现同一种溶液对不同的红外光也具有不同程度的吸收，也就是说对某些波长的红外光吸收得多，而对某些波长的红外光却几乎不吸收。所以说，物质对红外光的吸收具有选择性。

3. 红外吸收光谱的产生

如果用一种仪器把物质对红外光的吸收情况记录下来，这就是该物质的红外吸收光谱图（红外谱图），横坐标是波长，纵坐标为该波长下物质对红外光的吸收程度。

由于物质对红外光具有选择性的吸收，因此，不同的物质便有不同的红外吸收光谱图，所以，我们便可以从未知物质的红外吸收光谱图反过来求证该物质究竟是什么物质。这正是红外光谱定性的依据。

红外光区位于可见光区和微波区之间，其波长范围约为 $0.75 \sim 1000 \mu m$，可划分为三个区域，见表 3-1。

表 3-1　红外光区的划分

红外光区类型	波长 $\lambda / \mu m$	波数 σ / cm^{-1}
近红外光区	$0.75 \sim 2.5$	$13333 \sim 4000$
中红外光区	$2.5 \sim 25$	$4000 \sim 400$
远红外光区	$25 \sim 1000$	$400 \sim 10$

其中，远红外光谱是由分子转动能级跃迁产生的转动光谱；中红外和近红外光谱是由分子振动能级跃迁产生的振动光谱。只有简单的气体或气态分子才能产生纯转动光谱，而大量复杂的气、液、固态物质分子主要产生振动光谱。目前广泛用于化合物定性、定量和结构分析以及其他化学过程研究的红外吸收光谱，主要是波长处于中红外光区的振动光谱。

4. 红外光谱法的特点

① 应用面广，提供信息多且具有特征性。依据分子红外光谱的吸收峰位置、吸收峰的数目及其强度，可以鉴定未知化合物的分子结构或确定其化学基团；依据吸收峰的强度与分子或某化学基团的含量，可进行定量分析和纯度鉴定。

② 不受样品相态的限制，亦不受熔点、沸点和蒸气压的限制。无论是固态、液态以及气态样品都能直接测定，甚至对一些表面涂层和不溶、不熔融的弹性体（如橡胶），也可直接获得其红外光谱图。

③ 样品用量少且可回收。不破坏试样，分析速度快，操作方便。

④ 现已积累了大量标准红外光谱图（如 Sadtler 标准红外光谱集等）可供查阅。

⑤ 红外吸收光谱法也有其局限性。有些物质不能产生红外吸收峰，还有些物质（如旋光异构体、不同分子量的同一种高聚物）不能用红外吸收光谱法鉴别。此外，红外吸收光谱

图上的吸收峰有一些是不能作出理论上的解释的，因此可能干扰分析测定，而且，红外吸收光谱法定量分析的准确度和灵敏度均低于可见、紫外吸收分光光度法。

红外光谱广泛用于有机化合物的定性与结构分析，可采用与标准样或标准谱图比较的方法进行。对于未知化合物，可通过红外谱图中吸收峰的位置、数目、相对强度和吸收峰的形状了解其结构特点，如官能团和化学键、脂肪族或芳香族化合物、苯环上的取代位置、顺反异构体等，从而推断化合物的可能结构。但一般来说仅靠红外光谱来确定结构是困难的，经常需要结合其他手段（如核磁、质谱等）得到的数据进行综合分析，才可能得到正确的结果。利用官能团的特征吸收进行定量分析和组分的纯度分析，也可用于反应速率的测定。但是红外光谱定量分析的方法麻烦且准确度不高，因此应用不多，只有不能采用其他方法时方被采用。

二、红外吸收光谱法的表示

分子的总能量由平动能量、振动能量、电子能量和转动能量四部分构成。其中振动能级的能量差为 $8.01 \times 10^{-21} \sim 1.60 \times 10^{-19}$ J，与红外光的能量相对应。当用连续波长的红外线为光源照射样品时，其中某些波长的光被样品分子吸收，这种利用观察样品物质对不同波长红外光的吸收程度来研究物质分子的组成和结构的方法，称为红外分子吸收光谱法，简称红外光谱法，常以 IR 表示。由于物质分子对不同波长的红外光的吸收程度不同，致使某些波长的辐射能量被样品选择吸收而减弱。如果以波长 λ（或波数 σ）为横坐标，表示吸收峰的位置，用透射率 τ（或吸光度 A）作纵坐标，表示吸收强度，将样品吸收红外光的情况用仪器记录下来，就得到了该样品的红外吸收光谱。其谱图可以有 4 种表示方法：透射率与波数（τ-σ）曲线、透射率与波长（τ-λ）曲线、吸光度与波数（A-σ）曲线、吸光度与波长（A-λ）曲线。τ-σ 或 τ-λ 曲线上的"谷"是光谱吸收峰，A-σ 或 A-λ 曲线上的"峰"是光谱吸收峰。

在红外谱图中，吸收峰的位置简称峰位，常用波长 λ（μm）或波数 σ（cm^{-1}）表示。由于波数直接与振动能量成正比，故红外光谱更多的是以波数为峰位。波数的物理意义是单位厘米长度上波的数目，波数与波长的关系为：

$$\text{波数 } \sigma (\text{cm}^{-1}) = 10^4 / \text{波长 } \lambda (\mu\text{m})$$

在红外谱图中，波长按等间隔分度的，称为线性波长表示法；波数按等间隔分度的，称为线性波数表示法。对于同一样品用线性波长表示和用线性波数表示，其光谱的表观形状截然不同，会误认为不同化合物的光谱。图 3-1 和图 3-2 分别为苯酚的波长等间隔和波数等间隔表示的红外光谱，比较发现 τ-λ 曲线"前密后疏"，τ-σ 曲线"前疏后密"。

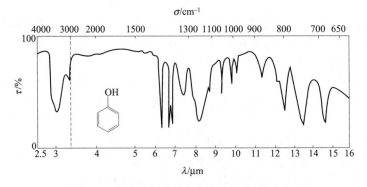

码 3-1　有机
物红外光谱

图 3-1　苯酚的红外吸收光谱（波长等间隔）

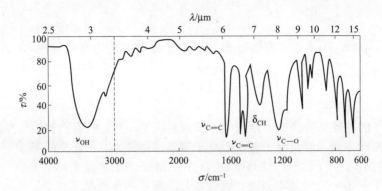

图 3-2　苯酚的红外吸收光谱（波数等间隔）

任务二　掌握红外吸收光谱法原理

任务要求

1. 了解红外吸收光谱的产生原因。
2. 掌握红外吸收光谱相关术语及中红外光区的划分。
3. 了解影响基团频率位移的因素及影响吸收峰强度的因素。

一、产生红外吸收光谱的原因

1. 分子振动方程式

分子振动可以近似地看作是分子中的原子以平衡点为中心，以很小的振幅做周期性的振动。这种分子振动的模型可以用经典的方法来模拟，见图 3-3。

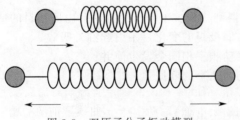

图 3-3　双原子分子振动模型

码 3-2　双原子
分子振动模型

对双原子分子而言，可以把它看成是一个弹簧连接两个小球，m_1 和 m_2 分别代表两个小球的质量，即两个原子的质量，弹簧的长度就是分子化学键的长度。这个体系的振动频率取决于弹簧的强度，即化学键的强度和小球的质量。其振动是在连接两个小球的键轴方向发生的。用经典力学的方法可以得到如下计算公式：

$$\nu = \frac{1}{2\pi}\sqrt{\frac{k}{\mu}} \tag{3-1}$$

或

$$\bar{\nu} = \frac{1}{2\pi c}\sqrt{\frac{k}{\mu}} \tag{3-2}$$

可简化为
$$\bar{\nu} = 1304 \sqrt{\frac{k}{\mu}} \tag{3-3}$$

式中，ν 是频率，Hz；$\bar{\nu}$ 是波数，cm^{-1}；k 是化学键的力常数，g/s^2；c 是光速（$3 \times 10^{10} cm/s$）；μ 是原子的折合质量，$\mu = \dfrac{m_1 m_2}{m_1 + m_2}$。

2. 分子基本振动数的计算

双原子分子的振动只发生在连接两个原子的直线上，并且只有一种振动方式，而多原子分子则有多种振动方式。假设分子由 n 个原子组成，每一个原子在空间都有 3 个自由度，则分子有 $3n$ 个自由度。非线型分子的转动有 3 个自由度，线型分子则只有两个转动自由度，因此非线型分子有 $3n-6$ 种基本振动，而线型分子有 $3n-5$ 种基本振动。

以 CO_2 为例，CO_2 为线型分子，其振动自由度 $= 3 \times 3 - 5 = 4$，即它应有 4 种振动形式，如图 3-4 所示。

图 3-4　CO_2 分子的四种振动方式

码 3-3　CO_2
振动方式

但实际上 CO_2 分子的红外吸收光谱中却只有两个吸收峰，它们分别位于 $2349cm^{-1}$ 和 $667cm^{-1}$ 处。其原因是，在 CO_2 分子的 4 种振动形式中，对称伸缩振动不引起分子偶极矩的变化，因此不产生红外吸收光谱，也就不存在吸收峰。不对称伸缩振动产生偶极矩的变化，在 $2349cm^{-1}$ 处出现吸收峰。而面内弯曲振动和面外弯曲振动又因频率完全相同，峰带发生简并，只产生 $667cm^{-1}$ 处一个吸收峰。故 CO_2 分子虽有 4 种振动形式，但只出现两个吸收峰。

在观察红外吸收谱带时，经常遇到峰数少于分子的振动自由度数目的情况，其原因是：

① 某些振动不使分子发生瞬时偶极矩的变化，不引起红外吸收；

② 有些分子结构对称，某些振动频率相同会发生简并；

③ 有些强而宽的峰常把附近的弱而窄的峰掩盖；

④ 有个别峰落在红外区以外；

⑤ 有的振动产生的吸收峰太弱测不出来。

3. 分子的振动形式

（1）伸缩振动　伸缩振动是指原子沿键轴方向伸缩，使键长发生变化而键角不变的振动，用符号 ν 表示，其振动形式可分为两种：一种是对称伸缩振动（ν_s），振动时各键同时伸长或缩短；另一种是不对称伸缩振动，又称为反对称伸缩振动（ν_{as}），指振动时某些键伸长，某些键则缩短。见图 3-5。

（2）变形振动　变形振动是指使键角发生周期性变化的振动，又称弯曲振动。可分为面内、面外、对称及不对称变形振动等形式。

① 面内变形振动（β）。变形振动在由几个原子所构成的平面内进行，称为面内变形振动。面内变形振动可分为两种：一是剪式振动（δ），在振动过程中键角发生变化，类似于剪刀的开和闭；二是面内摇摆振动（ρ），基团作为一个整体，在平面内摇摆。如图 3-6（b）所示。

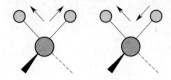

对称伸缩振动ν_s　　反对称伸缩振动ν_{as}

(强吸收s)

图 3-5　伸缩振动

② 面外变形振动（γ）。变形振动在垂直于由几个原子所组成的平面外进行。也可以分为两种：一是面外摇摆振动（ω），两个 X 原子同时向面上或面下的振动；二是扭曲振动（τ），一个 X 原子向面上，另一个 X 原子向面下的振动。如图 3-6(a) 所示。

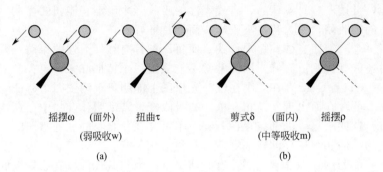

摇摆ω　（面外）　扭曲τ　　　剪式δ　（面内）　摇摆ρ

(弱吸收w)　　　　　　　　（中等吸收m）

(a)　　　　　　　　　　　(b)

码 3-4　甲基的
振动形式

图 3-6　变形振动

③ 对称与不对称的变形振动。AX_3 的基团或分子的变形振动还有对称和不对称之分；对称变形振动（δ_s）中，三个 A—X 键与轴线组成的夹角对称地增大或缩小，形如雨伞的开闭，所以也称为伞式振动；不对称变形振动（δ_{as}）中，两个角缩小，一个角增大；或相反。

码 3-5　分子
的基本振动
形式

4. 产生红外吸收光谱的条件

并不是所有的振动形式都能产生红外吸收。那么，要产生红外吸收必须具备哪些条件呢？实验证明，红外光照射分子，引起振动能级的跃迁，从而产生红外吸收光谱，必须具备以下两个条件：

① 红外辐射应具有恰好能满足能级跃迁所需的能量，即物质的分子中，某个基团的振动频率应正好等于该红外光的频率。或者说，当用红外光照射分子时，如果红外光子的能量正好等于分子振动能级跃迁时所需要的能量，则可以被分子所吸收，这是红外光谱产生的必要条件。

② 物质分子在振动过程中应有偶极矩的变化，这是产生红外光谱的充分必要条件。在红外光的作用下，只有偶极矩发生变化的振动，即在振动过程中 $\Delta\mu \neq 0$ 时，才会产生红外吸收。这样的振动称为红外"活性"振动，其吸收带在红外光谱中可见；而在振动过程中，偶极矩不发生改变的振动称为"非活性"振动，这种振动不吸收红外光，因此也就记录不到其吸收带，在红外吸收谱图中也就找不到相应吸收峰。如非极性的同核双原子分子 N_2、O_2、H_2 等，在振动过程中偶极矩并不发生变化，它们的振动不产生红外吸收谱带。有些分子既有红外"活性"振动，又有红外"非活性"振动。

二、红外吸收光谱相关术语及中红外光区的划分

1. 红外吸收峰的类型

(1) 基频峰　分子吸收一定频率的红外光，当振动能级由基态跃迁至第一振动激发态

（$n=1$）时，所产生的吸收峰称为基频峰。基频峰的强度一般都比较大，因此基频峰是红外吸收光谱上最主要的一类吸收峰。

（2）泛频峰　在红外吸收光谱上除基频峰外，振动能级由基态（$n=0$）跃迁至第二激发态（$n=2$）、第三激发态（$n=3$）等时所产生的吸收峰称为倍频峰。由基态跃迁至第二激发态时，所产生的吸收峰称为二倍频峰。由基态跃迁至第三激发态时，所产生的吸收峰称为三倍频峰，以此类推。二倍频峰和三倍频峰等统称为倍频峰，其中二倍频峰还可以经常观测得到，三倍频峰及其以上的倍频峰，因跃迁概率很小，一般都很弱，常观测不到。

除倍频峰外，还有合频峰和差频峰。倍频峰、合频峰和差频峰统称为泛频峰。合频峰和差频峰多为弱峰，一般在谱图上观察不到。

（3）特征峰　化学工作者参照光谱数据对比了大量红外谱图后发现，具有相同官能团或化学键的一系列化合物有近似相同的吸收频率，证明官能团或化学键的存在与谱图上吸收峰的出现是对应的。因此，可用一些易辨认的、有代表性的吸收峰来确定官能团的存在。凡是可用于鉴定官能团存在的吸收峰，称为特征吸收峰，简称特征峰。

（4）相关峰　由于一个官能团有数种振动形式，而每一种具有红外活性的振动一般相应产生一个吸收峰，有时还能观测到泛频峰，因而常常不能只由一个特征峰来确定官能团的存在。例如，分子中如有—CH＝CH_2存在，则在红外光谱图上能明显观测到四个特征峰。这一组峰因为—CH＝CH_2的存在而出现，是相互依存的吸收峰，若证明化合物中存在该官能团，则在其红外谱图中，这四个吸收峰都应存在，缺一不可。在化合物的红外谱图中由于某个官能团的存在而出现的一组相互依存的特征峰，可互称为相关峰。

用一组相关峰鉴别官能团的存在非常重要，有些情况下，因与其他峰重叠或峰太弱，并非所有的相关峰都能观测到，但必须找到主要的相关峰才能确认官能团的存在。

2. 红外吸收光谱的分区

分子中的各种基团都有其特征红外吸收带，其他部分只有较小的影响。中红外区因此又划分为特征谱带区（$4000\sim1333cm^{-1}$，即 $2.5\sim7.5\mu m$）和"指纹区"（$1333\sim667cm^{-1}$，即 $7.5\sim15\mu m$）。前者吸收峰比较稀疏，容易辨认，主要反映分子中特征基团的振动，便于基团鉴定，有时也称为基团频率区。后者吸收光谱复杂：有 $C—X$（X＝C、N、O）单键的伸缩振动，还有各种变形振动。由于它们的键强度差别不大，各种变形振动能级差别小，所以该区谱带特别密集，但却能反映分子结构的细微变化。每种化合物在该区的谱带位置、强度及形状都不一样，形同人的指纹，故称"指纹区"，对鉴别有机化合物用处很大。

利用红外吸收光谱鉴定有机化合物结构，必须熟悉重要的红外区域与结构（基团）的关系。通常中红外光区又可分为四个吸收区域或八个吸收段，熟记各区域或各段包含哪些基团的哪些振动，对判断化合物的结构是非常有帮助的。

（1）O—H、N—H键伸缩振动段　O—H 伸缩振动在 $3700\sim3100cm^{-1}$，游离的羟基的伸缩振动频率在 $3600cm^{-1}$ 左右，形成氢键缔合后移向低波数，谱带变宽，特别是羧基中的O—H，吸收峰常展宽到 $3200\sim2500cm^{-1}$。该谱带是判断醇、酚和有机酸的重要依据。一级、二级胺或酰胺等的 N—H 伸缩振动类似于 O—H 键，但—NH_2为双峰，—NH—为单峰。游离的 N—H 伸缩振动在 $3500\sim3300cm^{-1}$，强度中等，缔合将使峰的位置及强度都发生变化，但不及羟基显著，向低波数移动也只有 $100cm^{-1}$ 左右。

（2）不饱和 C—H 伸缩振动段　烯烃、炔烃和芳烃等不饱和烃的 C—H 伸缩振动大部分在 $3100\sim3000cm^{-1}$，只有端炔基（≡$C—H$）的吸收在 $3300cm^{-1}$。

（3）饱和 C—H 伸缩振动段　甲基、亚甲基、叔碳氢键及醛基的碳氢键伸缩振动在 $3000\sim2700cm^{-1}$，其中只有醛基 C—H 伸缩振动在 $2720cm^{-1}$ 附近（特征吸收峰），其余均

在 $3000\sim2800cm^{-1}$。和不饱和 C—H 伸缩振动比较可以发现，$3000cm^{-1}$ 是区分饱和与不饱和烃的分界线。

（4）三键与累积双键段　在 $2400\sim2100cm^{-1}$ 范围内的红外吸收光谱带很少，只有 C≡C、C≡N 等三键的伸缩振动和 C═C═C、N═C═O 等累积双键的不对称伸缩振动在此范围内，因此易于辨认，但必须注意空气中 CO_2 的干扰（$2349cm^{-1}$）。

（5）羰基伸缩振动段　羰基的伸缩振动在 $1900\sim1650cm^{-1}$，所有羰基化合物在该段均有非常强的吸收峰，而且往往是谱带中第一强峰，特征性非常明显。它是判断有无羰基存在的重要依据。其具体位置还和邻接基团密切相关，对推断羰基类型化合物有重要价值。

（6）双键伸缩振动段　烯烃中的双键和芳环上的双键以及碳氮双键的伸缩振动在 $1675\sim1500cm^{-1}$。其中芳环骨架振动在 $1600\sim1500cm^{-1}$ 之间有两个到三个中等强度的吸收峰，是判断有无芳环存在的重要标志之一。而 $1675\sim1600cm^{-1}$ 的吸收，对应的往往是 C═C 或 C═N 的伸缩振动。

（7）C—H 面内变形振动段　烃类 C—H 面内变形振动在 $1475\sim1300cm^{-1}$。一般甲基、亚甲基的变形振动位置都比较固定。由于存在着对称与不对称变形振动（对于—CH_3），因此通常看到两个以上的吸收峰。亚甲基的变形振动在此区域内仅有 δ（约 $1465cm^{-1}$），而 $\rho(CH_2)$ 出现在约 $720cm^{-1}$ 处。

（8）不饱和 C—H 面外变形振动段　烯烃 C—H 面外变形振动 γ_{C-H} 在 $800\sim1000cm^{-1}$。不同取代类型的烯烃，其 γ_{C-H} 位置不同，因此可用以判断烯烃的取代类型。芳烃的 γ_{C-H} 在 $900\sim650cm^{-1}$，是确定芳烃的取代类型的特征区域。

三、影响基团频率位移的因素

1. 外部因素

试样状态、测定条件的不同及溶剂极性的影响等外部因素都会引起基团频率的位移。一般气态时 C═O 的伸缩振动频率最高，非极性溶剂的稀溶液次之，而液态或固态的振动频率最低。同一种化合物的气态、液态或固态光谱有较大的差异，因此在查阅标准谱图时，要注意试样的状态及制样的方法等。

2. 内部因素

（1）电效应　电效应包括诱导效应、共轭效应和偶极场效应，它们都是由于化学键的电子分布不均匀而引起的。

① 诱导效应。由于取代基具有不同的电负性，静电诱导效应会引起分子中电子分布的变化，从而引起键力常数的变化，最终改变了基团的特征频率。一般来说，随着取代基数目的增加或取代基电负性的增大，这种静电的诱导效应也增大，从而导致基团的振动频率向高频移动。

② 共轭效应。形成多重键的 π 电子在一定程度上可以移动，例如 1,3-丁二烯的四个碳原子都在同一个平面上，四个碳原子共有全部的 π 电子，结果中间的单键具有一定的双键性质，而两个双键的性质亦有所削弱，这就是共轭效应。共轭效应使共轭体系中的电子云密度平均化，结果使原来的双键伸长，力常数削弱，所以振动频率降低。

③ 偶极场效应。在分子内的空间里，相互靠近的官能团之间才能产生偶极场效应。

（2）氢键　羰基和羟基之间容易形成氢键，使羰基的频率降低。频率降低最明显的是羧酸。游离羧酸的 C═O 伸缩振动频率出现在 $1760cm^{-1}$ 左右，而在液态或固态时，C═O 伸缩振动频率都在 $1700cm^{-1}$ 左右，因为此时羧酸形成二聚体形式。

（3）振动的偶合　适当结合的两个振动基团，若原来的振动频率很近，它们之间可能会产生相互作用而使谱峰裂分为两个，一个高于正常频率，一个低于正常频率。这种两个基团

（5）立体障碍 立体障碍会使羰基和双键之间的共轭关系受限，使频率增大。

的相互作用，称为振动的偶合。

（4）费米共振 当一个振动的倍频与另一个振动的基频接近时，由于发生相互作用而产生很强的吸收峰或发生裂分，这种现象叫做费米共振。

（5）立体障碍 立体障碍会使羰基和双键之间的共轭关系受限，使频率增大。

空间效应的另一种情况是张力效应，张力效应的大小：四元环＞五元环＞六元环。随环张力增加，红外峰向高波数移动。

四、影响吸收峰强度的因素

1. 吸收峰强度的表示方法

分子吸收光谱的吸收峰强度，都可用摩尔吸光系数 ε 表示。一般来说，红外吸收光谱中 ε 值较小，而且同一物质的 ε 值随不同仪器而变化，因而 ε 值在定性鉴定中用处不大。

红外吸收峰的强度通常用以下 5 个级别表示。见表 3-2。

表 3-2　红外吸收峰强度的划分

vs	s	m	w	vw
极强峰	强峰	中强峰	弱峰	极弱峰
$\varepsilon > 100\text{L}/(\text{mol}\cdot\text{cm})$	$\varepsilon = 20\sim100\text{L}/(\text{mol}\cdot\text{cm})$	$\varepsilon = 10\sim20\text{L}/(\text{mol}\cdot\text{cm})$	$\varepsilon = 1\sim10\text{L}/(\text{mol}\cdot\text{cm})$	$\varepsilon < 1\text{L}/(\text{mol}\cdot\text{cm})$

2. 影响吸收峰强度的因素

峰强与分子跃迁概率有关。跃迁概率是指激发态分子所占分子总数的百分数。基频峰的跃迁概率大，倍频峰的跃迁概率小，合频峰与差频峰的跃迁概率更小。

峰强与分子偶极矩有关，而分子的偶极矩又与分子的极性、对称性和基团的振动方式有关。一般极性较强的分子或基团，它的吸收峰也强。例如—C＝O、—OH、C—O—C、C—F、—NO$_2$ 等均为强峰，而 C＝C、C＝N、C—C、C—H 等均为弱峰。分子的对称性越低，则所产生的吸收峰越强。例如三氯乙烯的 $\nu_{C=C}$ 在 1585cm^{-1} 处有一中强峰，而四氯乙烯因它的结构完全对称，所以它的 $\nu_{C=C}$ 吸收峰消失。当基团的振动方式不同时，其电荷分布也不同，其吸收峰的强度依次为：

$$\nu_{as} > \nu_{s} > \delta$$

思考与交流

1. 红外吸收光谱法有哪些特点？
2. 产生红外吸收的条件有哪些？
3. 分子的振动有哪几种形式？

任务三　了解红外吸收光谱仪

任务要求

1. 理解红外吸收光谱仪的工作原理。
2. 熟悉红外吸收光谱仪的主要部件。

一、色散型红外吸收光谱仪

1. 色散型红外吸收光谱仪工作原理

色散型红外吸收光谱仪，又称经典红外吸收光谱仪，其构造基本上和紫外-可见分光光度计类似。它主要由光源、吸收池、单色器、检测器、信号放大器及记录器五个部分组成。图 3-7 显示了色散型红外吸收光谱仪的五个部分的连接情况。

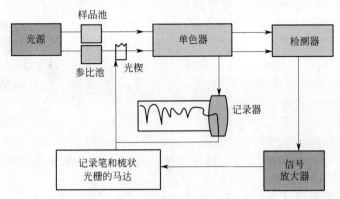

图 3-7　色散型红外吸收光谱仪简图

从光源发出的红外光分为两束，一束通过参比池，然后进入单色器内有一个以一定频率转动的扇形镜，扇形镜每秒旋转 13 次，周期性地切割两束光，使样品光束和参比光束每隔 1/13 s 交替进入单色器的棱镜或光栅，经色散分光后进入到检测器。随着扇形镜的转动，检测器就交替地接受两束光。

光在单色器内被光栅或棱镜色散成各种波长的单色光，从单色器发出波长为某频率的单色光。假定该单色光不被样品吸收，此两束光的强度相等，则检测器不产生交流信号。改变波长，若该波长下的单色光被样品吸收，则两束光强度就有差别，就在检测器上产生一定频率的交流信号，通过放大器放大，此信号带动可逆马达，移动光楔进行补偿。样品对某一频率的红外光吸收愈多，光楔就愈多地遮住参比光路，即把参比光路同样量减弱，使两束光重新处于平衡。

样品对于各种不同波长的红外光吸收有多少，参比光路上的光楔也相应地按比例移动以进行补偿。记录笔是和光楔同步的，记录笔就记录下样品光束被样品吸收后的强度——百分透射比，作为纵坐标直接被描绘在记录纸上。

单色器内的光栅或棱镜可以移动以改变单色光的波长，而光栅或棱镜的移动与记录纸的移动是同步的，这就是横坐标。这样在记录纸上就描绘出纵坐标——百分透射比对横坐标——波长或波数的红外吸收光谱图。

2. 色散型红外吸收光谱仪的主要部件

（1）光源　红外光源应是能够发射高强度的连续红外光的物体。常用的两种红外光源是能斯特灯和硅碳棒。

能斯特灯是由稀有金属锆、钇、铈或钍等氧化物的混合物烧结制成的长 20～50mm、直径 1～3mm 的中空棒或实心棒。此灯的特性是：室温下不导电，电加热至 800℃变成导体，开始发光。因此工作前需加热，待发光后立即切断预热器的电流，否则容易烧坏。能斯特灯的优点是发出的光强度高，工作时不需要用冷水夹套来冷却；其缺点是机械强度差，稍受压或扭动便会损坏。

硅碳棒是将碳化硅制成直径约 5mm、长 50mm 的两端粗、中间细的实心棒，中间为发光部分。两端粗是为了降低两端的电阻，使之在工作状态时两端呈冷态。和能斯特灯相比，其优点是坚固、寿命长、发光面积大。另外，由于它在室温下是导体，工作前不需预热。其缺点是工作时需要水冷却装置，以免放出大量热，影响仪器其他部件的性能。

（2）样品室　红外光谱仪的样品室一般为一个可插入固体薄膜或液体池的样品槽，如果需要对特殊的样品（如超细粉末等）进行测定，则需要装配相应的附件。

（3）单色器　单色器由狭缝、准直镜和色散元件（光栅或棱镜）通过一定的排列方式组合而成，它的作用是把通过吸收池而进入入射狭缝的复合光分解为单色光照射到检测器上。早期的仪器多采用棱镜作为色散元件。棱镜由红外透光材料如氯化钠、溴化钾等盐片制成。盐片棱镜由于盐片易吸湿而使棱镜表面的透光性变差，且盐片折射率随温度增加而降低，因此要求在恒温、恒湿房间内使用。近年来已逐渐被光栅所代替。

光栅是在金属或玻璃坯子上的每毫米间隔内，刻划数十条甚至上百条的等距离线槽构成的。当红外光照射到光栅表面时，产生乱反射现象，由反射线间的干涉作用而形成光栅光谱。各级光栅相互重叠，为了获得单色光必须滤光，方法是在光栅前面或后面加一个滤光器。

（4）检测器　由于红外光本身是一种热辐射，因而不能使用光电池、光电管等作红外光的检测器，常采用高真空热电偶、测热辐射计和气体检测器。此外还有可在常温下工作的硫酸三甘肽（TGS）热检测器和只能在液氮温度下工作的碲镉汞（MCT）光电导检测器等。

① 高真空热电偶。它是根据热电偶的两端点由于温度不同产生温差热电势这一原理，让红外光照射热电偶的一端。此时，两端点间的温度不同，产生电势差，在回路中有电流通过，而电流的大小则随照射的红外光的强弱而变化，为了提高灵敏度和减少热传导的损失，热电偶被密封在一高真空的容器内。

码 3-6　高莱池

② 测热辐射计。它是以很薄的热感元件作受光面，装在惠斯登电桥的一个臂上，当光照射到受光面上时，由于温度的变化，热感元件的电阻也随之变化，以此实现对辐射强度的测量。但由于电桥线路需要非常稳定的电压，因而现在的红外分光光度计很少使用这种检测器。

③ 气体检测器。常用的气体检测器为高莱池，它的灵敏度较高，其结构如图 3-8。

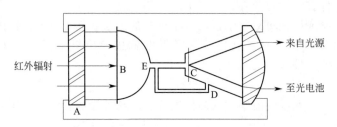

图 3-8　高莱池示意图

A—盐窗；B—涂黑金属膜；C—软镜膜；D—泄气支路；E—氙气盒

当红外光通过盐窗照射到涂黑金属膜 B 上时，B 吸收热能后，使氙气盒 E 内的氙气因温度升高而膨胀。一方面，气体膨胀产生的压力，使封闭气室另一端的软镜膜凸起。另一方面，从光源射出的光到达镜膜时，镜膜将光反射到光电池上，于是产生与软镜膜的凸出度成正比，也与最初进入气室的辐射成正比的光电流。这种检测器可用于整个红外波段。但采用的是有机膜，易老化，寿命短，且时间常数较长，不适于扫描红外检测。

（5）显示装置（含信号放大和数据处理、记录）　由检测器产生的电信号是很弱的，此信号必须经过电子放大器放大，放大后的信号驱动光楔和马达，使记录笔在记录纸上移动。

二、傅里叶变换红外吸收光谱仪 (FTIR)

1. 傅里叶变换红外吸收光谱仪工作原理

傅里叶变换红外吸收光谱仪主要由迈克尔逊干涉仪和计算机两部分组成。整机原理如图 3-9 所示。

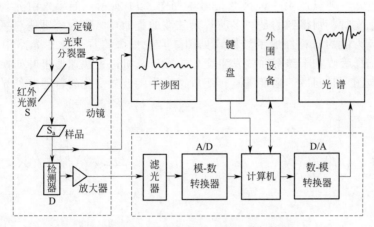

图 3-9　傅里叶变换红外吸收光谱仪简图

由红外光源 S 发出的红外光束进入干涉仪系统，经干涉仪调制后得到一束干涉光。干涉光通过样品 S_a，获得含有光谱信息的干涉信号到达检测器 D 上，由 D 将干涉信号变为电信号。此处的干涉信号是一时间函数，即由干涉信号绘出的干涉图，其横坐标是动镜移动时间或动镜移动距离。这种干涉图经过 A/D 转换器送入计算机，由计算机进行傅里叶变换的快速计算，即可获得以波数为横坐标的红外光谱图。然后通过 D/A 转换器送入绘图仪而绘出人们十分熟悉的标准红外吸收光谱图。

目前，傅里叶变换红外光谱仪基本上为双光道单光束仪器，即干涉光反射镜可分为前光束光道和后光束光道。使用时仅用一道光。由于干涉信号是时域函数，加之计算机快速采样后，将样品光束信号同参比光束信号进行快速比例计算，可以获得类似于双光束光学零位法的效果。

2. 傅里叶变换红外吸收光谱仪的主要部件

傅里叶变换红外光谱仪的主要部件有光源、迈克尔逊干涉仪、检测器和记录系统。

（1）光源　傅里叶变换红外光谱仪要求光源能发出稳定、能量强、发射度小的具有连续波长的红外光。通常使用能斯特灯、硅碳棒或涂有稀土化合物的镍铬旋状灯丝。

（2）迈克尔逊干涉仪　迈克尔逊干涉仪（见图 3-10）是由互相垂直的两块平面反射镜 M_1、M_2 及与

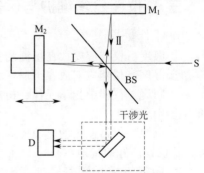

图 3-10　迈克尔逊干涉仪示意图

M_1 和 M_2 分别成 $45°$ 角的半透膜光束分裂器 BS 及检测器 D 等组成。其中 M_1 固定不动，M_2 可沿图示方向作微小移动，称为动镜。光源 S 来的单色光经过 BS 被分为强度相等的两部分：光束 I 和光束 II。光束 I 穿过 BS 经动镜 M_2 反射，沿原路回到 BS 并被反射到检测器 D；光束 II 则反射到 M_1，再由 M_1 沿原路反射回来通过 BS 到达 D。这样，在检测器上得到的是光束 I 和光束 II 的相干光。图中光束 I 和光束 II 是合在一起的，为了理解方便，才分

开绘成Ⅰ和Ⅱ两束光。光的光程差可以随动镜的往复运动而改变。当光程差为半波长 $\lambda/2$ 的偶数倍时，两光束为相长干涉，有最大的振幅，此时的输出信号最大，即亮度最大；当光程差为 $\lambda/2$ 的奇数倍时，两光束为相消干涉，有最小的振幅和最小的输出信号，亮度也最小。因此，随着动镜的往复运动，信号的强弱呈周期性的变化，在检测器上得到的则是强度变化为余弦波形式的信号。如入射光为单色光，则只产生一种余弦信号，如图 3-11 所示。如果入射光为连续波长的多色光时，则得到的是一多波长余弦波的叠加，结果为一迅速衰减的、中央具有极大值的对称性的干涉图，见图 3-12。如果将样品放在光路中，由于样品对不同波长光的选择吸收，干涉图曲线发生变化，经计算机进行快速傅里叶变换，就可将经过红外吸收的干涉图（时间域的强度谱）转变成透光率随波数变化的普通红外光谱图。

码 3-7　迈克尔逊干涉仪原理

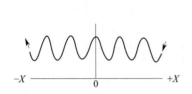

图 3-11　单色光的干涉图

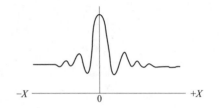

图 3-12　多色光的干涉图

（3）检测器　检测器，也称探测器。一般可分为热检测器和光检测器两大类。

热检测器是将某些热电材料的晶体放在两块金属板中，当光照射到晶体上时，晶体表面电荷分布会发生变化，由此测量红外辐射的强度。

光检测器的工作原理是某些材料受光照射后，导电性能会发生变化，由此可以测量红外辐射的变化。

（4）记录系统——红外工作软件　傅里叶变换红外光谱仪红外谱图的记录、处理一般都是在计算机上进行的。可在软件上直接进行扫描操作，可对红外谱图进行优化、保存、比较、打印。此外，仪器上的各项参数可以在工作软件上直接调整。

三、仪器日常维护与保养

1. 工作环境

① 温度。仪器应安放在恒温的室内，较适宜的温度是 $15\sim28℃$。

② 湿度。仪器应安放在干燥环境中，相对湿度应小于 65%。

③ 防震。仪器中光学元件、检测器及某些电气元件均怕震动，应安置在没有震动的房间内稳固的实验台上。

④ 电源。仪器使用的电源要远离火花发射源和大功率磁电设备，同时采用电源稳压设备，并设置良好的接地线。

2. 日常维护和保养

① 仪器应定期保养，保养时注意切断电源，不要触及任何光学元件及狭缝结构。

② 经常检查仪器存放地点的温度、湿度是否在规定范围内。一般要求实验室装配空调和除湿机。

③ 仪器中所有的光学元件都无保护层，绝对禁止用任何东西擦拭镜面，镜面若有积灰应用洗耳球吹。

④ 各运动部件要定期用润滑油润滑，以保持仪器运转轻快。

⑤ 仪器不使用时用软布遮盖整台机器；长期不用，再用时需先对其性能进行全面检查。

3. 主要部件的维护和保养

① 能斯特灯的维护。能斯特灯是红外吸收光谱仪的常用光源，使用时要求性能稳定和低噪声，因此要注意维护。能斯特灯有一定的使用寿命，要控制时间，不要随意开启和关闭，实验结束时要立即关闭。能斯特灯的机械性能差，容易损坏，因此在安装时要小心，不能用力过大，工作时要避免被硬物撞击。

② 硅碳棒的维护。硅碳棒容易被折断，要避免碰撞。硅碳棒在工作时，温度可达1400℃，要注意水冷或风冷。

③ 光栅的维护。不要用手或其他物体接触光栅表面，光栅结构精密，容易损坏。一旦光栅表面有灰尘或污物时，严禁用绸布、毛刷等擦拭，也不能用嘴吹气除尘，只能用四氯化碳溶液等无腐蚀而易挥发的有机溶剂冲洗。

④ 狭缝、透镜的维护。红外吸收光谱仪的狭缝和透镜不允许碰撞与积尘，如有积尘可用洗耳球或软毛刷清除。一旦污物难以去除，允许用软木条的尖端轻轻除去，直至正常为止。开启和关闭狭缝时要平衡、缓慢。

⑤ 使用后的样品池应及时清洗，干燥后存放于干燥器中。

思考与交流

1. 色散型红外光谱仪的工作原理是什么？

2. 迈克尔逊干涉仪的组成和工作原理是什么？

3. 与经典色散型红外光谱仪相比，FTIR有何优点？

任务四　了解红外光谱法实验技术

任务要求

1. 了解红外试样的制备要求。

2. 熟悉固体、液体、气体试样的制备方法。

一、红外试样的制备

1. 制备试样的要求

红外光谱对样品具有较好的适应性，无论样品是固体、液体还是气体，纯物质还是混合物，有机物还是无机物，都可以进行红外分析，并具有用量少、分析快的特点。要获得一张高质量的红外谱图，除了仪器本身的因素外，还必须有合适的样品制备方法。

① 试样应该是单一组分的纯物质，纯度应大于98％或符合商业标准。多组分样品应在测定前用分馏、萃取、重结晶、离子交换或其他方法分离提纯，否则各组分光谱相互重叠，难以解析。

② 试样中应不含游离水。水本身有红外吸收，会严重干扰样品谱图，还会侵蚀吸收池的盐窗。

③ 试样的浓度和测试厚度应选择适当。应使光谱图中大多数峰的透射比在10％～80％。

2. 固体试样的制备

（1）压片法　把1～2mg固体样品放在玛瑙研钵中研细，加入100～200mg磨细干燥的碱金属卤化物（多用KBr）粉末，混合均匀后，加入压模内，在压片机上边抽真空边加压，制成厚约1mm、直径约为10mm的透明薄片，然后进行测谱。

码3-8　红外试样的制备

①　压片机的构造。如图 3-13 所示，压片机由压杆和压舌组成。压舌的直径为 13mm，两个压舌的表面光洁度很高，以保证压出的薄片表面光滑。因此，使用时要注意样品的粒度、湿度和硬度，以免损伤压舌表面的光洁度。

②　压片的过程。将其中一个压舌放在底座上，光洁面朝上，并装上压片套圈，研磨后的样品放在这一压舌上，将另一压舌光洁面向下轻轻转动以保证样品平面平整，按顺序放压片套筒、弹簧和压杆，加压 10t，持续 3min。拆片时，将底座换成取样器（形状与底座相似），将上、下压舌及中间的样品和压片套圈一起移到取样器上，再分别装上压片套筒及压杆，稍加压后即可取出压好的薄片。

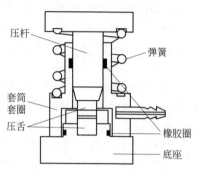

图 3-13　压片机的组装图

（2）糊状法　将固体样品研成细末，与糊剂（如石蜡油）混合成糊状，然后夹在两窗片之间进行测谱。石蜡油是一精制过的长链烷烃，具有较大的黏度和较高的折射率。用石蜡油做成糊剂不能用来测定饱和碳氢键的吸收情况。此时可以用氯丁二烯代替石蜡油作糊剂。

（3）薄膜法　把固体样品制备成薄膜有两种方法：一种是直接将样品放在盐窗上加热，熔融样品涂成薄膜；另一种是先把样品溶于挥发性溶剂中制成溶液，然后滴在盐片上，待溶剂挥发后，样品遗留在盐片上形成薄膜。

（4）熔融成膜法　样品置于晶面上，加热熔化，合上另一晶片即成，适于熔点较低的固体样品。

（5）漫反射法　样品加分散剂研磨，加到专用漫反射装置中，适用于某些在空气中不稳定、高温下能升华的样品。

3. 液体试样的制备

（1）液膜法　也称为夹片法。在可拆池两侧之间，滴上 1～2 滴液体样品，使之形成一层薄薄的液膜。液膜厚度可借助于固紧螺丝做微小调节。该法操作简便，适用于高沸点及不易清洗的样品的定性分析。

（2）液体池法

①　液体池的构造。液体池由后框架、窗片框架、垫片、后窗片、间隔片、前窗片、前框架等部分组成（图 3-14）。

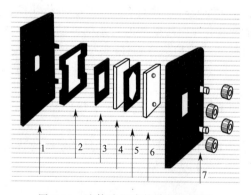

图 3-14　液体池组成的分解示意图
1—后框架；2—窗片框架；3—垫片；4—后窗片；
5—间隔片；6—前窗片；7—前框架

码 3-9　液体池的构造

后框架和前框架一般由金属材料制成；前窗片和后窗片为氯化钠、溴化钾等晶体薄片；间隔片常由铝箔和聚四氟乙烯等材料制成，起着固定液体样品的作用，厚度为 $0.01 \sim 2\text{mm}$。

② 装样和清洗方法。吸收池应倾斜 $30°$，用注射器吸取待测样品，由下孔注入直到上孔看到样品溢出为止，用聚四氟乙烯塞子塞住上下注射孔，再用高质量的纸巾擦去溢出的液体后，便可进行测试。测试完毕，取出塞子，用注射器吸出样品，由下孔注入溶剂，冲洗 $2 \sim 3$ 次。冲洗后，吸取红外灯附近的干燥空气吹入液体池内以除去残留的溶剂，然后放在红外灯下烘烤至干，最后将液体池存放在干燥器中。

（3）溶液法　将液体或固体样品溶于适当的红外用溶剂中，如 CS_2、CCl_4、$CHCl_3$ 等，然后注入固体池中进行测定。该法特别适用于定量分析。此外，它还能用于红外吸收很强、用液膜法不能得到满意谱图的液体样品的定性分析。在使用溶液法时，必须特别注意红外溶剂的选择，要求溶剂在较大范围内无吸收，样品的吸收带尽量不被溶剂吸收带所干扰，同时还要考虑溶剂对样品吸收带的影响。

码 3-10　红外气体槽

4. 气体试样的制备

气体样品一般都灌注于玻璃气槽内进行测定。它的两端黏合有可透过红外光的窗片。窗片的材质一般是 NaCl 或 KBr。进样时，一般先把气槽抽真空，然后再灌注样品。

二、载体材料的选择

目前以中红外区（波数范围为 $4000 \sim 400\text{cm}^{-1}$）应用最广泛，一般的光学材料为氯化钠（$4000 \sim 600\text{cm}^{-1}$）、溴化钾（$4000 \sim 400\text{cm}^{-1}$）。这些晶体很容易吸水使表面"发乌"，影响红外光的透过。为此，所用的窗片（NaCl 或 KBr 晶体）应放在干燥器内，要在湿度较小的环境里操作。此外，晶体片质地脆，而且价格较贵，使用时要特别小心。对含水样品的测试应采用 KRS-5 窗片（$4000 \sim 250\text{cm}^{-1}$）、ZnSe（$4000 \sim 500\text{cm}^{-1}$）、$CaF_2$（$4000 \sim 1000\text{m}^{-1}$）等材料。近红外光区用石英和玻璃材料，远红外光区用聚乙烯材料。

三、红外光谱分析技术

1. 镜面反射技术

镜面反射技术是收集平整、光洁的固体表面的光谱信息，如金属表面的薄膜、金属表面处理膜、食品包装材料和饮料罐表面涂层、厚的绝缘材料、油层表面、矿物摩擦面、树脂和聚合物涂层、铸模塑料表面等。

在镜面反射测量中，由于不同波长位置下的折射率有所区别，因此在强吸收谱带范围内，经常会出现类似于导数光谱的特征，这样测出的结果难以解释，需要用 K-K（Kramers-Kronig）变换为一般的吸收光谱，如图 3-15 所示。

2. 漫反射光谱技术

漫反射光谱技术是收集高散射样品的光谱信息，适用于粉末状的样品。

漫反射红外光谱测定法其实是一种半定量技术，将 DR（漫反射）谱经过 K-M 方程校正后可进行定量分析。DR 原谱横坐标是波数，纵坐标是漫反射比，经 K-M 方程校正后，最终得到的漫反射光谱图与红外吸收光谱图相类似，如图 3-16 所示。

测量时，无需 KBr 压片，直接将粉末样品放入试样池内，用 KBr 粉末稀释后，测其 DR 谱。用优质的金刚砂纸轻轻磨去表面的方法制备固体样品，可大大简化样品的准备过程，并且在砂纸上测量已被磨过的样品，可以得到高质量的谱图。由于金刚石的高散射性，用金刚石的粉末磨料可得到很好的结果。

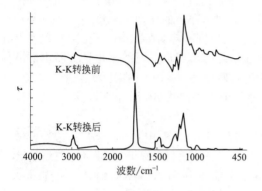

图 3-15　K-K 光谱修正图示

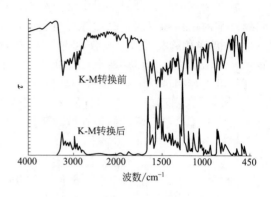

图 3-16　K-M 光谱修正图示

3. 衰减全反射光谱技术

衰减全反射光谱（ATR）技术是收集材料表面的光谱信息，适用于普通红外光谱无法测定的厚度大于 0.1mm 的塑料、高聚物、橡胶和纸张等样品。

衰减全反射附件应用于样品的测量，各谱带的吸收强度不但与试样的性质有关，还取决于光线的入射深度以及入射波长、入射角和光在两种介质里的折射率。实际上得到的 ATR 红外光谱图具有长波区入射深度大、吸收强，而短波区入射深度小、吸收弱的特点，所以 ATR 红外光谱图必须经过 MIR 方程校正后方可解析，如图 3-17 所示。

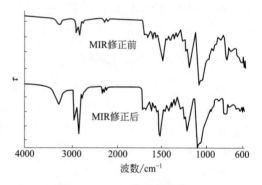

图 3-17　MIR 光谱修正图示

思考与交流

1. 红外光谱对试样有哪些要求？
2. 固体试样的制备有哪几种方法？
3. 液体试样的制备有哪几种方法？

任务五　掌握红外吸收光谱的应用

任务要求

1. 了解红外光谱定性分析的一般步骤。
2. 熟悉红外光谱定量分析的方法。

一、定性分析

1. 定性分析的一般步骤

测定未知物的结构，是红外光谱定性分析的一个重要用途，它的一般步骤如下：

（1）试样的分离和精制　用各种分离手段（如分馏、萃取、重结晶、色谱分离等）提纯未知试样，以得到单一的纯物质。否则，试样不纯不仅会给光谱的解析带来困难，还可能引起"误诊"。

（2）收集未知试样的有关资料和数据　了解试样的来源、元素分析值、分子量、熔点、沸点、溶解度、有关的化学性质，以及紫外吸收光谱、核磁共振波谱、质谱等，这对图谱的解析有很大的帮助，可以大大节省谱图解析的时间。

（3）确定未知物的不饱和度　所谓不饱和度 U 是表示有机分子中碳原子的不饱和程度。计算不饱和度的经验公式为

$$U = 1 + n_4 + \frac{1}{2}(n_3 - n_1) \tag{3-4}$$

式中，n_1、n_3、n_4 分别为分子式中一价、三价和四价原子的数目。通常规定双键和饱和环状结构的不饱和度为 1，三键的不饱和度为 2，苯环的不饱和度为 4。

（4）谱图解析　由于化合物分子中的各种基团具有多种形式的振动方式，所以一个试样物质的红外吸收峰有时多达几十个，但没有必要使谱图中各个吸收峰都得到解释，因为有时只要辨认几个至十几个特征吸收峰即可确定试样物质的结构，而且目前还有很多红外吸收峰无法解释。

谱图解析的程序无统一的规则，一般可归纳为两种方式：一种是按光谱图中吸收峰强度顺序解析，即首先识别特征区的最强峰，然后是次强峰或较弱峰，判断它们分别属于何种基团。同时查对"指纹区"的相关峰加以验证，以初步推断试样物质的类别，最后详细地查对有关光谱资料来确定其结构；另一种是按基团顺序解析，即首先按 C＝O、O—H、C—O、C＝C（包括芳环）、C≡N 和—NO$_2$ 等几个主要基团的顺序，采用肯定与否定的方法，判断试样光谱中这些主要基团的特征吸收峰存在与否，以获得分子结构的概貌，然后查对其细节，确定其结构。在解析过程中，要把注意力集中到主要基团的相关峰上，避免孤立解析。

2. 解析红外谱图的注意事项

① 由于实验仪器操作条件、制样方法、样品污染等多种原因，红外谱图有时会出现一些"杂峰"。例如：用溴化钾压片时，由于溴化钾易吸水，在 $3410 \sim 3300 cm^{-1}$ 和 $1640 cm^{-1}$ 处出现水的吸收峰；大气中的二氧化碳会在 $2350 cm^{-1}$ 和 $667 cm^{-1}$ 处出现吸收峰，切莫错将这些杂峰作为样品的特征峰。

② 并不是在所有情况下吸收峰的存在即可确定该基团存在，要考虑杂质的因素。以羰基为例，羰基的吸收比较强，如果在 $1680 \sim 1780 cm^{-1}$ 区域内有吸收峰，但其强度低，就不能表明该化合物含有羰基，而只能说明化合物中存在少量的羰基化合物，可能是杂质。

③ 如果样品在 $4000 \sim 400 cm^{-1}$ 区域内只有少数几个宽峰，样品可能是无机物或多组分的混合物，因为较纯的有机样品应当有较多和较尖锐的吸收峰。

④ 样品光谱与标准谱图作对比时，必须采用与标准相同的制样方式，并且仪器的测绘条件必须一致。采用低分辨率的仪器，有些弱峰不能检测出来。当样品的浓度太低或测试厚度太薄时，有些弱峰也不能显现。

⑤ 解析红外谱图首先注意强峰，但不能忽视弱峰和肩峰的存在。

⑥ 对于简单的化合物，利用红外光谱可以确定其结构式，但对于比较复杂的化合物，不能仅靠一张红外谱图就确定其结构式，还应当与化学法、核磁共振、质谱、紫外光谱等分析手段结合，才能确定被分析样品的结构。

3. 标准红外谱图的应用

在实际工作中，常常要将试样的红外谱图与标准样品的谱图进行对比，但有时候往往找不到标准样品，因此许多情况是查阅有关的红外标准谱图。最常见的红外标准谱图为萨特勒

红外谱图集，它是由美国 Sadtler 研究室编制的，分为标准红外光谱、商业红外光谱和专用红外光谱三类。

标准红外光谱是纯度在 98% 以上的化合物的光谱，它包括棱镜光谱（以 P 表示）和光栅光谱（以 K 表示）。商业红外光谱收集了大量的工业样品谱图，按这些商品的用途和性质又分 30 多类，并各有代号。例如：A 代表农业化学品，B 代表多元醇，C 代表表面活性剂，等等。专用红外光谱包括生物化学光谱、高分辨率光谱。

萨特勒谱图集备有以下 4 种索引可供查阅化合物的光谱图。

（1）分子式索引（molecular formula index）　适用于已知分子式的化合物谱图的查找。这种查谱方法最简便、直观。根据化合物的已知分子式即可在分子式索引上查到相应的光谱号码，索引的顺序按组成分子的碳、氢和其他元素的原子个数顺序排列。

（2）名称字顺索引（alphabetical index）　由化合物的名称即可找出相应的谱图。这种方法是按化合物英文名的字母顺序排列的索引。该索引中的化合物的名称是按先母体，后衍生物，再取代基的词序排列。用这种方法查谱，应当对化合物的英文命名比较熟悉，否则使用起来不太方便。

（3）化学分类索引（chemical class index）　适用于对样品结构不清楚，但从实验所得的红外谱图上可以判断出该化合物类别的情况。化学分类索引是一种按化合物类别编排的索引，使用时要对试样谱图进行解析，确定分子中的基团，并推断出它属于何种类别的化合物，然后以谱图中的信息为线索去查找对应化合物的标准红外谱图。因此索谱者应当有一定的识谱经验。

（4）谱线索引（spec-finder index）　是按谱峰位置来检索标准谱图。这是简单的计算机索谱方法的雏形。由于多种原因，其索谱命中率较低，又需按许多规定对试样光谱进行编码而较费时，故实际应用并不多。查阅标准红外谱图要考虑测绘的试样光谱的样品状态、试样的制样方法与标准谱图的条件是否相同，此外还要考虑仪器的性能等因素。

4. 红外光谱图的解析示例

【例 1】　某未知物的分子式为 $C_{12}H_{24}$，试从其红外吸收光谱图中推断其结构。

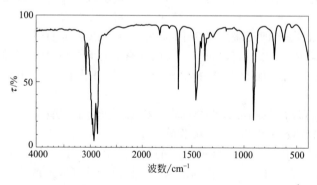

峰位 $/cm^{-1}$	τ /%	峰位 $/cm^{-1}$	τ /%	峰位 $/cm^{-1}$	τ /%
3078	63	1642	43	983	50
2958	16	1467	36	910	20
2926	4	1415	74	889	72
2866	10	1379	64	722	64
2681	84	1303	81	656	79
1822	84	1181	86		

解：（1）由分子式计算不饱和度：$U = 1 + 12 + \dfrac{1}{2} \times (0 - 24) = 1$，该化合物具有一个双键或一个环。

（2）由 $3078cm^{-1}$ 处出现的小肩峰，说明存在烯烃 C—H 键伸缩振动，在 $1642cm^{-1}$ 处还出现强度较弱的 C—H 键伸缩振动。

由以上两点表明此化合物为一烯烃。

（3）在 $2800 \sim 3000cm^{-1}$ 处的吸收峰表明有—CH_3、—CH_2—存在，在 $2958cm^{-1}$、$2926cm^{-1}$、$2866cm^{-1}$ 处的强吸收峰表明存在—CH_3、—CH_2—的 C—H 的非对称和对称伸

缩振动，且—CH$_2$—的数目大于—CH$_3$的数目，从而推断此化合物为一直链烯烃。

（4）在 722cm^{-1} 处出现的小峰表明存在—CH$_2$—的面内摇摆振动，也表明长碳链的存在。

（5）在 983cm^{-1}、910cm^{-1} 处的稍弱吸收峰为次甲基和亚甲基产生的面外弯曲振动吸收峰。

（6）在 1467cm^{-1} 处的吸收峰为—CH$_3$ 和—CH$_2$—的不对称剪式振动吸收峰，1379cm^{-1} 处为—CH$_3$ 的对称剪式振动吸收峰，其强度很弱，表明—CH$_3$ 的数目很少。

由以上解析，可确定此化合物为 1-十二烯；分子式为：CH$_2$＝CH—（CH$_2$）$_9$—CH$_3$。

【例 2】　某未知物的分子式为 C$_4$H$_{10}$O，试从其红外吸收光谱图中推断其结构。

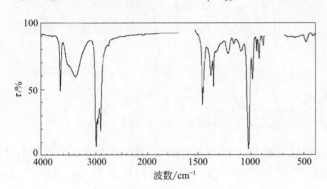

峰位 /cm^{-1}	τ /%	峰位 /cm^{-1}	τ /%	峰位 /cm^{-1}	τ /%
3641	47	1462	46	1038	4
3349	57	1393	58	999	56
2959	6	1369	50	960	77
2930	23	1230	74	938	70
2873	18	1176	81	898	79
1471	37	1107	77	496	81

解：（1）由分子式计算不饱和度：$U = 1 + 4 + \dfrac{1}{2} \times (0 - 10) = 0$，该化合物为饱和化合物。

（2）由 3349cm^{-1} 处的强吸收峰表明存在 O—H 的伸缩振动，它移向低波数表明存在分子缔合现象。

（3）在 2959cm^{-1}、2930cm^{-1}、2873cm^{-1} 处的吸收峰表明存在—CH$_3$、—CH$_2$—的 C—H 伸缩振动。

（4）在 1471cm^{-1} 处的吸收峰表明存在—CH$_3$、—CH$_2$—的不对称剪式振动。

（5）在 1393cm^{-1}、1369cm^{-1} 处的等强度双峰裂分，表明存在 C—H 的面内弯曲振动，这是异丙基峰裂分现象。

（6）1300～1000cm^{-1} 的一系列吸收峰，表明存在 C—O 的伸缩振动，即有一级醇—OH 存在。

由以上解析可确定此化合物为饱和的一级醇，存在异丙基峰裂分，可确定其为异丁醇。分子式为 CH(CH$_3$)$_2$—CH$_2$—OH。

二、定量分析

1. 红外光谱定量分析基本原理

与紫外吸收光谱一样，红外吸收光谱的定量分析也基于朗伯-比尔定律，即在某一波长的单色光下，吸光度与物质的浓度呈线性关系。根据测定吸收峰峰尖处的吸光度 A 来进行定量分析。实际过程中，吸光度 A 的测定有以下两种方法。

（1）峰高法　将测量波长固定在被测组分有明显的最大吸收而溶剂只有很小或没有吸收的波数处，使用同一吸收池，分别测定样品及溶剂的透光率，则样品的透光率等于两者之差，并由此求出吸光度。

（2）基线法　由于峰高法中采用的补偿并不十分令人满意，因此误差比较大。为了使分析波数处的吸光度更接近真实值，常采用基线法。

所谓基线法，就是用直线来表示分析峰不存在时的背景吸收线，并用它来代替记录纸上的 100%（透过坐标）。画基线的方法有以下几种，见图 3-18。

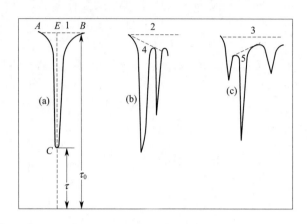

图 3-18　基线画法示意图

① 分析峰不受其他峰干扰，且分析峰对称时，可按图 3-18(a) 的方法画基线。图中 AB 为基线，即过峰的两肩作切线，过峰顶 C 作基线的垂线，与基线相交于 E，则峰顶 C 处的吸光度 $A = \lg \dfrac{\tau_0}{\tau}$。

② 分析峰受临近峰干扰，则可以单点水平切线为基线，如图 3-18(b) 中的切线所示。

③ 干扰峰和分析峰紧靠在一起，但浓度变化时，干扰峰的峰肩位置变化不太明显，则可以图 3-18(c) 中的 3 线作为基线。

对图 3-18(b) 与 (c) 的情况也可以 4 线和 5 线作为基线，但切点不应随浓度的变化而有较大变化。一般采用水平基线可保证分析的准确度。

2. 红外光谱定量分析测量和操作条件的选择

（1）定量谱带的选择　理想的定量谱带应该是孤立的，吸收强度大，遵守吸收定律，不受溶剂和样品中其他组分的干扰，尽量避免在水蒸气和二氧化碳的吸收峰位置测量。当对应不同定量组分而选择两条以上定量谱带时，谱带强度应尽量保持在相同数量级。对于固体样品，由于散射强度和波长有关，所以选择的谱带最好在较窄的波数范围内。

（2）溶剂的选择　所选溶剂能很好地溶解样品，与样品不发生化学反应，在测量范围内不产生吸收。为消除溶剂吸收带影响，可采用差谱技术计算。

（3）选择合适的透射区域　透射比应控制在 20%～65%。

（4）测量条件的选择　定量分析要求傅里叶变换红外光谱仪室温恒定，每次开机后均应检查仪器的光通量，使其保持相对恒定。定量分析前要对仪器的 100% 线、分辨率、波数、精度等各项性能指标进行检查，先测参比光谱可减少二氧化碳和水的干扰。用傅里叶变换红外光谱仪进行定量分析，其光谱是把多次扫描的干涉图进行累加平均得到的，信噪比与累加次数的平方根成正比。

（5）吸收池厚度的测定　采用干涉条纹法测定吸收池厚度的具体做法是：将空液槽放于测量光路中，在一定的波数范围内进行扫描，得到干涉条纹。利用式(3-5)计算液槽厚度 L。

$$L = \frac{n}{2(\sigma_2 - \sigma_1)} \tag{3-5}$$

3. 红外光谱定量分析方法

（1）工作曲线法　在固定液层厚度及入射光的波长和强度的情况下，测定一系列不同浓度标准溶液的吸光度，以对应分析谱带的吸光度为纵坐标、标准溶液浓度为横坐标作图，得到一条通过原点的直线，该直线为标准曲线或工作曲线。在相同条件下测得试液的吸光度，从工作曲线上可查出试液的浓度。

（2）比例法　工作曲线法的样品和标准溶液都使用相同厚度的液体吸收池，且其厚度可准确测定。当其厚度不定或不易准确测定时，可采用比例法。它的优点在于不必考虑样品厚度对测定的影响，这在高分子物质的定量分析上应用比较普遍。

比例法主要用于分析二元混合物中的两个组分的相对含量。对于二元体系，若两组分定量谱带不重叠，则：

$$R = \frac{A_1}{A_2} = \frac{\varepsilon_1 b c_1}{\varepsilon_2 b c_2} = \frac{\varepsilon_1 c_1}{\varepsilon_2 c_2} = K \frac{c_1}{c_2} \tag{3-6}$$

因 $c_1 + c_2 = 1$，故：

$$c_1 = \frac{R}{K + R} \tag{3-7}$$

$$c_2 = \frac{K}{K + R} \tag{3-8}$$

式中，$K = \dfrac{\varepsilon_1}{\varepsilon_2}$ 是两组分在各自分析波数处的吸收系数之比，可由标准样品测得；R 是被测样品两组分定量谱带峰值吸光度的比值，由此可计算出两组分的相对含量 c_1 和 c_2。

（3）内标法　当用 KBr 压片法、糊状法或液膜法时，光通路厚度不易确定，在有些情况下可采用内标法。内标法是比例法的特例。这个方法是选择一标准化合物，它的特征吸收峰与样品的分析峰互不干扰，取一定量的标准物质与样品混合，将此混合物制成 KBr 片或油糊状，绘制红外吸收光谱图，则有：

$$A_s = \varepsilon_s b_s c_s \tag{3-9}$$

$$A_r = \varepsilon_r b_r c_r \tag{3-10}$$

将这两式相除，因 $b_s = b_r$，则：

$$\frac{A_s}{A_r} = \frac{\varepsilon_s c_s}{\varepsilon_r c_r} = K c_s \tag{3-11}$$

以吸光度为纵坐标，以 c_s 为横坐标，作工作曲线。在相同条件下测得试液的吸光度，从工作曲线上可查出试液的浓度。

👋 思考与交流

1. 红外定性分析的一般步骤有哪些？
2. 红外光谱定性分析的应用范围有哪些？
3. 红外光谱定量分析的基本原理是什么？

👋 知识拓展

我国近红外光谱分析仪的生产与研制

我国的近红外光谱技术（NIR）起步于 20 世纪 80 年代初，国内许多科研院所开始研发这项技术，开创了我国 NIR 研究和应用的新局面。2006 年在北京举办的"全国第一届近红外光谱学术会议"是我国近红外光谱技术发展过程中的一个重要里程碑。2009 年我国成立了近红外光谱专业委员会，这是我国近红外光谱技术发展历史上的另一个重大事件。

相比于应用技术研究，我国近红外光谱仪的研制起步较晚，与世界先进水平差距较大，仪器类型比较单一，成熟仪器比较少。目前，我国已经把近红外分析仪器列为重大仪器研究专项任务。

我国已开始推出商品化的近红外分析仪，如石油化工科学研究院和北京第二光学仪器厂共同合作研发的傅里叶变换近红外辛烷值分析仪、北京北分瑞利分析仪器有限责任公司研发的傅里叶变换近红外光谱仪、石油化工科学研究院研制的多通道近红外光谱仪和聚丙烯多种参数专用分析仪、中国农业大学研制的滤光片型漫透射近红外谷物品质分析仪、上海棱光技术有限公司生产的近红外农产品品质分析仪、吉林大学和南京大学推出的光栅扫描型便携式近红外分析仪、石油化工科学研究院和北京英贤仪器联合推出的阵列检测器型近红外分析仪、安徽农业大学推出的茶叶品质分析仪、上海交通大学的车用塑料识别系统等。随着近红外光谱技术的普及和广泛使用。目前国内已有 30 余家生产商，生产不同用途的近红外光谱仪。

21 世纪以来，我国的 NIR 技术已经有了长足发展，可以做到一台仪器应用于农药、畜牧业、林业、医学、石油化工等很多领域，仪器具有很好的精度、稳定性、高衍射率，可以与多种输出设备连接。代表型号有天津市光学仪器厂的 TJ270-60 型近红外分光光度计、聚光科技的 SupNIR-3000 系列、北京卓立汉克仪器有限公司的"谱王"系列光栅单色仪/光谱仪、博尔仪器仪表（天津）股份有限公司的 B311 近红外光谱仪等。

💡 项目小结

一、理论部分

1. 名词术语：红外吸收、振转光谱、红外光区、红外吸收光谱法、峰位、波数、线性波长表示法、线性波数表示法、伸缩振动、变形振动、剪式振动、面内摇摆振动、面外摇摆振动、卷曲振动、对称变形振动、不对称变形振动、基频峰、泛频峰、倍频峰、特征峰、相关峰、特征谱带区、指纹区、诱导效应、共轭效应、偶极场效应、振动偶合、费米共振、立体障碍、跃迁概率、镜面反射技术、漫反射技术、衰减全反射技术。

2. 基本原理：红外光区的划分及吸收特征、产生红外吸收光谱的条件、中红外光区的划分及在谱图解析中的作用、色散型红外吸收光谱仪的工作原理、干涉型红外吸收光谱仪（傅里叶变换红外吸收光谱仪）的工作原理、迈克尔逊干涉仪的工作原理、红外吸收光谱法定性的原理。

二、操作部分

1. 仪器组成：红外光源（能斯特灯、硅碳棒、高压汞灯）的特点及应用、色散型红外吸收光谱仪的单色器（盐片棱镜、闪耀光栅）的特点及应用、色散型红外吸收光谱仪的检测器（高真空热电偶、测热辐射计、气体检测器）的特点及应用、迈克尔逊干涉仪的组成及作用、仪器的日常维护。

2. 操作条件：红外试样的制备、红外载体材料的选择、红外光谱分析技术。

3. 方法应用：红外谱图的解析、红外光谱定性分析的过程、红外分光光度法定量的方法。

练一练测一测

一、选择题

1. 一种能作为色散型红外光谱仪色散元件的材料为（　　）。
   A. 玻璃　　　　　B. 石英　　　　　C. 卤化物晶体　　　D. 有机玻璃
2. 苯分子的振动自由度为（　　）。
   A. 18　　　　　　B. 12　　　　　　C. 30　　　　　　　D. 31
3. 以下三分子式中 C＝C 的红外吸收最强的是（　　）。
   A. CH_3—CH＝CH_2　　　　　　　　B. CH_3—CH＝CH—CH_3（顺式）
   C. CH_3—CH＝CH—CH_3（反式）　　D. 以上相同
4. 以下四种气体不吸收红外光的是（　　）。
   A. H_2O　　　　　B. CO_2　　　　　C. HCl　　　　　　D. N_2
5. 红外吸收光谱的产生是由于（　　）。
   A. 分子外层电子振动、转动能级的跃迁
   B. 原子外层电子振动、转动能级的跃迁
   C. 分子振动、转动能级的跃迁
   D. 分子外层电子的能级跃迁
6. 乙炔分子振动自由度是（　　）。
   A. 5　　　　　　　B. 6　　　　　　　C. 7　　　　　　　D. 8
7. 下列伸缩振动（不考虑费米共振与生成氢键）产生的红外吸收峰频率最小的是（　　）。
   A. C—H　　　　　B. N—H　　　　　C. O—H　　　　　D. F—H
8. 红外光谱法，试样状态可以是（　　）。
   A. 气体　　　　　B. 固体　　　　　C. 固体、液体　　　D. 气、液、固均可
9. 某化合物在紫外光区未见吸收，在红外光谱上 $3400 \sim 3200cm^{-1}$ 有强烈吸收，该化合物可能是（　　）。
   A. 羧酸　　　　　B. 酚　　　　　　C. 醇　　　　　　　D. 醚
10. 应用红外光谱法进行定量分析优于紫外光谱法的一点的是（　　）。
    A. 灵敏度高　　　B. 测定范围广　　C. 可测低含量组分　D. 测量误差小

二、判断题

1. 红外光谱不仅包括振动能级的跃迁，也包括转动能级的跃迁，故又称为振转光谱。
   （　　）
2. 下列羰基化合物 C＝O 伸缩频率的大小顺序为酰卤＞酰胺＞酸＞醛＞酯。　（　　）
3. 红外光谱仪与紫外光谱仪在构造上的差别是检测器不同。　　　　　　　　（　　）
4. 同核双原子分子 N≡N、Cl—Cl、H—H 等无红外活性。　　　　　　　　（　　）
5. 红外光谱主要是研究不饱和有机化合物，特别是具有共轭体系的有机化合物。
   （　　）

三、填空题

1. 产生红外吸收峰的条件是_____和_____。
2. 傅里叶变换红外分光光度计由以下几部分组成：_____、_____、_____、_____和_____。
3. 当浓度增加时，苯酚中的—OH 伸缩振动吸收峰将向_____方向位移。
4. 红外光谱法的固体试样的制备常采用_____、_____和_____等。

5. 基团 O—H 和 N—H，≡C—H 和＝C—H，C≡C 和 C≡N 的伸缩振动频率分别出现在_____ cm^{-1}，_____ cm^{-1} 和_____ cm^{-1}。

四、简答题

1. 红外光谱图上吸收峰数目有时比计算出的基本振动数目多，原因是什么？

2. 现有一未知化合物，可能是酮、醛、酸、酯、酸酐、酰胺。试设计一简单方法鉴别之。

3. 乙醇在 CCl$_4$ 中，随着乙醇浓度的增加，—OH 伸缩振动在红外吸收光谱图上有何变化？为什么？

4. 试预测 CH$_3$CH$_2$COOH 在红外光谱官能团区有哪些特征吸收？

项目四
原子吸收光谱法的应用

 项目引导

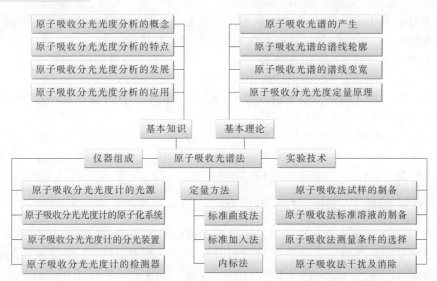

原子吸收光谱法是一种用于测定微、痕量元素的光谱分析技术，该法具有稳定性和重现性良好、灵敏度高、选择性好、精密度好、方法简便、准确度高、分析速度快等特点，应用广泛。可直接测定岩矿、土壤、大气飘尘、水、植物、食品、生物组织等试样中70多种微量金属元素，还能用间接法测定硫、氮、卤素等非金属元素及其化合物。该法已广泛应用于环境保护、化工、生物技术、食品科学、食品质量与安全、地质、国防、卫生检测和农林科学等各部门。

任务一　原子吸收光谱法基本知识

任务要求

1. 熟悉原子吸收光谱法的概念、特点。
2. 了解原子吸收光谱法的发展与应用。

一、原子吸收光谱法的概念

原子吸收光谱法是根据基态原子对特征波长光的吸收，测定试样中待测元素含量的分析方法。

当光源辐射通过原子蒸气，且辐射频率与原子中的电子由基态跃迁到第一激发态所需要的能量相匹配时，原子选择性地从辐射中吸收能量，即产生原子吸收光谱。原子吸收光谱法是基于被测元素的自由基态原子对特征辐射的吸收程度进行定量分析的方法。

根据原子化形式的不同，原子吸收光谱法可分为火焰原子吸收光谱法和非火焰原子吸收光谱法，非火焰法目前应用最广泛的有石墨炉原子化法及氢化物发生法。

二、原子吸收光谱法的特点

原子吸收光谱法具有以下优点：

① 灵敏度高，检出限低。火焰原子吸收光谱法的检出限可达 10^{-6} g/mL；非火焰原子吸收光谱法的检出限可达 $10^{-10} \sim 10^{-14}$ g/mL。

② 准确度好。火焰原子吸收光谱法的相对误差小于 1%，其准确度接近于经典化学法。石墨炉原子吸收法的准确度一般为 3%～5%。

③ 选择性好。用原子吸收光谱法测定元素含量时，通常共存元素对待测元素有干扰，若实验条件合适，一般可以在不分离共存元素的情况下直接测定。

④ 操作简便，分析速度快。在准备工作做好后，一般几分钟即可完成一种元素的测定。利用自动原子吸收光谱仪可在 35min 内连续测定 50 个试样中的 6 种元素。

⑤ 应用广泛。原子吸收光谱法被广泛应用于各领域中，它可以直接测定 70 多种元素，也可以用间接方法测定一些非金属和有机化合物。

原子吸收光谱法的不足之处是：由于分析不同元素，必须使用不同元素灯，因此多种元素同时测定尚有困难。有些元素的灵敏度还比较低（如钍、铪、银、钽等）。对于复杂样需要进行复杂的化学预处理，否则干扰将比较严重。

三、原子吸收光谱的发展与应用

早在 1859 年基尔霍夫就成功地解释了太阳光谱中暗线产生的原因，并应用于太阳外围大气组成的分析。但原子吸收光谱作为一种分析方法，却是从 1955 年澳大利亚物理学家 A. Walsh 发表了《原子吸收光谱在化学分析中的应用》的论文以后才开始的。这篇论文奠定了原子吸收光谱分析的理论基础。20 世纪 50 年代末 60 年代初，市场上出现了供分析用的商品原子吸收光谱。1965 年威尼斯的 J. B. Will 将氧化亚氮-乙炔火焰成功地应用于火焰原子吸收法，大大扩大了火焰原子吸收法的应用范围，自 20 世纪 60 年代后期开始"间接"原子吸收光谱法的开发，使得原子吸收法不仅可测金属元素，还可测一些非金属元素（如卤素、硫、磷）和部分有机化合物（如维生素 B_{12}、葡萄糖、核糖核酸酶等），为原子吸收法开辟了广泛的应用领域。

原子吸收光谱法在我国的真正发展开始于 20 世纪 50 年代，20 世纪 60 年代到 80 年代原子吸收光谱分析在我国获得很大的发展。国产商品仪器趋于成熟，使原子吸收光谱法在各种领域中的应用达到普及的程度。进入 21 世纪以来，我国原子吸收光谱仪器的制造水平及其商品化程度已达到与国际相同的水平，并且在小型化方面处于领先地位。

近年来，计算机、微电子、自动化人工智能技术和化学计量等的发展以及各种新材料与元器件的出现，不仅大大改善了仪器性能，而且使原子吸收分光光度计的精度和准确度及自动化程度有了极大提高，使原子吸收光谱法成为痕量元素分析灵敏且有效的方法之一，并广泛地应用于各个领域。原子吸收光谱法的应用分为八大类，包括金属及合金分析，地质与矿物分析，能源、石油化工分析，环境分析，水质分析，食品及饲料分析，生化样品分析，中药及植物制品分析。

💬 思考与交流

1. 原子吸收光谱法与紫外-可见分光光度法、红外吸收光谱法有何区别？
2. 原子吸收光谱法的主要应用是什么？

任务二　原子吸收光谱法基本理论

💡 任务要求

1. 了解原子吸收光谱的产生。
2. 了解原子吸收光谱轮廓及变宽因素。
3. 掌握原子吸收定量的方法。

码 4-1　原子吸收光谱的谱线轮廓

一、原子吸收光谱的产生

元素是组成物质的基本要素，任何元素的原子都是由带一定数目正电荷的核和相同数目的带负电荷的核外电子所组成。核外电子分层排布，每层具有确定的能量，称为原子能级。所有电子按一定规律分布在各个能级上，每个电子的能量是由它所处的能级决定的。核外电子的排布具有最低能级时，原子处于基态。处于基态的原子称基态原子，基态原子受到外界能量（如热能、光能等）激发时，最外层电子吸收一定的能量而跃迁到较高的能级上，原子即处于激发态。原子光谱的产生是原子外层价电子在不同能级间跃迁的结果。如果基态原子受到入射光的照射，则将吸收能量而跃迁到激发态，而产生原子吸收光谱。电子吸收一定能量从基态跃迁到能量最低的激发态时所产生的吸收谱线，称为共振吸收线，简称共振线。

当有辐射通过自由原子蒸气且入射辐射的频率等于原子中的电子由基态跃迁到较高能态（一般情况下都是第一激发态）所需要的能量频率时，原子就要从辐射场中吸收能量，产生共振吸收，电子由基态跃迁到激发态，同时伴随着原子吸收光谱的产生。通过测量气态原子对特征波长（或频率）的吸收，便可获得有关组成和含量的信息。

由于不同元素的原子结构不同，其共振线也因此各有其特征。通常，基态与最接近基态的第一激发态之间能量差最小，两能级间电子跃迁最容易，产生的谱线灵敏度最高，这样的共振线叫做该元素的灵敏线或特征谱线。原子吸收光谱分析法就是利用处于基态的待测原子蒸气对从光源发射的共振发射线的吸收来进行分析的。

二、原子吸收光谱的谱线轮廓

谱线一般以频率或波长表示。从理论上讲，原子吸收光谱应该是线状光谱，但实际上任何原子的谱线都不是纯粹单色的，而是具有一定宽度的谱线。透过光强度 I 和吸收系数 K_ν 随光源的辐射频率而变化，图 4-1 是强度为 I_0 的不同频率的光通过某一种原子蒸气时，透过光强度 I_ν 与频率 ν 的关系图。若在各频率下测定其吸收系数 K_ν，以 K_ν 为纵坐标、ν 为横坐标，即可绘出 K_ν 与 ν 的吸收曲线，如图 4-1（b）所示。由此可以看出，原子吸收线不是一条单一频率的线，而是一条较窄的峰形曲线，具有一定的宽度，通常称为吸收线轮廓。图 4-1（b）中，最大吸收系数 K_0 所对应的频率 ν 称为中心频率；K_0 称为中心吸收系数；在

最大吸收系数一半 $K_0/2$ 处吸收线轮廓上两点间的宽度称为吸收线的半宽度，以频率差 $\Delta\nu$ 表示，$\Delta\nu$ 值越小，单色程度越小。由此可见 K_0 和 ν_0 是吸收线轮廓的重要特征。

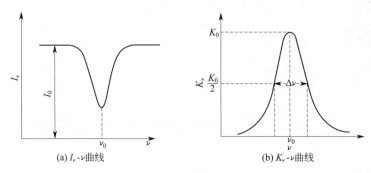

图 4-1   吸收轮廓线与半宽度

三、原子吸收谱线变宽

在实际分析中，希望谱线轮廓尽量窄，但实践中却有许多因素导致了谱线变宽。一般由两方面的因素决定。一是内因，原子本身的性质决定了谱线自然宽度；二是外因，如温度、压力、场等因素引起谱线变宽。

（1）自然变宽　在没有外界因素影响时，谱线仍有一定的宽度，它表示了吸收谱线宽度的最低极限，称为能级的自然宽度。可以用海森堡测不准原理来计算：

$$\Delta E \Delta\tau = \frac{h}{2\pi} \tag{4-1}$$

$$\Delta E = h\Delta\nu \tag{4-2}$$

式中，$\Delta\nu$ 是发射光子所覆盖的频率范围；$\Delta\tau$ 是激发态原子的寿命。

不同谱线的自然宽度不同，它与原子发生能级跃迁时激发态原子平均寿命有关，寿命越长，则谱线宽度越窄，谱线自然宽度的影响比其他变宽因素的影响小得多。

（2）热变宽——多普勒变宽　多普勒变宽是由于原子无规则地运动而产生的变宽，所以又称为热变宽。由于原子的无规则热运动引起与检测器之间的相对位移而造成波长的变化。可用物理学中的多普勒效应解释。该效应与温度成正比、与分子量成反比。

当火焰中吸光的基态原子向光源方向运动时，由于多普勒效应而使光源发射的波长变短，因此基态原子将吸收较长的波长。相反，当原子离开光源方向运动时，被吸收的波长较短。这样，由于原子的无规则运动就使吸收线变宽。

$$\Delta\lambda_D = 0.716 \times 10^{-6} \lambda_0 \sqrt{\frac{T}{A}} \tag{4-3}$$

从上式可以看出，多普勒宽度 $\Delta\lambda_D$ 正比于绝对温度 T 的平方根，反比于原子量 A 的平方根，而与压力无关。待测元素的原子量 A 越小，温度越高，$\Delta\lambda_D$ 越大。在原子吸收光谱分析中，使用石墨炉原子化器可能出现热变宽。

（3）压力变宽　压力变宽是由产生吸收的原子与其他粒子（如蒸气中的分子、原子、离子、电子）相互作用而产生的谱线变宽，通常随压力增大而增大。

同种粒子的碰撞称为赫尔兹马克变宽 $\Delta\nu_R$，异种粒子的碰撞称为劳仑兹变宽 $\Delta\nu_L$。

其他还有场致变宽，即在外界磁或电场作用下，引起能级的分裂，导致谱线变宽，这种变宽效应一般不大。谱线变宽主要由多普勒效应和压力两个主要因素引起，对于火焰原子化器，主要是劳仑兹变宽；对于非火焰原子化器，主要是多普勒变宽。

四、原子吸收定量原理

1. 积分吸收

原子吸收是由基态原子对共振线的吸收而得到的。对于一条原子吸收曲线，由于谱线有一定宽度，所以可看成是由极为精细的许多频率相差甚小的光波组成的。如图 4-2 所示。

将各个 ν 与它所对应的吸收系数 K_ν 所得的吸收曲线进行积分——积分吸收。$\int K_\nu \mathrm{d}\nu$ 为整个曲线下的面积，它代表原子吸收分析中所吸收的全部能量。

根据爱因斯坦理论，谱线的积分吸收系数与基态原子的关系如下：

$$\int K_\nu \mathrm{d}\nu = \frac{\pi e^2}{mc} f N_0$$

式中，e 为电子电荷；m 为电子质量；c 为光速；f 为振子强度，表示能被光源激发的每个原子的平均电子数；N_0 为单位体积内基态原子数目。

由上式可见，谱线的积分吸收系数与分析元素原子总数成正比。

基态原子密度 N_0 与试液浓度 c 成正比，并且对给定元素，在一定试验条件下，$\frac{\pi e^2}{mc} f'$ 为常数 k，因此：

$$\int K_\nu \mathrm{d}\nu = \frac{\pi e^2}{mc} f N_0 = kc \tag{4-4}$$

上式表明，在一定实验条件下，基态原子蒸气的积分吸收与试验中待测元素的浓度成正比。如果采用分辨率极高的单色器，将一条极窄的吸收线分出各个不同频率的更细的线，这在仪器的光学部分是不能达到的。

码 4-2　峰值吸收测量法

2. 峰值吸收

1955 年，澳大利亚物理学家沃尔什（Walsh）提出采用锐线光源测量峰值吸收系数的方法以后，原子吸收才成为实用的测量手段。所谓锐线光源是指能发射出谱线半宽度很窄（$\Delta\nu$ 为 $0.0005\sim0.002$nm）的共振线的光源。

在温度不太高、变化不太大的情况下，峰值吸收系数与待测原子浓度存在简单的线性关系。通过直接测量吸收线轮廓的中心频率 ν_0 所对应的峰值吸收系数 K_0 来确定蒸气中的原子浓度。因此可以通过峰值吸收的测量进行定量分析。

为了测定峰值吸收 K_0，必须使用锐线光源代替连续光源，也就是说必须有一个与吸收线中心频率 ν_0 相同、半宽度比吸收线更窄的发射线作为光源，如图 4-3 所示。

3. 定量分析原理

虽然峰值吸收 K_0 与试液浓度在一定条件下成正比关系，但实际测量过程中并不是直接测量 K_0 值大小，而是通过测量基态原子蒸气的吸光度并根据吸收定律进行测量的。

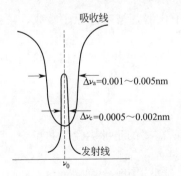

图 4-3　峰值吸收测量示意图
注：1. 发射线的半宽度小于吸收线的半宽度，前者比后者窄 5 倍。
2. 发射谱线与吸收谱线的中心频率相吻合。

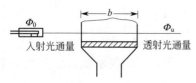

图 4-4 吸光度测量

设待测元素的锐线光通量为 Φ_0，当其垂直通过光程为 b 的均匀基态原子蒸气时，由于被测试样中待测元素的基态原子蒸气吸收锐线光，光通量减小为 Φ_u（见图4-4）。

根据吸收定律，

$$A = \lg \frac{\Phi_0}{\Phi_u} = K_0 b \lg e$$

根据式

$$K_0 = kc$$

所以

$$A = kcb \lg e$$

当实验条件一定时，$k\lg e$ 为一常数，令 $k\lg e = K$，则：

$$A = Kcb \tag{4-5}$$

上式表明，当锐线光源强度及其他实验条件一定时，基态原子蒸气的吸光度与试样中待测元素的浓度及光程长度（火焰法中为燃烧器的缝长）的乘积呈正比。火焰法中 b 通常不变，因此式(4-5)可写为：

$$A = K'c \tag{4-6}$$

式中，K' 为与实验条件有关的常数。式(4-5)和式(4-6)即为原子吸收光谱法的定量依据。

💡 思考与交流

1. 原子吸收光谱是如何产生的？
2. 造成原子吸收光谱谱线变宽的因素有哪些？
3. 积分吸收与峰值吸收理论分别是如何完成定量任务的？

任务三　原子吸收分光光度计

💡 任务要求

1. 了解原子吸收分光光度计的构造。
2. 了解原子吸收分光光度计光源灯的构造和工作原理。
3. 熟悉原子化器的种类和结构。
4. 了解分光系统和检测系统。

由光源发射的待测元素的锐线光束（共振线），通过原子化器，被基态原子吸收，再射入单色器中进行分光，被检测器接收，即可测得其吸收讯号。

原子吸收分光光度计又称原子吸收光谱仪，主要由光源、原子化器、单色器、检测器四个部分组成，如图4-5。

一、光源

光源的作用是辐射待测元素的特征光谱，供给原子吸收所需的足够尖锐的共振线。为了保证峰值吸收的测量，原子吸收光谱辐射光源的基本要求是：

① 发射稳定的共振线且为锐线，发射的共振线宽度要明显小于吸收线的宽度。

② 辐射强度足够大，没有或者只有很小的连续背景。

③ 操作方便，使用寿命长。

满足上述要求的光源种类有：空心阴极灯、蒸气放电灯、高频无极放电灯、激光光源灯等。目前，广泛使用的是空心阴极灯（hollow cathode lamp，HCL）。

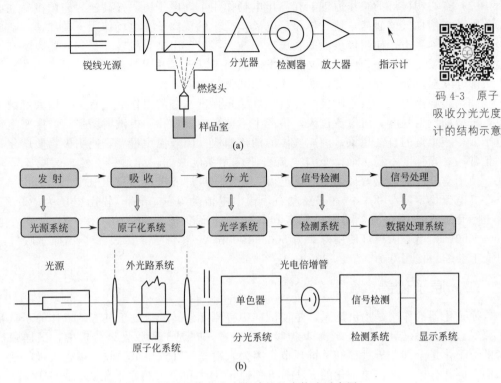

图 4-5 原子吸收分光光度计的基本构造示意图

码 4-3 原子吸收分光光度计的结构示意

在曾经研究和使用过的各种辐射光源中，空心阴极灯是最能满足上述各项要求的锐线光源，因此获得了广泛的应用。

（1）空心阴极灯的构造 空心阴极灯是由玻璃管制成的封闭式低压气体的放电管。主要是由一个阳极（吸气金属）和一个空心阴极（使待测原子集中）组成。

空心阴极灯的结构原理如图 4-6 所示。阴极为空心圆柱体，由待测元素的高纯金属或合金制成，是一种低压辉光放电灯。

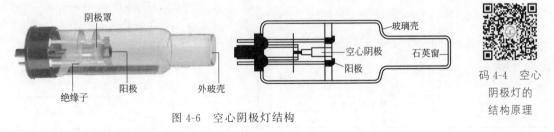

图 4-6 空心阴极灯结构

码 4-4 空心阴极灯的结构原理

灯头由石英窗组成（波长小于 350nm），侧臂由透紫玻璃窗组成（波长大于 350nm）。阴极与阳极固定在硬质玻璃管中。管内充入几百帕压力的惰性气体（氖气或氩气）。在两端施加 300～500V 的 DC 电压。

空心阴极灯发的光谱主要是阴极元素的光谱。因此，用不同的待测元素作阴极材料，可制成各相应待测元素的空心阴极灯。若阴极材料只含有一种元素，可制成单元素灯，为避免干扰，必须用纯度较高的阴极材料。阴极材料含多种元素，则可制成多元素灯。多元素灯工作时可同时发出多种元素的共振线，可连续测定多种元素，减少换灯的麻烦。但光强度较弱，容易产生干扰。目前应用的多元素灯中，一灯最多可测 6～7 种元素。

（2）空心阴极灯的工作原理　在高压电场作用下，电子由阴极高速射向阳极。在此过程中，电子与惰性气体碰撞，使气体原子电离，产生的正离子在电场作用下被加速，造成对阴极表面的猛烈轰击，使阴极表面的金属原子被"溅射"出来，接着又受到这些离子和电子的撞击而被激发至激发态，但很快又从激发态返回到基态，并同时辐射出该元素的共振线。由于大部分发射光处于圆筒内部，所以光线强度很大。

（3）影响因素——空心阴极灯电流　灯的光强度与灯的工作电流有关。增大灯的工作电流，可增加发射强度。但电流过大，将产生不良影响。如：阴极溅射增强，产生密度较大的电子云，产生灯的自蚀现象；内充气体的消耗加快；阴极温度过高，使阴极物质熔化；放电不正常，灯光强度不稳。而降低灯电流，使灯光强度减弱，导致稳定性、信噪比下降。因此，使用空心阴极灯要选择适当的灯电流。空心阴极灯要求使用稳压电源。

灯电流稳定度在 $0.1\%\sim0.5\%$ 左右，输出电流为 $0\sim50mA$，输出电压为 $400\sim500V$。灯上标有最大使用电流，随阴极元素和灯的设计而变化，通常的工作电流为最大电流的 $40\%\sim60\%$。空心阴极灯使用寿命为 $500\sim1000mA\cdot h$，"气耗"——金属原子吸气沉淀于灯壳上会缩短使用寿命。

二、原子化器

原子化器的作用是提供能量，是使试样中待测元素转变成处于基态的气体原子（基态原子蒸气），并进入辐射光程，产生共振吸收的装置。在原子吸收光谱分析中，试样中被测元素的原子化是全部分析过程的关键环节。因为入射光程在这里被吸收，可视为吸收池，为仪器的主要部分。使试样原子化的方法有火焰原子化法和非火焰原子化法。两者比较如表 4-1 所示：

表 4-1　火焰原子化法和非火焰原子化法的比较

项　目	火焰原子化法	非火焰原子化法
原子化原理	火焰热	电热
最高温度	$3000℃$（N_2O-乙炔火焰）	$3000℃$（石墨管温度，管内气体温度要低一些）
原子化效率	约 10%	90% 以上
试样体积	约 $1mL$	$5\sim100\mu L$
讯号形状	平顶形	峰形
灵敏度检出极限	低 对 Cd $0.5ng/g$ 对 Al $20ng/g$	高 对 Cd $0.02ng/g$ 对 Al $0.1ng/g$
最佳条件的重现性	变异系数 $0.5\%\sim1.0\%$	变异系数 $1.5\%\sim5.0\%$
基体效应	小	大

（1）火焰原子化法　用火焰使试样原子化是目前普遍采用的一种方式。火焰原子化器由喷雾器、雾化器和燃烧器三部分组成（见图 4-7）。液体试样经喷雾器形成雾粒，这些雾粒在雾化室中与气体（燃气与助燃气）均匀混合，除去大液滴后，再进入燃烧器形成火焰，试样在火焰中产生原子蒸气。

火焰原子化法的特点是稳定、重现性好、应用广、原子化效率低、灵敏度低以及液体进样。

① 雾化器（喷雾器）。雾化器（见图 4-8）是原子化器的核心部分，作用是使试样溶液雾化。试液沿毛细管吸入并被快速通过的助燃气分散成小雾滴，喷出的雾滴撞击在距毛细管

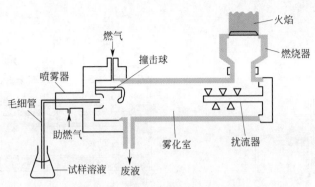

码 4-5　火焰
原子化器

图 4-7　火焰原子化器结构示意图

喷口的前端几毫米处的撞击球上，进一步分散成为更小的细雾。雾滴越细越多，在火焰中生成的基态自由原子就越多。

　　雾化器的性能会对灵敏度、测量精度和化学干扰等产生影响，因此要求其喷雾稳定、雾滴细微均匀、雾化效率高。一般的喷雾装置的雾化率为 $5\%\sim 15\%$，雾滴大小为 $5\sim 25\mu m$，溶液提取量 $4\sim 6mL/min$。

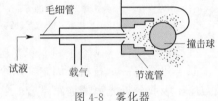

图 4-8　雾化器

　　② 雾化室。雾化室又称预混合室（其结构见图 4-9），作用是进一步细化雾滴，除去大雾滴，并使燃气与助燃气充分混合，以便在燃烧时得到稳定的火焰。细化雾滴的方法是前方加撞击球，后方加扰流器。部分未细化的雾滴在雾化室凝结下来成为废液，废液经下方废液管排出。

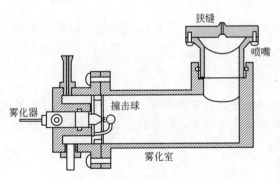

图 4-9　雾化室结构示意图

　　③ 燃烧器。燃烧器的作用是使燃气在助燃气的作用下形成火焰，使进入火焰的微粒原子化。试液的细雾进入燃烧器，在火焰中经过干燥、蒸发和解离等过程后，产生大量的基态自由原子。燃烧器要求原子化程度高、火焰燃烧稳定且耐高温耐腐蚀。长缝型燃烧器有单缝和三缝两种，单缝燃烧器应用最广。一般使用缝宽 0.5mm、长度为 50mm（氧化亚氮-乙炔火焰用）和 100mm 两种规格的单缝燃烧器。

　　燃烧器的种类有预混合型和全消耗型，其中预混合型燃烧器应用较多（见图 4-10），其主要优点是产生的原子蒸气多、火焰稳定、背景较小而且较安全。

　　④ 火焰。燃烧器火焰的作用是将待测物质分解为基态自由基原子。原子吸收所使用的火焰，只要其温度能使待测元素解离成游离基态原子就可以了，如果超过温度，激发态原子增加，电离度增大，基态原子减少，这对原子吸收是很不利的。因此，在确保待测元素充分离解为基态原子的前提下，低温火焰比高温火焰具有较高的灵敏度。

　　（2）非火焰原子化器　火焰原子化器是应用最广泛的原子化器，主要缺点是原子化效率低，大量喷雾气体的稀释作用和金属原子与助燃气氧化生成难熔氧化物，且原子蒸气停留时间短，火焰温度不均匀，因而火焰中的自由原子浓度很低。非火焰原子化装置的原子化效率和灵敏度都比火焰原子化装置高得多。非火焰原子化器有多种类型，应用较多的是石墨炉原子化器，也称电热高温石墨炉原子化器。

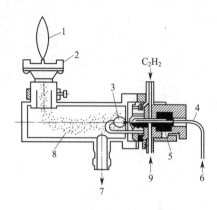

图 4-10　预混合型燃烧器示意图

1—火焰；2—燃烧器；3—撞击球；4—毛细管；5—雾化器；
6—试液；7—废液；8—雾化室；9—空气或 N_2O

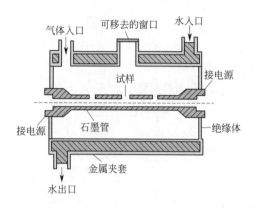

图 4-11　石墨炉的结构示意图

石墨炉的结构（见图 4-11）包括电源、炉体、石墨管三部分。

原子化器将一个石墨管固定在两个电极之间，管的两端开口安装时使其长轴与原子吸收分析光束的通路重合。管的中心有一进样口，工作时，电源提供低电压（10V）、大电流（300～500A）使石墨管迅速加热至 3000℃，从而使试样原子化，并能以电阻加热方式形成各种温度梯度，控制温度。为了防止试样及石墨管氧化，需要不断通过惰性气体，并在管外部用水冷却降温。

码 4-6　石墨炉
原子化器
结构原理

测定时石墨炉分干燥、灰化、原子化和净化四个程序。

① 干燥。低温（100℃）蒸发去除试样的溶剂。

② 灰化。较高温度（350～1200℃）进一步除去有机物或低沸点无机物，以减少机体组分对待测元素的干扰。

③ 原子化。待测元素转变为基态原子。

④ 净化。将温度升至最大允许值去除残物，消除由此产生的记忆效应。

石墨炉原子化器的优点是原子化效率高、灵敏度高、试样用量少，适用于难熔元素的测定。缺点是试样组成不均匀性的影响较大，测定精密度较低；共存化合物的干扰比火焰原子化法大，基体效应及化学干扰大，重现性差。

三、分光系统

原子吸收光谱仪（图 4-12）分光系统主要由色散元件（棱镜或光栅）、凹面镜和狭缝组成，也称为单色器，其作用是将待测元素的吸收线与邻近谱线分开。由锐线光源发出的共振线，谱线比较简单，对单色器的色散率和分辨率要求不高。

码 4-7　分光
系统原理

原子吸收光谱仪可根据光路分为单光束和双光束两种类型（见图 4-13）。

空心阴极灯发射的谱线，经原子蒸气吸收以后，仍然要用单色器将待测元素的吸收线与其他谱线分开。原子吸收分光光度计中单色器的作用是将试样的共振线与透过光中其他谱线分开。

单色器将共振线相近的谱线分开的能力，不仅和色散元件的色散率有关，而且还受狭缝宽度的限制。一般来说，在避开最靠近的非共振线的前提下，应当尽可能选择较宽一些的狭缝。

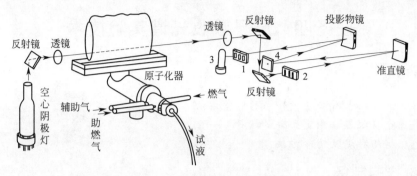

图 4-12 原子吸收光谱仪结构示意图

1—入射狭缝；2—出射狭缝；3—光电倍增管；4—光栅

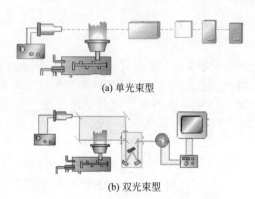

(a) 单光束型

(b) 双光束型

图 4-13 原子吸收光谱仪光学系统简图

码 4-8 单光束 　码 4-9 双光束
光学系统 　　　光学系统

四、检测系统

检测系统的作用是完成光电信号的转换，即将光的信号转换成电信号，为以后的信号处理做准备。检测系统包括光电转换元件——光电倍增管、放大器及读数记录装置。光电元件一般采用光电倍增管，其作用是将经过原子蒸气吸收和单色器分光后的微弱信号转换为电信号。使用光电倍增管时，必须注意不要用太强的光照射，并尽可能不要使用太高的增益，这样才能保证光电倍增管有良好的工作特性。

为了提高测量的灵敏度、消除待测元素火焰发射的干扰，需要使用交流放大器，电信号经过放大，即可用读数装置显示出来。放大器的作用是将光电倍增管输出的电压信号放大后送入读数记录装置，放大器放大后的信号经对数转换器转换成吸光度信号，再用数字显示器显示，或记录仪打印进行读数。

现代国内外商品化的原子吸收分光光度计几乎都配备了微处理机系统，具有自动调零、曲线校正、浓度直读、标尺扩展、自动增益等性能，并附有记录器、打印机、自动进样器、阴极射线管、荧光屏及计算机等装置，大大提高了仪器的自动化和半自动化程度。

💡 思考与交流

1. 原子吸收分光光度计在构造上与紫外-可见分光光度计有哪些不同？
2. 空心阴极灯的结构及工作原理是什么？
3. 原子吸收分光光度计的原子化器的类型和工作原理是什么？

任务四　原子吸收光谱实验技术

任务要求

1. 了解原子吸收光谱法分析样品的制备方法。
2. 熟悉原子吸收光谱测定条件的选择。
3. 熟悉干扰的种类及消除方法。

一、试样的制备

1. 制样要求

样品制备总的原则：

① 尽可能多地使待测组分不受损失，也不能带进待测组分；

② 尽可能多地排除干扰；

③ 尽可能得到最佳浓度，调整称样量和溶液体积，这都直接关系到被测元素的浓度；

④ 尽可能多地保证费用最省，根据实际情况，在结果精密度、测试方法、时耗、物耗、人力消耗之间综合平衡，决定样品处理的具体方法，制备出待测的试样溶液。

2. 制样方法

（1）取样

① 取样有代表性。在对样品进行预处理之前，要确保采集到实验室的试样具有代表性。所谓代表性，是指样品的组成要能代表整个物料。如果不能代表整个物料的情况，那么，这个样品的测试结果就没有意义。

② 样品需破碎，研磨成粉末，然后烘干除去样品表面的吸附水。

③ 称样量要合适。称样量可根据以往测试经验，估计待测元素在各种不同样品中含量来决定。也可称取一定样品量进行测试。各种元素都有其标准曲线线性好的部分，配制的溶液浓度在线性好的浓度范围内，测得的结果准确。调整样品溶液浓度，可通过改变称样量和样品试液的体积来实现。一般来说，吸光度在 0.01～0.7，线性关系会比较好一些。

（2）样品预处理　样品预处理也叫做消解，就是将固态粉末样品用酸转化成液体形态的过程。原子吸收光谱分析通常是溶液进样，被测样品需要事先转化为溶液样品。样品的处理方法和通常的化学分析相同，要求试样分解完全，在分解过程中不能引入污染和造成待测组分的损失，所用试剂及反应产物对后续测定应无干扰。消解试样最常采用的方法是用酸溶解或碱熔融。

某些待测物用酸并不能完全转化成液态的情况下，可以用辅助加热、高温熔融、高压消解和微波消解等各种手段来处理。待测溶液中不得有胶体和沉淀物，应在进仪器之前过滤以免堵塞进样系统。样品制备的成功与否，直接关系到测试的正确与否及其准确性。有机试样通常先进行灰化处理，以除去有机物基体。灰化处理主要有干法灰化和湿法消化两种。

① 干法灰化。干法灰化是在较高的温度下将样品氧化，然后再用酸溶解，溶解时务必将残渣溶解完全，最后将溶液转移到容量瓶中定容。对于易挥发的元素（如 Hg、As、Pb、Sb、Se 等），不能采用干法灰化，因为这些元素在灰化过程中损失严重。

② 湿法消化。湿法消化是将样品用合适的酸升温氧化溶解。最常采用的是盐酸＋硝酸法、硝酸＋高氯酸法或硫酸＋硝酸法等混合酸法。近年来微波消解法获得了广泛的应用，该法是将样品放在聚四氟乙烯高压反应罐中，于专用微波炉中加热消化样品。至于采用何种混合酸消化样品，需要视样品类型来确定。这种方法消解快、分析完全、损失少，适合大批量

样品的处理，对微量、痕量元素的测定效果好。

二、标准样品溶液的配制

标准样品溶液（即标准溶液）的配制就是用高纯物质的高浓度储备液（通常为 1000 $\mu g/mL$），来配制所需要浓度的标准溶液，以备制作校正曲线，然后才能测试待测试样溶液浓度。

① 标准溶液（储备溶液）必须采用基准物质，通常用各元素合适的盐类来配制标准溶液，标准样品的组成要尽可能接近待测试样的组成。当没有合适的盐类可供使用时，可将相应的高纯金属丝、棒、片直接放入合适的溶剂中，然后稀释成所需浓度范围的标准溶液。但不能使用海绵状金属或金属粉末，因为这两种状态的金属易引入污染物或容易氧化，纯度达不到要求。金属在使用前，一定要用酸清洗或打光，以除去表面的污染物和氧化层。

② 储备溶液、标准溶液必须用超纯水或二次蒸馏水配制。水或酸不纯时，需经亚沸蒸馏提纯。标准系列工作溶液的保存时间一般不要超过一周，浓度很低的标准溶液（＜1$\mu g/mL$）使用时间最好不超过 1～2 天，母液保存时间通常为 6 个月～1 年。

③ 配制好的储备溶液通常置于聚四氟乙烯容器中，维持必要的酸度，保存在清洁、低温、阴暗的地方。标准溶液（储备溶液、标准系列工作溶液）要标明溶液名称、介质、浓度、配制日期、有效日期及配制人。所有标准溶液、空白溶液和样品溶液，制备的方法应当一样，并且都要酸化。

三、测定条件的选择

原子吸收分光光度分析中，测定条件选择的好坏，对测定的灵敏度、准确度和干扰情况等有很大的影响。因此，测定条件的选择至关重要。

1. 分析线的选择

每种元素都有若干条吸收线，通常选择其中最灵敏线作分析线，使测定具有较高的灵敏度。对于微量元素的测定，应尽可能选用最灵敏线作分析线。

在分析较高浓度的试样时，可选用次灵敏线作分析线，得到适度的吸收值，改善标准曲线的线性范围，减少试样不必要的稀释操作。

从稳定性方面考虑，由于空气-乙炔火焰在短波区域对光的透过性较差、噪声大，若灵敏线处于短波方向，则可以考虑选择波长较长的次灵敏线。总之，最适宜的分析线，应视具体情况通过实验确定。

2. 光谱通带宽度的选择

狭缝宽度直接影响光谱通带宽度与检测器接收的能量。原子吸收分光光度法中，由于使用锐线光源，谱线重叠的概率较小，可以使用较宽的狭缝，以增加光强；使用小的增益以降低检测器的噪声、提高信噪比、改善检测器极限。

当光源辐射较弱或共振线吸收较弱时，必须用较宽的狭缝。当火焰的背景发射较强，在吸收线附近有干扰谱线与非吸收光存在时，或测定谱线较为复杂的元素（如 Fe、Co、Ni）时，在保证一定强度的情况下，应使用较窄的狭缝。

3. 空心阴极灯工作电流的选择

空心阴极灯的发射特性取决于工作电流。一般要预热 10～30min 才能达到稳定的输出。工作电流的大小及稳定度直接影响测定的灵敏度及精度。灯电流小，发射线半峰宽窄，放电不稳定，光谱输出强度小，灵敏度高；灯电流大，发射线强度大，发射线变宽，但谱线轮廓变差，导致灵敏度下降。在保证稳定和合适光强的情况下，选用最低的工作电流。

虽然灯上均标有最大工作电流和可使用的电流范围，但仍需通过试样确定，通过测定吸收值随灯电流的变化而选定最适宜的工作电流，一般以空心阴极灯上最大灯电流的 1/2～2/3 为工作电流。

4. 原子化条件的选择

（1）火焰原子化法

① 火焰的选择。火焰的选择与调节是保证高原子化效率的关键之一。火焰的温度是影响原子化效率的基本因素，必须根据试样具体情况，合理选择火焰温度。不同的元素可选择不同种类的火焰，应根据分析要求具体选择，原则是使待测元素获得最大原子化效率。

常用的火焰有空气-乙炔火焰、氧化亚氮-乙炔火焰、空气-氢气火焰。以空气-乙炔火焰为例，按燃气与助燃气的不同比例，可将火焰分为三类：

a. 中性火焰：燃/助=1:4，这种火焰层次分明稳定、噪声小、背景低、温度适宜，适于许多元素的测定，经常被使用。

b. 富燃火焰：燃/助>1:3，火焰呈黄色，燃烧不完全，温度低、还原性强、背景高、干扰较多，不如中性火焰稳定，但适用于易形成难离解氧化物元素的测定，如 Mo、Cr、稀土元素等。

c. 贫燃火焰：燃/助<1:6，氧化性较强，温度较低，有利于测定易解离、易电离、不易氧化的元素。如 Ag、Cu、Ni、Co、Pb、碱金属等。

空气-乙炔焰是原子吸收光谱分析中最常用的，火焰温度为 2300℃，能用于测定 30 多种元素，但它在短波紫外区有较大的吸收，如用 196nm 的共振线测 Se 就不能用该火焰。

氧化亚氮-乙炔（$N_2O-C_2H_2$）火焰，温度高，达 3000℃。用于难原子化元素的测定，使得可测定的元素增加到 70 多种，对于易生成难熔氧化物的元素测定十分有效。

燃气和助燃气的比例不同，火焰的特点也不同，需要通过实验进一步确定燃气与助燃气流量的合适比例。

② 燃烧器高度的选择。燃烧器的高度也是影响原子化效率的因素。对不同元素，自由原子浓度随火焰高度的分布是不同的，因此在火焰中形成的基态原子的最佳浓度区域高度不同，灵敏度也不同。测定时调节燃烧器的高度，使测量光束从自由原子浓度最大的火焰区通过，可以得到较高的灵敏度。最佳的燃烧器高度应通过试验选择。

（2）石墨原子化法

① 载气的选择。可使用惰性气体或氮气作载气，通常使用的是氩气（Ar），采用氮气作载气时要考虑高温原子化时产生的干扰。载气流量会影响灵敏度和石墨管寿命。目前大多采用内外单独供气方式，外部供气是不间断的，流量在 1～5L/min；内部气体流量在 60～70L/min。在原子化期间，内气流的大小与测定元素有关，可以通过实验确定。

② 冷却水。为使石墨管迅速降至室温，通常使用水温为 20℃、流量为 1～2L/min 的冷却水（可在 20～30s 内冷却）。水温不宜过低，流量亦不可过大，以免在石墨锥体或石英窗产生冷凝水。

③ 原子化温度和时间的选择。主要包括干燥、灰化、原子化及净化等阶段的温度和时间。原子化过程中，干燥的主要作用是去除溶剂成分的干扰，干燥条件直接影响分析结果的重现性。为了防止样品飞溅，又能保持较快的蒸干速度，干燥应在稍低于溶剂沸点的温度下进行。一般在 105～125℃ 的条件下进行，干燥时间一般 10～30s，具体时间应通过实验测定。

灰化阶段温度和时间的选择要以尽可能除去试样中基体与其他组分而被测元素不损失为前提。尽量提高灰化温度以去掉比待测元素化合物容易挥发的样品基体，减少背景吸收。灰化温度和灰化时间由实验确定。

原子化阶段是要使待测元素尽可能多地被原子化，应选择能使待测元素原子化的最低温度，有利于延长石墨管的寿命。

净化阶段温度应高于原子化温度，以便消除试样的残留物产生的记忆效应，一般在3000℃，采用空烧的方法来清洗石墨管以除去残余的基体和待测元素。为了保护石墨管，时间不能长。

四、干扰及消除方法

原子吸收光谱分析较发射光谱分析的干扰要少，但仍存在着不容忽视的干扰问题。因此，必须了解产生干扰的可能因素，并设法予以抑制或消除。

按照干扰产生的性质及原因，在原子吸收光谱分析中的干扰可分为四种类型：物理干扰、化学干扰、电离干扰和光谱干扰。

1. 物理干扰

物理干扰是指试样在转移、蒸发过程中，由于溶剂或溶质的特性（黏度、表面张力、相对密度、温度等）以及雾化气体的压力等的变化，使喷雾效率或待测元素进入火焰的速度发生改变而引起的干扰。这种干扰是非选择性的，以及对试样中各元素的影响基本上是相似的。主要发生在试液抽吸过程、雾化过程和蒸发过程中。

消除物理干扰的方法有：

① 配制与待测试样具有相似组成的标准溶液，采用标准加入法可消除这种干扰。

② 用适当溶剂稀释溶液，适用于高浓度试液。

③ 调整撞击小球位置以产生更多细雾。

2. 化学干扰

化学干扰是原子吸收法中经常遇到的干扰。任何阻止和抑制火焰中基态原子形成的干扰，称为化学干扰。待测原子与共存原子作用生成难挥发的化合物，使待测元素不能全部从它的化合物中解离出来，基态原子数减少，它主要影响待测元素的原子化效率，是原子吸收光谱分析中的主要干扰。化学干扰具有选择性，对试样中各种元素的影响是各不相同的，并随测定条件的变化而变化。

例如测定Ca、Mg时，由于Al、Si、P会形成铝酸盐、硅酸盐、磷酸盐，使参与吸收的Ca、Mg的基态原子数目减少而造成干扰。抑制干扰是消除化学干扰的理想方法。消除方法如下：

① 使用高温火焰。高温火焰具有更高的能量，会使在低温火焰中稳定的化合物在较高温度下解离，消除干扰。例如在乙炔-空气火焰中测定Ca时，存在PO_4^{3-}会有显著干扰，如果采用乙炔-氧化亚氮高温火焰，这种干扰就被消除了。

② 加入释放剂。当待测元素和干扰元素在火焰中形成稳定的化合物时，加入另一种试剂（释放剂），使之与干扰元素化合，生成更稳定、更难挥发的化合物，从而使待测元素从干扰元素的化合物中释放出来。

例如测Ca时，加入镁和硫酸，可使Ca从磷酸盐和铝的化合物中释放出来。

③ 加入保护剂。保护剂大多是配位剂，能使待测元素不与干扰元素化合生成难挥发的化合物。

例如用EDTA防止磷酸对钙的干扰，因为Ca^{2+}与EDTA配位后，不再参与反应，更易于原子化。又如用8-羟基喹啉消除Al对Mg的干扰，8-羟基喹啉与Al形成螯合物，减少了Al的干扰。

④ 化学分离法。以上方法都不能消除化学干扰时，可采用离子交换、沉淀分离、有机溶剂萃取等方法，将待测元素与干扰元素分离开来，然后再测定。其中有机溶剂萃取法应用较多。常用的萃取剂有吡咯烷磺酸铵、甲基异丁基酮、乙酸乙酯、甲基吡咯烷酮等。其中吡

咯烷磺酸铵应用最广，适用的 pH 范围广。

实际上，所有的化学干扰可采用高温乙炔-氧化亚氮火焰来克服。

3. 电离干扰

当火焰温度较高，基态原子在火焰中电离成离子，使基态原子减少，导致吸光度降低、灵敏度下降、工作斜率偏低。电离干扰主要发生在电离能较低的元素上，如碱金属和部分碱土金属。

消除方法有：①适当控制火焰温度；②加入大量的更易电离的其他元素，因为易电离元素电离产生的大量电子使待测元素的电离平衡向中性原子方向移动，从而使待测元素的电离受到抑制。

4. 光谱干扰

光谱干扰是由于分析元素与其他吸收线或辐射不能完全分开而产生的干扰，主要来源于光源和原子化器。

（1）与光源有关的干扰　待测元素的其他共振线干扰。消除方法有：减小狭缝宽度来减少干扰线；或者换分析线。

① 非待测元素的谱线干扰。空心阴极灯材料不纯，杂质较多，发射的非待测元素谱线不能被单色器分开。消除方法：使用纯度较高的单元素灯或更换内充气体（Ne）。

灯中气体或阴极上氧化物所产生干扰，这是由于灯的制作不良，或长期不用引起的。消除方法：a. 加入吸气剂；b. 使用激活器，将灯反接，用大电流空点，以纯化气体；c. 换灯。

② 光谱线的重叠干扰。原子蒸气中，共存元素的吸收波长与待测元素的发射线波长接近时，产生重叠干扰。消除方法：选择待测元素的其他谱线；或者分离干扰元素。

（2）与原子化器有关的干扰

①原子化器内直流发射干扰。主要是来自火焰本身或原子蒸气中待测元素的发射干扰。消除的方法是对光源进行调制，但可能会增加信号噪声，此时可以适当增大灯电流，提高信噪比，也可以对空心阴极灯采用脉冲供电。

② 背景吸收。这是在原子化过程中生成的气态分子、氧化物及盐类分子等或固体微粒对光源辐射的吸收或散射引起的干扰，会使吸光度增加，测定结果偏高。消除的方法有：用邻近的非吸收线扣除背景；用氘灯校正背景；用自吸收方法校正背景；用塞曼效应校正背景等。

🤔 思考与交流

1. 原子吸收分光光度法测定对样品和试液的制备有哪些要求？
2. 原子吸收分光光度法需要控制的测量条件有哪些？
3. 原子吸收分光光度法测定的干扰有哪些？如何消除？

任务五　原子吸收光谱法的定量方法

📋 任务要求

1. 了解原子吸收光谱法定量分析的方法。
2. 能够根据待测试样的特点选择不同的定量分析方法。

原子吸收分析法的定量基础是朗伯-比尔定律。即在一定条件下，当被测元素浓度不高、吸收光程固定时，吸光度与被测元素的浓度成线性关系。即：

$$A = Kc$$

根据这个关系，原子吸收的定量分析方法仍然是相对分析法，可采用标准曲线法、标准加入法和内标法。

一、标准曲线法

标准曲线法是通过测量一系列已知浓度标准溶液的吸光度来进行定量的方法，与紫外-可见分光光度法的标准曲线法基本一致。先配制一系列不同浓度的与试样基体组成相近的标准溶液，测量吸光度，绘制吸光度 A-浓度 c 的曲线。同时，在相同条件下，测得试液的吸光度 A_x，然后在曲线上查得 c_x。

分析最佳范围的 $A = 0.1 \sim 0.5$，因为大多数元素在此范围内符合比尔定律，浓度范围可根据待测元素的灵敏度来估算。

从理论上说，A-c 曲线应是一条过原点无限长的单调直线。在实际工作中，标准曲线可能发生弯曲，原因有：

① 非吸收光的影响：当共振线与非共振线同时进入检测器时，由于非共振线不遵循比尔定律，与光度法中复合光相似，引起 A-c 曲线上部弯曲。

② 共振变宽：当待测元素浓度大时，其原子蒸气分压增大，产生共振变宽，使吸收强度下降，A-c 曲线上部弯曲。

③ 发射线与吸收线的相对宽度：通常当发射线的半宽度与吸收线的半宽度的比值约小于 1/5 时，标准曲线是直线，否则发生弯曲现象。

④ 电离效应：元素在火焰中容易发生电离，使基态原子数减少。浓度低时，电离度大，吸光度下降；浓度增高，电离度逐渐减小，所以引起标准曲线向浓度轴弯曲。

总的来说，用 A-c 标准曲线法定量分析简便、快速，但影响因素较多，仅适用于组成简单的大批量试样的分析。

二、标准加入法

在原子吸收分析中，如遇到试样的基体复杂或共存物不明，难于配制成在组成上与试样匹配的标准溶液时，不能使用标准曲线法，常用标准加入法来消除基体干扰。标准加入法又称标准增量法或直线外推法，此法的相对误差为 $3\% \sim 5\%$。适用于成分复杂、数量不多的试样，且不需要分离基体来消除基体干扰。此外，该方法适于精度高的分析，也常用来检验分析结果的可靠性。

标准加入法的基本过程是：将不同量的标准溶液加入等体积的试样溶液中，定容至相同体积，然后测定各自的吸光度。将吸光度对加入标准物质的绝对量或加入标准溶液的浓度绘制曲线，将绘制的直线反向延长，与横轴的交点即为试液中的待测元素的绝对量或试液的浓度。

标准加入法具体操作方法是：吸取试液四份以上，第一份不加待测元素标准溶液，第二份开始，依次按比例加入不同量待测组分标准溶液，用溶剂稀释至同一体积，以空白为参比，在相同测量条件下，分别测量各份试液的吸光度，绘出工作曲线，并将它外推至浓度轴，则在浓度轴上的截距，即为未知浓度 c_x，如图 4-14 所示。

使用标准曲线加入法时应注意下面几个问题：

① 相应的标准曲线应是一条通过坐标原点的直线，待测组分的浓度应在此线性范围之内。

② 第二份中加入的标准溶液的浓度与试样的浓度应当接近（可通过试喷样品和标准溶液比较两者的吸光度来判断），以免曲线的斜率过大或过小，给测定结果引入较大

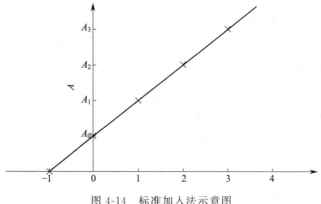

图 4-14　标准加入法示意图

的误差。

③ 为了保证能得到较为准确的外推结果，至少要采用四个点来制作外推曲线。

标准加入法可以消除基体效应带来的影响，并且只能消除基体中的物理干扰及与浓度无关的化学干扰，但不能消除背景干扰。因此只有在扣除背景之后，才能得到待测元素的真实含量，否则将使测量结果偏高。干扰使样品中原有待测物的分析信号和加入的待测物的分析信号增加或减少相同恒定的份数。如果干扰物与样品溶液中的待测物反应并使之不能产生分析信号，标准加入法就不会得到准确结果。

综上所述，标准加入法在原子吸收光谱分析中是典型的定量分析方法。这种方法常作为消除基体效应的重要手段，因为它不存在标准与样品基体组成不同而可能带来的干扰。当很难配制与样品液相似的标准液，或样品液基体成分很高且变化不定或样品中含有大量固体物质对吸收的影响难以保持一致时，采用加入法是非常有效的。

三、内标法

内标法是指将一定量试液中不存在的元素 N 的标准物质加到一定试液中进行测定的方法，所加入的这种标准物质称为内标物质或内标元素。内标法与标准加入法的区别就在于前者所加入标准物质是试液中不存在的；而后者所加入的标准物质是待测组分的标准溶液，是试液中存在的。

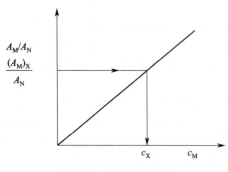

图 4-15　内标工作曲线

内标法具体操作是：在一系列不同浓度的待测元素标准溶液及试液中依次加入相同量的内标元素 N，稀释至同一体积。在同一实验条件下，分别在内标元素及待测元素的共振吸收线处，依次测量每种溶液中待测元素 M 和内标元素 N 的吸光度 A_M 和 A_N，并求出它们的比值 A_M/A_N，再绘制 (A_M/A_N)-c_M 的内标工作曲线（见图 4-15）。

由待测试液测出 A_M/A_N 的比值，在内标工作曲线上用内插法查出试液中待测元素的浓度并计算试样中待测元素的含量。

在使用内标法时要注意选择好内标元素。该方法要求所选用内标元素在物理及化学性质方面应与待测元素相同或相近；内标元素加入量应接近待测元素的量。在实际工作中往往是通过试验来选择合适的内标元素和内标元素量。表 4-2 列举了部分内标元素。

表 4-2　常用内标元素

待测元素	内标元素	待测元素	内标元素	待测元素	内标元素
Al	Cr	Cu	Cd,Mn	Na	Li
Au	Mn	Fe	Au,Mn	Ni	Cd
Ca	Sr	K	Li	Pb	Zn
Cd	Mn	Mg	Cd	Si	Cr,V
Co	Cd	Mn	Cd	V	Zn
Cr	Mn	Mo	Sr	Zn	Mn,Cd

内标法特点如下：

① 内标法能消除物理干扰，还能消除实验条件波动引起的误差，能得到高精度的测量结果。

② 内标法仅适用于双道或多道仪器，单道仪器上不能用。

③ 内标元素与待测元素要有相似的物理、化学性质，因此应用受到限制。

思考与交流

1. 标准曲线法与标准加入法定量有何区别？

2. 原子吸收分光光度内标法定量中如何选择内标物？

任务实施

操作 3　火焰原子吸收光谱法测定铜的含量

一、目的要求

（1）实训目的

① 学习原子吸收分光光度法测定铜的基本原理。

② 了解原子吸收分光光度计（火焰原子化）的基本结构及使用方法。

③ 掌握标准曲线法定量测定铜的方法。

（2）素质要求

① 严格遵守实训岗位安全守则和工作纪律。

② 服从指导教师的安排，按照分析检验人员的基本素质要求完成实训任务。

③ 实训前认真预习，了解操作原理，熟悉仪器使用方法及操作要点。

④ 实训中严格操作规程和规范，独立完成实训任务。

⑤ 对原始数据应实事求是，严肃认真，不得随意记录、编造、篡改。

⑥ 实训结束后，正确关闭仪器设备、恢复实训室的卫生，检查水、电、门窗等设施。

⑦ 按照格式要求完成实训报告，正确处理数据，结论严谨规范。

（3）操作要求

① 容量分析基本操作：正确使用容量瓶、移液管等，标准溶液配制规范。

② 仪器操作：正确操作原子吸收分光光度计，正确使用操作软件。

③ 仪器维护：正确进行火焰原子化器的调试。

④ 测量条件：正确选择分析线，合理设置狭缝宽度、选择元素灯及灯电流、调整燃烧器高度、设置燃助比，合理调整试液浓度。

⑤ 作图：正确绘制工作曲线。

⑥ 数据记录与处理：原始数据记录真实、规范，数据处理严谨、正确。

二、方法原理

每一种元素的原子不仅可以发射一系列特征谱线，也可以吸收与发射线波长相同的特征谱线。当光源发射的某一特征波长的光通过原子蒸气时，如果入射辐射的频率等于原子中的电子由基态跃迁到较高能态（一般情况下都是第一激发态）所需要的能量频率时，原子中的外层电子将选择性地吸收其同种元素所发射的特征谱线，使入射光减弱。特征谱线因吸收而减弱的程度称吸光度 A，在线性范围内与被测元素的含量成正比：

$$A = Kc$$

式中，K 为常数；c 为试样浓度。K 包含了所有的常数。此式就是原子吸收光谱法进行定量分析的理论基础。常用标准曲线法、标准加入法进行定量分析。

本实验采用标准曲线法测定溶液中铜的含量。

三、仪器与试剂

A3F 原子吸收光谱仪；铜空心阴极灯；空气压缩机；乙炔钢瓶；吸量管；容量瓶。
铜标准溶液 $25.0\mu g/mL$；铜未知液。

四、测定步骤

1. 铜标准系列及未知液的配制：用吸量管分别吸取 $25.0\mu g/mL$ 的铜标准溶液 $0.00mL$、$0.50mL$、$1.00mL$、$1.50mL$、$2.00mL$、$3.00mL$ 于 6 个 50mL 的容量瓶中，用水稀释至刻度，摇匀，配制每毫升分别含有 $0.00\mu g$、$0.25\mu g$、$0.50\mu g$、$0.75\mu g$、$1.00\mu g$、$1.50\mu g$ 的铜标准系列。

另配制铜未知液 1 个样。

2. 按最佳测定实验条件调整原子吸收光谱仪，按照浓度从低到高依次喷入铜标准系列，记录吸光度。

3. 喷入待测液，记录吸光度。

五、数据记录及处理

1. 绘制标准曲线。

2. 根据函数关系，计算待测液浓度。

六、操作注意事项

1. 实验时要打开通风设备，使金属蒸气及时排出室外。

2. 点火时，先开空气，后开乙炔气。熄火时，先关乙炔气，后关空气。

【任务评价】

序号	评价项目	分值	评价标准							评价记录	得分
1	准确度	20	相对误差≤(%)	1.0	2.0	3.0	4.0	5.0	6.0		
			扣分标准(分)	0	4	8	12	16	20		
2	精密度	10	相对偏差≤(%)	1.0	2.0	3.0	4.0	5.0	6.0		
			扣分标准(分)	0	2	4	6	8	10		
3	职业素养	5	态度端正、操作规范、精益求精、数据真实、结论严谨,1分/项								
4	完成时间	5	超时≤(min)	0		5		10	20		
			扣分标准(分)	0		1		2	5		
5	操作规范	40	1. 每个不规范操作，扣 1 分 2. 分光光度计操作顺序错误，扣 3 分 3. 光源选择错误，扣 2 分 4. 损坏玻璃仪器，扣 5 分/件 5. 溶液重新配制，扣 3 分/次 6. 操作条件设置错误，扣 2 分/个 7. 操作步骤不完全，扣 5 分								

续表

序号	评价项目	分值	评价标准	评价记录	得分
6	原始记录	5	1. 未及时记录原始数据,扣 2 分 2. 原始记录未记录在实验报告,扣 5 分 3. 非正规修改记录,扣 1 分/处 4. 原始记录空项,扣 1 分/处		
7	数据处理	10	1. 计算错误,扣 5 分(不重复扣分) 2. 数据中有效数字位数修约错误,扣 1 分/处 3. 有计算过程,未给出最终结果,扣 5 分		
8	结束工作	5	1. 实训结束仪器未清洗或清洗不洁,扣 5 分 2. 实训结束仪器摆放不整齐,扣 2 分 3. 实训结束仪器未关闭,扣 5 分		
9	重大失误	0	1. 原始数据未经认可擅自涂改,计 0 分 2. 编造数据,计 0 分 3. 损坏分光光度计,根据实际损坏情况赔偿		

思考与交流

1. 简述原子吸收分光光度计的基本原理。

2. 原子吸收分光光度分析为何要有待测元素的空心阴极灯做光源?能否用氢灯或钨灯代替?为什么?

知识拓展

我国原子光谱分析技术的发展

我国的原子光谱分析技术最早发展的是原子发射光谱法,被广泛应用于地质部门。20世纪 50 年代初我国地质矿产部就开始着手筹建光谱实验室,培训分析人员,大力推广原子发射光谱分析技术,50 年代后期研制出具有自动控制功能的粉末撒样专用装置,60 年代末期又独立研发吹样光谱分析技术,建立了第一批光谱定量分析方法,至此,已实现用电弧光谱粉末法分析几十种元素。70 年代,我国开始对 ICP 光源进行研究开发,直至 80 年代,国内对 ICP-AES 的研究,多限于摄谱法,90 年代国内 ICP 分析技术得到迅速发展,提出了微波等离子体炬(MPT)的新型光源,提高了发光稳定性。

进入 21 世纪,我国在原子光谱分析方法及仪器的研发及应用,如辉光放电光谱(GDS)、激光光谱(LIBS)、中阶梯光栅棱镜双色散-CTD 光谱分析技术等方面飞速发展。21 世纪初,由王海舟等自主开发的单次火花放电光谱高速采集技术和光谱数字解析技术、无预燃连续激发同步扫描定位技术等,开创了火花放电发射光谱金属原位分析的新方法,首次采用统计解析的方法定量表征金属材料的偏析度、疏松度、夹杂物分布等指标。2002 年北京纳克分析仪器有限公司研制成功世界第一台金属原位分析仪,使 AES 仪器由单一的成分分析仪器发展成为能同时得到金属材料中较大范围内成分、状态分布及结构的定量统计信息的多功能仪器。同时,我国的蒸气发生原子荧光光谱商品仪器的研发生产与应用技术一直居于国际领先地位。原子吸收光谱仪器以及火花源/电弧直读光谱仪器的制造水平及其商品化程度已达到国际同类型仪器的相同水平,个别类型仪器具有独创性,原子吸收和原子荧光光谱仪器在小型化方面处于世界领先地位。

项目小结

1. 名词解释：原子吸收光谱法、基态原子、激发态、共振吸收线、灵敏线、吸收线半宽度、谱线自然宽度、热变宽、压力变宽、积分吸收、峰值吸收、锐线光源、中心频率、火焰原子化法、雾化效率、非火焰原子化法、光谱通带宽度、原子化效率、中性火焰、富燃火焰、贫燃火焰、物理干扰、化学干扰、电离干扰、光谱干扰。

2. 基本理论：原子吸收光谱的产生、原子吸收光谱谱线变宽的因素、积分吸收原理、峰值吸收原理、原子吸收法定量的依据、定量分析的方法（标准曲线法、标准加入法、内标法）。

3. 仪器设备：原子吸收光谱仪的基本组成（空心阴极灯、火焰原子化器、无火焰原子化器、分光系统、检测系统）、结构、特点。

4. 实验技术

（1）测量条件：分析线的选择、光谱通带宽度的选择、空心阴极灯电流的选择、火焰原子化条件（火焰种类、燃烧器高度）的选择、石墨炉原子化条件（载气、冷却水、原子化温度和时间）的选择。

（2）原子吸收法测定干扰（物理干扰、化学干扰、电离干扰、光谱干扰）的影响及消除方法。

练一练测一测

一、选择题

1. 采用调制的空心阴极灯主要是为了（　　）。
   A. 延长灯寿命
   B. 克服火焰中的干扰谱线
   C. 防止光源谱线变宽
   D. 扣除背景吸收

2. 原子吸收测定时，调节燃烧器高度的目的是（　　）。
   A. 控制燃烧速度
   B. 增加燃气和助燃气预混时间
   C. 提高试样雾化效率
   D. 选择合适的吸收区域

3. 在原子吸收光谱分析中，若成分较复杂且被测组分含量较低，定量分析最好选择（　　）。
   A. 工作曲线法
   B. 内标法
   C. 标准加入法
   D. 间接测定法

4. 在原子吸收分析中，如灯中有连续背景发射，宜采用（　　）。
   A. 减小狭缝
   B. 用纯度较高的单元素灯
   C. 另选测定波长
   D. 用化学方法分离

5. 为了消除火焰原子化器中待测元素发射光谱的干扰应采用（　　）。
   A. 直流放大
   B. 交流放大
   C. 扣除背景
   D. 减小灯电流

6. 由原子无规则热运动所产生的谱线变宽称为（　　）。
   A. 自然变宽
   B. 斯塔克变宽
   C. 劳仑兹变宽
   D. 多普勒变宽

7. 已知原子吸收光谱仪狭缝宽度为 0.5mm 时，光谱通带为 1.3nm，所以该仪器单色器的倒线色散率为（　　）。
   A. 2.6nm/mm
   B. 0.38nm/mm
   C. 26nm/mm
   D. 3.8nm/mm

8. 原子吸收定量中的标准加入法，可以消除的干扰形式是（　　　）。

A. 分子吸收
B. 背景吸收
C. 光散射
D. 基体效应

9. 在原子吸收分析中，由于火焰发射背景信号很强，而采取的措施不适当的是（　　　）。

A. 减小光谱通带
B. 改变燃烧器高度
C. 加入有机试剂
D. 使用高功率的光源

10. 在原子吸收分析的理论中，用峰值吸收代替积分吸收的基本条件之一是（　　　）。

A. 光源发射线的半宽度要比吸收线的半宽度小得多
B. 光源发射线的半宽度要与吸收线的半宽度相当
C. 吸收线的半宽度要比光源发射线的半宽度小得多
D. 单色器能分辨出发射谱线，即单色器必须有很高的分辨率

二、填空题

1. 火焰原子吸收法与分光光度法，其共同点都是利用_____原理进行分析的方法，但二者有本质区别，前者是_____，后者是_____，所用的光源，前者是_____，后者是_____。

2. 原子吸收法测定钙时，为了抑制 PO_4^{3-} 的干扰，常加入的释放剂为_____；测定镁时，为了抑制 Al^{3+} 的干扰，常加入的释放剂为_____；测定钙和镁时，为了抑制 Al^{3+} 的干扰，常加入保护剂_____或_____。

3. 在原子吸收分析中，由于分子吸收、光散射作用及基体效应等会造成背景影响，可用的扣除背景的方法有：_____、_____、_____、_____。

4. 在原子吸收法中，_____的火焰称为富燃火焰，_____的火焰称为贫燃火焰。其中_____火焰具有较强的还原性，_____火焰具有较强的氧化性。

5. 原子吸收法测量时，要求发射线与吸收线的_____一致，且发射线与吸收线相比，_____要窄得多。产生这种发射线的光源，通常是_____。

三、计算题

1. 测定水样中 Mg 的含量，移取水样 20.00mL，置于 50mL 容量瓶中，加入 HCl 溶液酸化后，稀至刻度，选择原子吸收光谱法最佳条件，测得其吸光度为 0.200，若另取 20.00mL 水样于 50mL 容量瓶中，再加入含 Mg 为 2.00μg/mL 的标准溶液 1.00mL，并用 HCl 溶液酸化后，稀释至刻度。在同样条件下，测得吸光度为 0.225，试求水样中含镁量（mg/L）。

2. 一台原子吸收光谱仪单色器的色散率（倒线色散率）是 1.5nm/mm，若出射狭缝宽度为 20μm，问理论光谱通带是多少？波长 407.10nm 和 401.60nm 两条谱线在记录图上的距离是 10mm，半宽度是 7mm，问单色器的实际通带是多少？

3. 当用火焰原子吸收测定浓度为 10μg/mL 的某元素的标准溶液时，光强减弱了 20%，若在同样条件下测定浓度为 50μg/mL 的溶液时，光强将减弱多少？

项目五
电位分析法的应用

 项目引导

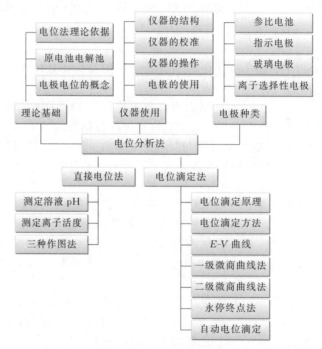

　　应用电化学的基本原理和实验技术，利用物质的电学或电化学性质来进行分析的方法称为电化学分析法。通常是使待分析的试样溶液构成一个化学电池（原电池或电解池），通过测量所组成电池的某些物理量（与待测物质有定量关系）来确定物质的量。它是以电导、电位、电流和电量等电参量与被测物之间的关系为计量的基础的。

任务一　认识电位分析法

⚡ 任务要求

　　1. 理解电位分析法的概念、特点。

2. 了解电位分析法的分类、应用。

3. 理解电位分析法的工作原理。

一、电位分析法的概念、应用

1. 电位分析法的概念

依据物质电化学性质来测定物质组成及含量的分析方法称为电化学分析或电分析化学。它通常是使待分析的试样溶液构成一化学电池（原电池或电解池），然后根据所组成电池的某些电物理量（如两电极间的电位差，通过电解池的电流或电量，电解质溶液的电阻等）与其化学量之间的内在联系来进行测定。电分析方法的电化学仪器装置较为简单、操作方便，尤其适合于化工生产中的自动控制和在线分析。

2. 电位分析法的应用

电位分析法适用面广，由于测定过程中得到的是电信号，因而易于实现自动化、连续化和遥控测定，尤其适用于生产过程的在线分析。目前常用于传统电化学分析、无机离子的分析、有机电化学分析、药物分析等。

二、电位分析法的分类、特点

1. 分类

根据分析原理不同，可分为以下两类：

① 直接电位法：以活度（浓度）与电学参数的直接函数关系为基础的方法。

② 电位滴定法：以电学参数的变化指示滴定终点的滴定分析方法。

2. 特点

① 直接电位法是通过测量化学电池的电动势，再通过指示电极的电极电位与溶液中被测离子活（浓）度的关系，求得被测组分含量的方法，具有简单、快速、灵敏、应用广泛的特点。

② 电位滴定法是通过测量滴定过程中电池电动势的变化来确定滴定终点的分析方法，因为其终点的判断不是由观察指示剂颜色变化来确定，所以具有分析结果准确度高、容易实现自动化控制的特点。

三、电位分析法的理论依据

电位分析法的理论依据是能斯特方程，对于氧化还原体系有：

$$Ox + ne^- \longrightarrow Red$$

$$\varphi = \varphi_{Ox/Red}^{\ominus} + \frac{RT}{nF} \ln \frac{a_{Ox}}{a_{Red}}$$

式中 $\varphi_{Ox/Red}^{\ominus}$——标准电极电位，V；

R——气体常数，8.3145J/（mol·K）；

T——热力学温度，K；

n——电极反应中转移电子数；

F——法拉第常数，96486.7C/mol；

a——活度，mol/L。

$a = \gamma c$ 表示实际溶液和理想溶液之间偏差大小。对于强电解质溶液，当溶液的浓度极稀时，离子之间的距离大，以致离子之间的相互作用力可以忽略不计，活度系数就可以视为

1，即 $a = c$。

将某金属片 M 浸入该金属离子 M^{n+} 的水溶液，相界面处产生扩散双电层。电极电位-金属离子活度的关系：对于金属电极，还原态是纯金属，其活度是常数，定为 1，则上式可写作：

$$\varphi = \varphi_{M^{n+}/M}^{\ominus} + \frac{RT}{nF} \ln a_{M^{n+}}$$

25℃时，将常数代入上式后，有：

$$\varphi = \varphi_{M^{n+}/M}^{\ominus} + \frac{0.0592}{n} \ln a_{M^{n+}}$$

可见，测定了电极电位，就可确定离子的活度，这就是电位分析法的依据。

四、电位分析法中某些术语与概念

无论是哪种电化学方法，总是将待测溶液作为化学电池的一个部分进行分析的。因此，化学电池的理论也就是电化学分析的理论基础，是学习电化学分析必须具备的基础知识。

1. 化学电池与原电池

（1）原电池

① 组成。将化学能转变为电能的装置。以铜银原电池为例，其组成如图 5-1 所示。它是由一块 Ag 浸入 $AgNO_3$ 溶液中；一块 Cu 浸入 $CuSO_4$ 溶液中；$AgNO_3$ 溶液与 $CuSO_4$ 溶液之间用盐桥隔开。这种电池存在着液体与液体的接界面，故称为有液接电池。

若用导线将 Cu 极与 Ag 极接通，则有电流由 Ag 极流向 Cu 极（电子流动方向相反），发生化学能转变成电能的过程，形成自发电池。

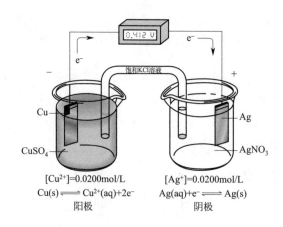

图 5-1　原电池示意图

Cu 极：　　　　　　　　　　$Cu \longrightarrow Cu^{2+} + 2e^-$　　　（电子由外电路流向 Ag 极）

Ag 极：　　　　　　$Ag^+ + e^- \longrightarrow Ag$

电池反应：　　　　$Cu + 2Ag^+ \longrightarrow 2Ag + Cu^{2+}$　　（反应自发进行）

为了维持溶液中各部分保持电中性，盐桥中 Cl^- 移向左，K^+ 移向右。

② 阳极、阴极、正极、负极。任何电极都有两个电极。电化学上规定：凡发生氧化反应的电极称为阳极，凡发生还原反应的电极称为阴极；外电路电子流出的电极为负极，电子流入的电极为正极。如上述电极，Cu 极为负极（阳极）。也可以通过比较两个电极的实际电位区分正负极（电位较高的为正极）。

③ 电池的表示方法。

（阳极）$Cu \mid CuSO_4(0.02mol/L) \parallel AgNO_3(0.02mol/L) \mid Ag$（阴极）

电动势：
$$E_{电池} = E_右 - E_左$$

（2）电解池　将电能转变为化学能的装置（图5-2）。

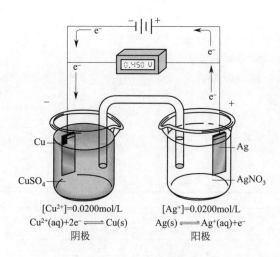

图5-2　电解池示意图

组成与原电池相似，但电解池必须有一个外电源。如上述电池，当用一外电源，反极接在它的两极上。如果外电源的电压略大于该原电池的电动势，则：

Cu极：
$$Cu^{2+} + 2e^- \longrightarrow Cu$$

Ag极：
$$Ag - e^- \longrightarrow Ag^+$$

电池反应：
$$2Ag + Cu^{2+} \longrightarrow Cu + 2Ag^+ \quad （反应不能自发进行）$$

必须外加能量，即电解才能进行。

（阳极）$AgNO_3(0.02mol/L) \mid Ag \parallel Cu \mid CuSO_4(0.02mol/L)$（阴极）

电动势定义为负值。

化学电池在电化学分析中是很有用的，就原电池而言，如果知道一个电极的电位，又能测得原电池的电动势，则可计算出另一电极的电位，这就是电化学分析中用以测量电极电位的方法，如电位分析法。对电解池而言，电化学分析方法中，有许多都是利用和研究电解池的性质而建立起来的分析方法。如电解分析法、库仑分析法、伏安法等。

2. 电极电位及电动势测量

① 电极电位：金属电极与溶液接触的界面之间的电势差。

② 电动势测定：测定时，规定以标准氢电极作负极与待测电极组成电池，即

（−）标准氢电极 SHE ∥ 待测电极（＋）

测得此电池的电动势，就是待测电池的电位。若测得的电池电动势为正值，即待测电极的电位较 SHE 高；若测得的电池电动势为负值，即待测电极的电位较 SHE 低。

💡 思考与交流

1. 电位分析法如何分类？

2. 电位分析法主要应用是什么？

3. 盐桥的作用是什么？

任务二　认识电极

任务要求

1. 了解指示电极和参比电极的特点。
2. 了解玻璃电极的工作原理。
3. 了解离子选择性电极的分类。

一、电极的分类

根据组成体系和作用机理，可分成五类；而根据电极所起的作用分，可分为两类，如表5-1所示：

表 5-1　电极的分类

分类方法		类型	定义	备注
电极的分类	按组成及机理	第一类电极	金属/金属离子	
		第二类电极	金属/难溶盐或配位离子	
		第三类电极	金属/两种共同阴离子的难溶盐或配位离子	
		零类电极	惰性材料电极(指示气体或均相反应)	
		膜电极	有敏感膜且能产生膜电位	离子选择性电极
	按作用	参比电极	电极电位不随测定溶液和浓度变化而变化的电极。作为基准，以显示指示电极电位的变化。例如测定溶液 pH 时，用甘汞电极作为参比电极	标准氢电极、饱和甘汞电极、银-氯化银电极
		指示电极	电极电位随测量溶液和浓度不同而变化的电极，可用于指示溶液中离子活度的变化。例如测定溶液 pH 时用玻璃电极作为指示电极,玻璃电极的膜电位与溶液 pH 成线性关系,可指示溶液酸度变化。	第五类电极

由于电位法测定的是一个原电池的平衡电动势值，而电池的电动势与组成电池的两个电极的电极电位密切相关，所以我们一般将电极电位与被测离子活度变化相关的电极称为指示电极或工作电极，而将在测定过程中其电极电位保持恒定不变的另一支电极叫参比电极。

码 5-1　饱和甘汞电极

1. 参比电极

参比电极是测量电池电动势，计算电极电位的基准，因此要求它的电极电位已知且恒定，在测量过程中，即使有微小电流（约 10^{-8} A 或更小）通过，仍能保持不变，它与不同的测试溶液间的液体接界电位差异很小，数值很低（$1 \sim 2 mV$），可以忽略不计，并且容易制作，使用寿命长。

标准氢电极（SHE）是最精确的参比电极，是参比电极的一级标准，它的电位值规定在任何温度下都是 0V。

实际工作中常用的参比电极是甘汞电极和银-氯化银电极。见表 5-2。

表 5-2　常用参比电极的性质

标准氢电极(SHE)	Pt/H_2(101325Pa),H^+($a=1mol/L$)基准(一级标准) 在任何温度下,标准氢电极的电极电位为0V,其他电极的电位为以氢电极为标准的相对值

续表

甘汞电极 （NCE → 饱和 SCE）	电极反应：$Hg_2Cl_2 + 2e^- \longrightarrow 2Hg + 2Cl^-$ 半电池符号：$Hg, Hg_2Cl_2(固)\|KCl$ $\varphi_{Hg_2Cl_2/Hg} = \varphi^{\ominus}_{Hg_2Cl_2/Hg} - 0.059\lg a_{Cl^-}$ 电极内溶液的 Cl^- 活度一定，甘汞电极电位固定。随 $T\uparrow$，而 $\downarrow$
银-氯化银电极	银丝镀上一层 AgCl 沉淀，浸入一定浓度的 KCl 溶液中即构成了银-氯化银电极。 电极反应：$AgCl + e^- \longrightarrow Ag + Cl^-$ 半电池符号：$Ag, AgCl(固)\|KCl$ 电极电位（25℃）：$\varphi_{AgCl/Ag} = \varphi^{\ominus}_{AgCl/Ag} - 0.059\lg a_{Cl^-}$

2. 指示电极

第一类电极：金属-金属离子电极，电极电位为：

$$\varphi = \varphi^{\ominus}_{M^{n+}/M} + \frac{RT}{nF}\ln a_{M^{n+}}$$

第二类电极：金属-金属难溶盐电极，例如，Ag-AgCl 电极，电极电位为：

$$\varphi_{AgCl/Ag} = \varphi^{\ominus}_{AgCl/Ag} - 0.059\lg a_{Cl^-}$$

第三类电极：惰性金属电极，例如

$$CaC_2O_4, Ag_2C_2O_4, Ca^{2+}\,|\,Ag\text{ 电极体系}$$

电极电位为：

$$\varphi_{Ag^+/Ag} = \varphi^{\ominus}_{Ag^+/Ag} + 0.0295\lg a_{Ca^{2+}}$$

该类电极不参与反应，但其自由电子可与溶液进行交换。

3. 膜电极

膜电极由选择性的敏感膜、内参比溶液、电极、导线等（敏感元件：单晶、混晶、高分子功能膜及生物膜等）组成。膜电极仅对溶液中特定离子有选择性响应（离子选择性电极）。将膜电极和参比电极一起插到被测溶液中，则电池结构为：

外参比电极 | 被测溶液（a_i 未知）‖ 内充溶液（a_i 一定）| 内参比电极内外参比电极的电位值固定，且内充溶液中离子的活度也一定，则电池电动势为：

$$E = E' \pm \frac{RT}{nF}\ln a_i$$

二、离子选择性电极的种类和结构

离子选择性电极是通过电极上的薄膜对各种离子有选择性地电位响应而作为指示电极的。它与上述金属基电极的区别在于电极的薄膜并不给出或得到电子，而是选择性地让一些离子渗透，同时也包含着离子交换过程。

离子选择性电极的种类如图 5-3 所示。

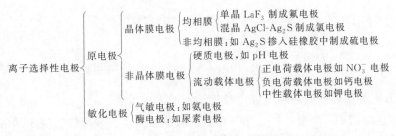

图 5-3　离子选择性电极的种类

（1）晶体膜电极　例如，氟离子选择性电极。

① 结构。主要由敏感膜、内参比电极、内参比溶液等组成。

敏感膜：（氟化镧单晶）掺有 EuF_3 的 LaF_3 单晶切片。

内参比电极：Ag-AgCl 电极（管内）。

内参比溶液：0.1mol/L 的 NaCl 和 0.10mol/L 的 NaF 混合溶液（F^- 用来控制膜内表面的电位，Cl^- 用以固定内参比电极的电位）。

码 5-2　氟电极的结构

② 膜电位。当氟电极插入到 F^- 溶液中时，F^- 在晶体膜表面进行交换。25℃时：

$$\varphi_{膜} = K - 0.059 \lg a_{F^-}$$

与饱和甘汞电极组成原电池，电池的电动势为：

$$E = \varphi_{参比} - \varphi_{膜} = K' + 0.059 \lg a_{F^-}$$

③ 使用注意事项。在 pH 值为 5～7 使用，pH 值高时，溶液中的 OH^- 与氟化镧晶体膜中的 F^- 交换，pH 值较低时，溶液中的 F^- 生成 HF 或 HF_2^-，对与 F^- 配合的阳离子有干扰，可通过加配合掩蔽剂（如柠檬酸钠、EDTA）消除其干扰。

（2）非晶体膜电极（玻璃电极）　玻璃膜的组成不同可制成对不同阳离子响应的玻璃电极，包括 pH 敏感膜、内参比电极（AgCl/Ag）、内参比液、带屏蔽的导线，玻璃电极的核心部分是玻璃敏感膜。玻璃电极使用前，必须在水溶液中浸泡。

① 结构。由内参比溶液（0.1mol/L HCl 溶液）、内参比电极（饱和甘汞电极）、敏感膜、电极杆、导线等组成。

② 原理。pH 玻璃膜电极的玻璃膜（膜结构中 Si 与 O 构成的骨架带负电，而抗衡离子为 Na^+）使用前在水中浸泡，膜外表面形成一层很薄的溶胀水合硅胶层，水合硅胶层中 Na^+ 被 H^+ 所交换（硅酸结构与 H^+ 的结合能力远大于 Na^+）；膜内表面与内部溶液同样发生这样的交换，进而形成内水合硅胶层、干玻璃层、外水合硅胶层的三层结构。水化层与干玻璃层间因 Na^+ 与 H^+ 发生离子交换而产生相界电位。

码 5-3　膜电位的形成

当玻璃膜插入待测溶液中时，外水合硅胶层表面的 H^+ 与溶液中的 H^+ 随活度不同而发生对应迁移。当内部溶液与外部溶液 H^+ 的活度不同时，膜内外的固-液界面上由于相界电位不同而使跨膜两侧产生一定的电位差，即膜电位。玻璃电极膜电位的形成如图 5-4。

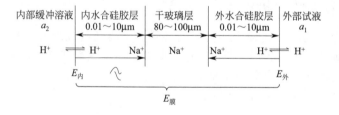

图 5-4　玻璃电极膜电位的形成

$$\varphi_{内} = K_1 + 0.059 \lg \frac{a_2}{a'_2}, \quad \varphi_{外} = K_2 + 0.059 \lg \frac{a_1}{a'_1}$$

a_1、a_2 分别表示外部试液和电极内参比溶液的 H^+ 活度；a'_1、a'_2 分别表示玻璃膜外、内水合硅胶层表面的 H^+ 活度；K_1、K_2 则是由玻璃膜外、内表面性质决定的常数。

由于玻璃膜内、外表面的性质基本相同，则 $K_1 = K_2$，$a'_1 = a'_2$。

$$E = \varphi_{外} - \varphi_{内} = 0.059\lg\frac{a_1}{a_2}$$

由于内参比溶液中的 H^+ 活度 a_2 是固定的，则：

$$E = K' + 0.059\lg a_1 = K' - 0.059pH_{试液}$$

③ 优缺点。

a. 高选择性：膜电位的产生不是电子的得失。其他离子不能进入晶格产生交换。

b. 优点：不受溶液中氧化剂、还原剂、颜色及沉淀的影响，不易中毒。

c. 缺点：电极内阻很高，电阻随温度变化而变化。

（3）活动载体电极（液膜电极）　此类电极是用浸有某种液体离子交换剂的惰性多孔膜作电极膜制成的。以钙离子选择性电极为例来说明。

① 结构。内装溶液：

a. 内参比溶液：0.1mol/L 的 $CaCl_2$ 水溶液。

b. 载体：如 0.1mol/L 二癸基磷酸钙（液体离子交换剂）的苯基磷酸二辛酯溶液液膜（内外管之间），其极易扩散进入微孔膜，但不溶于水，故不能进入试液溶液。

电极膜：如纤维素渗析膜（憎水性多孔膜，仅起支持离子交换剂液体形成薄膜的作用），膜材料还可以是多孔玻璃、聚氯乙烯、聚四氟乙烯等。

② 原理。当电极浸入待测试液中时，在膜的两面发生如下离子交换反应：

$$[(RO)_2PO_2]_2 - Ca^{2+} \longrightarrow 2(RO)_2PO_2^- + Ca^{2+}$$
$$（有机相）\qquad\qquad （有机相）\qquad （水相）$$

Ca^{2+} 可以在液膜-试液两相界面间进行扩散，会破坏两相界面附近电荷分布的均匀性，在两相之间产生相界电位。

③ 性能。钙电极适宜的 pH 范围是 $5\sim11$，可测出 $10^{-5}mol/L$ 的 Ca^{2+}。

④ 载体。包括带正电荷的载体、带负电荷的载体、中性的载体。

（4）气敏电极　气敏电极是基于界面化学反应的敏化电极。

① 结构。它是将离子选择性电极 ISE（指示电极）与气体透气膜结合起来而组成的覆膜电极。将离子选择性电极与参比电极组装在一起，管的底部紧靠选择性电极敏感膜，装有的透气膜（使电解质与外部试液隔开）为憎水性多孔膜，可以是多孔玻璃、聚氯乙烯、聚四氟乙烯等。管中盛有电解质溶液（中介溶液），它是将响应气体与 ISE 联系起来的物质。

② 原理。以气敏氨电极为例。

指示电极：pH 玻璃电极；

参比电极：AgCl/Ag；

介质溶液：0.1mol/L 的 NH_4Cl。

当电极浸入待测试液时，试液中 NH_3 通过透气膜，并发生如下反应：

$$NH_3 + H_2O \longrightarrow NH_4^+ + OH^-$$

被 pH 玻璃电极响应。

（5）酶电极　酶电极也是一种基于界面反应的敏化离子电极。此处的界面反应是酶催化的反应。

① 结构。酶电极是将 ISE 与某种特异性酶结合起来构成的。也就是在 ISE 的敏感膜上覆盖一层固定化的酶而构成覆膜电极。

② 原理。酶是具有生物活性的催化剂，酶的催化反应选择性强，催化效率高，而且大多数酶催化反应可在常温下进行。酶电极就是利用酶的催化活性，将某些复杂化合物分解为

简单化合物或离子的，而这些简单化合物或离子，可以被 ISE 测出，从而间接测定这些化合物。

三、离子选择性电极的特性

1. 响应时间

响应时间是 ISE 的一个重要性能指标。其定义是：从离子选择性电极和参比电极一起接触溶液的瞬间算起，直到电动势达稳定数值（变化≤1mV）所需要的时间。一般情况下搅拌越快，响应时间越短；溶液越稀，响应时间越长。当试液中的共存离子为非干扰离子时，它们的存在会缩短响应时间，反之会使响应时间延长。电极的敏感膜越薄，响应时间越短；电极的敏感膜越光洁，响应时间越短。

2. 温度和酸度

使用电极时，温度的变化不仅影响测定的电位值，还会影响电极正常的响应性能。各类选择性电极都有一定的温度使用范围，在整个测量过程中应保持温度恒定。一般测量仪器上都有温度补偿器来进行调节。

酸度是影响测量的重要因素之一，一般测定时，要加缓冲溶液控制溶液的 pH 范围。

3. 线性范围及检测下限

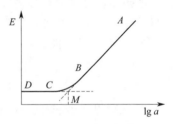

图 5-5　离子选择性
电极的线性范围

离子选择性电极与待测离子活度的对数值只在一定的范围内成线性关系，则称作线性范围。如图 5-5，AB 段对应的为检测离子的为活度（或浓度）范围。

图中 AB 与 CD 延长线的交点 M 所对应的测定离子的活度（或浓度）称为检测下限。此位置附近，电极电位不稳定，测量结果的重现性和准确度较差。

4. 斜率

AB 段的斜率：即活度相差一个数量级时，电位改变的数值用 S 表示。

理论上 $S = 2.303 \times \dfrac{RT}{nF}$，在一定温度下 S 为常数。比如在 25℃ 时，一价离子 $S = 0.0592\text{V}$，二价离子 $S = 0.0296\text{V}$。离子电荷数越大，级差越小，测定灵敏度也越低，因此，电位法多用于低价离子测定。

5. 稳定性

在一定时间内，电极在同一溶液中的响应值变化，也称为响应值的漂移。电极表面的污垢、物质性质的变化、电极密封不良、胶黏剂选择不当或内部导线接触不良等都会导致电位不稳定。对于稳定性差的电极需要在测定前后对响应值进行校正。

四、离子选择性电极的选择性

理想的离子选择性电极都是只对特定的一种离子产生电位响应，其他的共存离子不干扰，而实际上干扰或多或少都会存在，并产生不同程度的响应。可以用选择性系数来表征，其意义为：在相同的测定条件下，待测离子和干扰离子产生相同电位时待测离子的活度 a_i 与干扰离子活度 a_j 的比值：

$$K_{i,j} = \frac{a_i}{a_j^{n_i/n_j}}$$

式中，i 为待测离子；j 为干扰离子；n_i 和 n_j 分别为 i 离子和 j 离子的电荷。

通常 $K_{i,j} \ll 1$，$K_{i,j}$ 值越小，说明 j 离子对 i 离子的干扰越小，亦即此电极对待测离子的选择性越好。

五、测定离子浓度的条件

离子选择性电极直接响应的是离子的活度，而并非浓度。因此，离子选择性电极测定溶液中被测离子浓度的条件是：在使用标准溶液校正电极和用此电极测定试液这两个步骤中，必须保持溶液中离子活度系数不变。

由于活度系数是离子强度的函数，因此也就要求保持溶液的离子强度不变。常用的方法是：在试液和标准溶液中加入相同量的惰性电解质，称为离子强度调节剂。实验中通常将离子强度调节剂、pH 缓冲溶液和消除干扰的掩蔽剂等试剂混合在一起添加。这种混合溶液叫做总离子强度调节缓冲溶液，即"TISAB"。

思考与交流

1. 电极的分类？
2. 玻璃电极的膜电位如何形成？
3. 离子选择性电极的特性？
4. 离子选择性电极的选择性？

任务三　了解直接电位法分析技术

任务要求

1. 了解直接电位法的特点和应用。
2. 了解直接电位法测定 pH 和离子活度的方法。

一、直接电位法的特点与应用

直接电位法是选择合适的指示电极与参比电极，浸入试液中，组成电池体系。用高输入阻抗测试仪表，在通过电路中的电流接近于零的条件下测量指示电极的平衡电位，从而求得待测离子的浓度或活度。如用玻璃电极测定溶液中的氢离子活度，用氟离子选择性电极测定溶液中的氟离子活度等。其测量装置如图 5-6 所示。

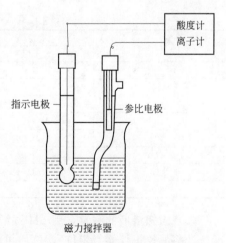

图 5-6　直接电位法测量装置

直接电位法具有简便、快速、灵敏、应用广泛的特点，可以直接根据指示电极的电位与被测物质浓度的关系来进行分析。该法用于环境监测、生化分析、医学临床检验及工业生产流程中的自动在线分析等，适用的浓度范围宽，能测定许多阴、阳离子以及有机离子、生物物质，特别是其他方法难以测定的碱金属离子和一价阴离子，并能用于气体分析。

目前应用最多的是 pH 的电位测定和离子选择性电极法测定溶液中的离子活度。

二、直接电位法测定溶液 pH

1. 原理

测定溶液的 pH，通常以玻璃电极为指示电极（负极），饱和甘汞电极为参比电极（正极），组成原电池，用精密毫伏计测量电池的电动势，工作电池表示如下：

$$\underbrace{Ag,AgCl,0.1mol/LHCl|玻璃膜|试液}_{玻璃电极} \parallel \underbrace{KCl(饱和)|Hg_2Cl_2,Hg}_{SCE}$$

电池电动势为：

$$E=K'+\frac{2.303RT}{F}pH$$

25℃时，

$$E=K'+0.059pH$$

可见，溶液 pH 的工作电池的电动势与试液的 pH 成线性关系，据此可以进行溶液 pH 的测量。

2. 仪器及设备

酸度计 1 台；玻璃电极和饱和的甘汞电极各 1 支；塑料烧杯（50mL）4 只；标准缓冲溶液甲（邻苯二甲酸氢钾）；标准缓冲溶液乙（磷酸二氢钾）；标准缓冲溶液丙（硼酸钠）。

3. 步骤

（1）电极外观的检查

① 玻璃电极应无裂纹，内参比电极应浸入内参比溶液中。

② 甘汞电极内的饱和 KCl 溶液应浸没内部小玻璃管的下口，并有少许 KCl 晶体，且在弯管内不应有气泡。KCl 溶液应能缓缓从下端陶瓷芯的毛细孔渗出。检查的方法：先将陶瓷芯外擦干，然后将滤纸贴在陶瓷芯下端，如有溶液渗出，滤纸上会有湿印，证明毛细管未堵塞。

（2）酸度计的校正　根据所用仪器型号，安装、清洗电极。用标准缓冲溶液乙定位后，测量缓冲溶液甲的 pH 值。重复测定三次，求平均值，记为 $pH_测$。从表 5-3 中查出溶液甲的标准值，计算仪器示值准确性的误差（$=pH_测-pH_标$），该误差不应超过所用仪器的最小分度值。

实验中所配制的标准缓冲溶液的 pH 值随温度不同而稍有差异，参见表 5-3。

表 5-3　标准缓冲溶液 pH 表

温度/℃	标准缓冲溶液		
	甲	乙	丙
0	4.01	6.98	9.46
5	4.01	6.95	9.39
10	4.00	6.92	9.33
15	4.00	6.90	9.27
20	4.00	6.88	9.22
25	4.01	6.86	9.18
30	4.01	6.85	9.14
35	4.02	6.84	9.10

（3）未知溶液的测定　用 pH 试纸粗略测定未知液的 pH 值，选择 pH 值与之相近的标准缓冲溶液校正仪器（定位），然后再测量未知溶液的 pH 值。

4. 测量注意事项

① 玻璃电极的使用范围：pH＝1～9（不可在有酸差或碱差的范围内测定）。

② 标液 pH_s 应与待测液 pH_x 接近：$\Delta pH \leqslant \pm 3$。

③ 标液与待测液测定温度应相同（以温度补偿钮调节）。

④ 电极浸入溶液需足够的平衡稳定时间。

⑤ 测准 $\pm 0.02 pH$ 时，a_{H^+} 相对误差为 4.5%。

5. 操作

（1）开机　接通酸度计电源，预热仪器 30min。

（2）校准

① 将电极浸入邻苯二甲酸氢钾标准缓冲溶液（pH=4.00）中。

② 将 "pH-mV" 开关转至 pH 挡。

③ 将 "量程选择" 开关转至 "7～0"。

④ 调节 "零点调节器"，使电表指针恰好在 pH=7 处。

⑤ 按下 "读数" 开关并略微转动，可使 "读数" 开关处在按下位置不动。再调节 "定位调节器"，使电表上的读数与温室下标准缓冲液的 pH 值一致。

⑥ 将读数开关反方向转动使其抬起，电表指针应恢复至 pH=7 的位置。若有变动，应调 "零点调节器"，使指针指在 pH=7 处，再重新 "定位"。

⑦ 校正完毕，将 "读数" 开关抬起，移去标准缓冲溶液，用蒸馏水洗涤电极并用吸水纸轻轻将附在电极上的水吸尽。

（3）测量　取一洁净的烧杯，用待测液荡洗 3 次后，倒入一定量的溶液，将电极插入被测溶液中，轻摇烧杯以促使电极平衡，待数字显示稳定后读取并记录被测试液的 pH 值。平均测定两次，并记录。

三、直接电位法测定离子活度

1. 基本原理

利用离子选择性电极进行电位分析时，根据能斯特公式，离子选择性电极所响应的是离子活度，而通常在分析时要求测定的是浓度。如果能控制标准溶液和试液的总离子强度一致，那么试液和标准溶液中的被测离子的活度系数就相同，根据能斯特公式：

$$E = K + \frac{RT}{nF} \ln a_i$$

$$a_i = \gamma_i c_i$$

若保持 γ_i 不变，则：

$$E = K + \frac{RT}{nF} \ln c_i$$

为保持定量分析中各试液的离子强度一致，通常可加入总离子强度调节缓冲剂（TISAB）。TISAB 一般由中性电解质、掩蔽剂、缓冲溶液组成。TISAB 的作用：①保持较大且相对稳定的离子强度，使活度系数恒定；②维持溶液在适宜的 pH 范围内，满足离子电极的要求；③掩蔽干扰离子。工作电池的电动势在一定实验条件下与待测离子的活度的对数值呈直线关系。因此通过测量电动势可测定待测离子的活度。

2. 直接电位法测定离子活度的影响因素

（1）温度　测定过程应保持温度恒定，提高测定准确度。

（2）电动势的测量　直接电位法测定浓度结果的误差主要由电动势 E 的测量误差引起的。电动势测量误差 ΔE 与相对误差 $\Delta c/c$ 的关系可根据能斯特公式导出。若 E 测量误差为 $\pm 0.1 mV$ 时，测定一价离子的浓度相对误差为 $\pm 0.39\%$，二价离子为 $\pm 0.78\%$。故电位分析多用于测定低价离子。

（3）干扰离子　测定时干扰离子会带来误差，导致电极响应时间增加。若要消除干扰离子的作用，可加掩蔽剂，必要时进行预处理。

（4）溶液的 pH 值　测量时可加入缓冲溶液，维持一个恒定的 pH 范围。

（5）被测离子的浓度　离子选择性电极可以检测的线性范围一般为：$10^{-1} \sim 10^{-6}$ mol/L。检测下限主要取决于组成电极膜的活性物质，还与共存离子的干扰和 pH 等因素有关。

（6）迟滞效应　这是与电位响应时间有关的一个现象，即对同一活度值的离子溶液，测出的电位值与电极在测定前接触的溶液的成分有关。是直接电位分析法的重要误差来源之一。

3. 离子活度测定的方法

（1）标准曲线法　将离子选择性电极与参比电极插入一系列已知的标准溶液中，测出相应的电动势 E，然后以浓度 c 的对数（或负对数）为横坐标，以所测得的电动势 E 为纵坐标，绘制标准曲线。图 5-7 是 F^- 的标准曲线。

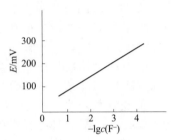

图 5-7　氟离子标准曲线示意图

用同样的方法测定试样溶液的电动势 E_x 值，即可从标准曲线上查出被测溶液的浓度的对数。

（2）标准加入法　设某一未知溶液待测离子强度为 c_x，其体积为 V_0，测得的电动势为 E_1，E_1 与 c_x 应符合如下：

$$E_1 = K' + \frac{2.303RT}{nF}\lg(\gamma_1 c_x)$$

向试液中准确加入一定体积 V_s（大约为 V_x 的 1/100）的用待测离子的纯物质配制的标准溶液，浓度为 c_s（约为 c_x 的 100 倍）。由于 $V_x \gg V_s$，可认为溶液体积基本不变。然后再测量其电动势 E_2，得：

$$E_2 = K + \frac{2.303RT}{nF}\lg(\gamma_2 c_x + \gamma_2 \Delta c)$$

可以认为 $\gamma_1 \approx \gamma_2$。则：$\Delta E = E_2 - E_1 = \dfrac{2.303RT}{nF}\lg\left(1 + \dfrac{\Delta c}{c_x}\right)$

令：$S = \dfrac{2.303RT}{nF}$，则：$\Delta E = S\lg\left(1 + \dfrac{\Delta c}{c_x}\right)$

$c_x = \Delta c\,(10^{\Delta E/S} - 1)^{-1}$

S 为电极的实际响应斜率，即活度相差一个数量级时，电极电位的改变值，25℃时为 $0.0592/n$。

（3）格式作图法　相当于多次标准加入法，于体积为 V_0、浓度为 c_x 的试样溶液中，加入体积 V_s、浓度 c_s 的待测离子标准溶液后，测得电动势为 E，与 c_x、c_s 应符合如下关系：

$$E = K + \frac{2.303RT}{nF}\lg\left(\frac{c_x V_0 + c_s V_s}{V_0 + V_s}\right)$$

将此式重排，得：

$$(V_0 + V_s)10^{\Delta E/S} = k(c_x V_0 + c_s V_s)$$

以 $(V_0 + V_s)\,10^{\Delta E/S}$ 为纵坐标，以 V_s 为横坐标作图，当 $(V_0 + V_s)\,10^{\Delta E/S} = 0$ 时，可以求出：

$$c_x = -\frac{c_s V_s}{V_0}$$

思考与交流

1. 直接电位法测溶液 pH 的原理？
2. 直接电位法测离子浓度的分析方法有哪些？
3. 影响直接电位法测量结果准确性的因素有哪些？

任务四　了解电位滴定法分析技术

任务要求

1. 了解电位滴定分析法的基本原理。
2. 了解电位滴定法终点的确定方法。

　　电位滴定法是利用滴定过程中电极电位的变化来确定滴定终点的分析方法。该法测量的是电池电动势的变化情况，它不以某一电动势的变化量作为定量参数，只根据电动势变化情况确定滴定终点，其定量参数是滴定剂的体积，而直接电位法是将测量得到的零电流条件下原电池的电动势作为定量参数，因此其测量值的准确与否直接影响定量分析结果，比较来说，电位滴定法中溶液组成的变化、温度的微小波动、电位测量的准确度等对测量影响较小，而这些因素在直接滴定法中不能忽略抵消。

码 5-4　电位
滴定过程

　　普通的化学滴定分析中，滴定终点的判断是根据指示剂颜色的变化来确定。

　　电位滴定法中，利用电池电动势的突跃来指示终点，可以用在浑浊、有色溶液以及找不到合适指示剂的滴定分析中。

　　电位滴定可以连续滴定和自动滴定。

一、电位滴定法的特点和应用

1. 特点

　　电位滴定的基本原理与普通容量分析相同，其区别在于确定终点的方法不同，因而具有下述特点：

　　① 准确度较电位法高，与普通容量分析一样，测定的相对误差可低至 0.2%。

　　② 能用于难以用指示剂判断终点的浑浊或有色溶液的滴定。

　　③ 用于非水溶液的滴定，某些有机物的滴定需在非水溶液中进行，一般缺乏合适的指示剂，可采用电位滴定。

　　④ 能用于连续滴定和自动滴定，并适用于微量分析。

2. 应用

　　目前电位滴定法常用于有色的或浑浊的溶液的分析，某些反应没有适合的指示剂可选用时（如非水滴定），可用电位滴定来完成。该法应用范围广泛。

二、电位滴定的原理与装置

1. 基本原理

　　电位滴定法是根据电池电动势在滴定过程中的变化来确定滴定终点的一种方法。进行电位滴定时，在溶液中插入待测离子的指示电极和参比电极组成化学电池，随着滴定剂的加入，由于发生了化学反应，待测离子的浓度不断发生变化，指示电极的电位随着发生变化，在计量点附近，待测离子的浓度发生突变，指示电极的电位发生相应的突跃。因此，测量滴定过程中电池电动势的变化，就能确定滴定反应的终点。

2. 装置

① 滴定管。根据被测物质含量的高低，可选用常量滴定管、微量滴定管或半微量滴定管。

② 指示电极。不同类型滴定需要选用不同的指示电极。见表 5-4。

③ 参比电极。一般选用 SCE。

表 5-4　电位滴定法电极系统的选择

滴定方法	参比电极	指示电极
酸碱滴定	甘汞电极	玻璃电极、锑电极
沉淀滴定	甘汞电极、玻璃电极	银电极、硫化银薄膜电极等离子选择性电极
氧化还原滴定	甘汞电极、钨电极、玻璃电极	铂电极
配位滴定	甘汞电极	铂电极、汞电极、银电极、氟离子和钙离子等离子选择性电极

④ 高阻抗毫伏计。可用酸度计或离子计代替。

⑤ 电磁搅拌器。在直接电位法的装置中，加一滴定管，即组成电位滴定的装置（见图 5-8）。进行电位滴定时，每加一定体积的滴定剂，测一次电动势，直到超过化学计量点为止。这样就得到一组滴定剂用量 V 与相应电动势 E 的数据。由这组数据就可以确定滴定终点。

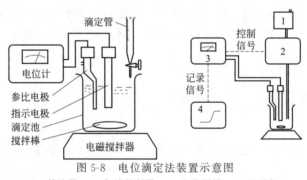

图 5-8　电位滴定法装置示意图

1—储液器；2—加液控制器；3—电位测量；4—记录仪

三、电位滴定的操作方法

先称取一定量试剂并将其制备成试液，选择合适的电极，经适当的预处理后，浸入待测试液中，组装好装置，开动电磁搅拌器和毫伏计，先读取滴定前试液的电位值，然后开始滴定。

滴定刚开始时可快些，间隔可大些，当标准滴定溶液滴入约为所需滴定体积的 90% 时，间隔要小些。

滴定至化学计量点附近时，应每滴加 0.1mL 标准溶液测量一次电动势，直至电动势变化不大为止，记录数据，根据所测得的电动势以及相应的滴定消耗的体积确定滴定终点。

电位滴定曲线如图 5-9。

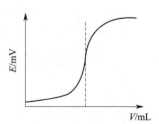

图 5-9　电位滴定曲线示意图

四、电位滴定终点的确定

在电位滴定中，确定终点的方法有以下四种：

1. 绘制 E-V 曲线

以加入滴定剂的体积 V 为横坐标、相应电动势 E 为纵坐标，绘制 E-V 曲线（见图 5-10）。其形状类似于容量分析中的滴定曲线，曲线拐点相应的体积即为终点时消耗滴定剂的体积 V_e。

与一般容量分析相同，电位突跃范围和斜率的大小取决于滴定反应的平衡常数和被测物质的浓度。电位突跃范围越大，分析误差越小。

缺点：准确度不高，特别是当滴定曲线斜率不够大时，较难确定终点。

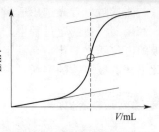

图 5-10 E-V 曲线示意图

2. 绘制 ΔE/ΔV-V 曲线法（一阶微商法）

（1）首先根据实验数据计算出 ΔV、ΔE、$\Delta E/\Delta V$、V ΔV 为相邻两次加入滴定体积之差，即 $\Delta V = V_2 - V_1$；ΔE 为相邻两次测得电动势之差，即 $\Delta E = E_2 - E_1$；$\Delta E/\Delta V = (E_2 - E_1) / (V_2 - V_1)$；$V$ 为相邻两次加入滴定体积之平均值，即 $V = (V_2 - V_1) / 2$。

（2）绘制 $\Delta E/\Delta V$-V 曲线（图 5-11） 曲线峰对应的体积即为终点时消耗滴定剂的体积 V_e。

优点：准确度高。

3. 绘制 Δ²E/ΔV²-V 曲线法（二阶微商法）

（1）首先计算出 ΔV、$\Delta (\Delta E/\Delta V)$、$\Delta^2 E/\Delta V^2$ 及 V ΔV 为相邻两次加入滴定体积之差，即 $\Delta V = V_2 - V_1$；$\Delta (\Delta E/\Delta V)$ 为相邻两次 $\Delta E/\Delta V$ 之差，即 $\Delta (\Delta E/\Delta V) = (\Delta E/\Delta V)_2 - \Delta (\Delta E/\Delta V)_1$；$\Delta^2 E/\Delta V^2 = [\Delta (\Delta E/\Delta V)_2 - \Delta (\Delta E/\Delta V)_1] / (V_2 - V_1)$；$V$ 为相邻两次加入滴定体积之平均值，即 $V = (V_2 - V_1) / 2$。

（2）绘制 $\Delta^2 E/\Delta V^2$-V 曲线（图 5-12） $\Delta^2 E/\Delta V^2 = 0$，所对应的体积即为终点时消耗滴定剂的体积 V_e。

优点：准确度高。

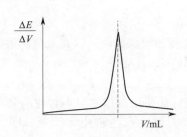

图 5-11 $\Delta E/\Delta V$-V 曲线示意图

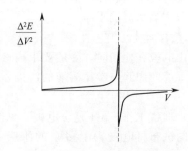

图 5-12 $\Delta^2 E/\Delta V^2$-V 曲线示意图

4. 永停滴定法

将两只相同的铂电极插入被测溶液中，在两个电极间外加一小量电压（$10 \sim 100\,\mathrm{mV}$），观察滴定过程中电解电流的变化以确定终点。永停滴定法的原理是当溶液中存在氧化还原电对时，插入一支铂电极，它的电极电位服从 Nernst 方程，但在该溶液中插入两支相同的铂电极时，电极电位相同，电池电动势等于零。这时若在两个电极间外加一个很小的电压，电极发生氧化还原反应，此时溶液中有电流通过。滴定终点是以电流计指针从偏转到突然停留到零（相反亦然）的这种变化来判断。

五、自动电位滴定法

用人工的方法进行电位滴定，要随时测量、记录滴定电池的电位，最后通过绘图法或计算法来确定终点，比较麻烦，因此出现了机器代替人工滴定的自动电位滴定仪。

测量时，首先选用适当的指示电极和参比电极，与被测溶液组成一个工作电池，然后加入滴定剂。在滴定过程中，由于发生化学反应，被测离子的浓度不断发生变化，因而指示电极的电位随之变化。在滴定终点附近，被测离子的浓度发生突变，引起电极电位的突跃，因此根据电极电位的突跃可确定滴定终点，并给出测定结果。

💡 思考与交流

1. 电位滴定法的特点有哪些？
2. 电位滴定装置如何操作？
3. 电位滴定分析法滴定终点如何确定？
4. 什么是自动电位滴定法？

任务五　了解电位分析法仪器的使用

💡 任务要求

1. 了解电极的使用方法。
2. 了解酸度计的结构及校准。
3. 了解酸度计的使用方法及注意事项。

一、电极的使用

1. 指示电极的使用

指示电极（见图 5-13）在使用时应遵循说明书的操作要求，以金属基电极为例，使用前应彻底清洗金属表面。清洗方法是先用细砂纸（金相砂纸）打磨金属表面，然后再分别用自来水和蒸馏水清洗干净。

2. 参比电极的使用

参比电极在使用时，一般要求内参比溶液的液面较待测溶液的高，以避免待测溶液渗入内参比溶液而引起内参比溶液的污染，或与 AgCl 或 Hg_2Cl_2 反应。

3. 复合电极的使用

（1）准备工作　pH 复合电极（见图 5-14）测量前后都要用蒸馏水对电极进行清洗。用不含麻的拭布将电极头上多余的水吸干，不要擦拭，否则会产生静电，干扰 pH 的精确测量。

图 5-13　指示电极实物图

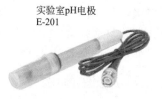

实验室pH电极
E-201

图 5-14　pH 复合电极实物图

（2）使用 pH复合电极插入被测溶液后，要搅拌晃动几下再静止放置，这样会加快电极的响应。使用时避免接触强酸、强碱或腐蚀性溶液，避免在无水乙醇、浓硫酸等脱水性介质中使用。

（3）储存 储存pH电极时，要保持电极湿润。建议用购买的存储液或按pH＝4缓冲液和浓度为4mol/L的KCl溶液以1∶1配制的溶液储存电极。

二、酸度计的结构及校准

1. 酸度计的结构

测定酸度的主要部分是一个玻璃泡，泡的下半部为特殊组成的玻璃薄膜，敏感膜是在SiO_2（$x＝72\%$）基质中加入Na_2O（$x＝22\%$）和CaO（$x＝6\%$）烧结而成的特殊玻璃膜。厚度约为$30\sim100\mu m$。在玻璃泡中装有pH一定的溶液（内部溶液或内参比溶液，通常为0.1mol/L HCl溶液），其中插入一银-氯化银电极作为内参比电极。同种物质在相同的色谱条件下应该具有相同的保留值。因此，保留值可作为一种最常用的定性指标。但由于不同物质在相同的条件下，有时具有相近甚至完全相同的保留值，因此，利用保留值定性有很大的局限性。其应用仅限于验证或确证，方法的可靠性不足以鉴定完全未知的化合物。

2. 酸度计的校准

① 在测量电极插座处拔去短路插头，插上复合电极；玻璃电极插头插入转换器插座处；参比电极接入参比电极接口处。

② 电源接通后，按"pH/mV"按钮，使仪器进入pH测量状态，预热30min。按"温度"按钮，使显示为溶液温度值（此时温度指示灯亮），然后按"确认"键，仪器确定溶液温度后回到pH测量状态。

③ 把用纯化水清洗过的电极插入pH＝6.86（25℃）的标准缓冲溶液中，待读数稳定后按"定位"键（此时pH指示灯慢闪烁，表明仪器在定位标定状态）使读数为该溶液当时温度下的pH值，然后按"确认"键，仪器进入测量状态，pH指示灯停止闪烁。

④ 把用纯化水清洗过的电极插入pH＝4.01（25℃）［或pH＝9.18（25℃）］的标准缓冲溶液中，待读数稳定后按"斜率"键（此时pH指示灯闪烁，表明仪器在斜率标定状态）使读数为该溶液当时温度下的pH值，然后按"确认"键，仪器进入pH测量状态，pH指示灯停止闪烁，标定完成。

⑤ 重复步骤③、④，直至不用再调节定位或斜率两调节旋钮，仪器显示数值与标准缓冲溶液pH值之差≤±0.02为止。

三、酸度计的使用及注意事项

1. 酸度计的使用

经过pH标定的仪器，即可用来测定样品的pH值。这时温度调节器、定位调节器、斜率调节器都不能再动。用蒸馏水清洗电极，用滤纸吸干电极球部后，把电极插在盛有被测样品的烧杯内，轻轻摇动烧杯，待读数稳定后，显示的就是被测样品的pH值。复合电极的主要传感部分是电极的球泡，球泡极薄，千万不能跟硬物接触。测量完毕套上保护帽，帽内放少量补充液（3mol/L的氯化钾溶液），保持电极球泡湿润，酸度计如图5-15。

图5-15 酸度计实物图

2. 酸度计使用注意事项

① 使用 pH 计前要拉下 pH 计电极上端的橡胶套使其露出上端小孔。

② pH 计使用时，要去除参比电极电解液加液口的橡胶塞，这样参比电解液就能够在重力的作用下，持续向被测量溶液渗透，避免造成读数上的漂移。

③ pH 计在进行 pH 值测量时，要保证电极的球泡完全浸入到被测量介质内，这样才能获得更加准确的测量结果。

④ 测量时，电极的引入导线应保持静止，否则会引起测量不稳定。

⑤ pH 计所使用的电极如为新电极或长期未使用过的电极，则在使用前必须用蒸馏水进行数小时的浸泡。

⑥ 保持电极球泡的湿润，如果发现干枯，在使用前应在 3mol/L 氯化钾溶液或微酸性的溶液中浸泡几小时，以降低电极的不对称电位。

⑦ 一般情况下，pH 计仪器在连续使用时，每天要标定一次，在 24h 内使用仪器不需再标定。

⑧ 电极经长期使用后，如发现斜率略有降低，则可把电极下端浸泡在 4% HF（氢氟酸）中 3～5s，用蒸馏水洗净，然后在 0.1mol/L 盐酸溶液中浸泡，使之恢复。

⑨ 配制 pH＝6.86 和 pH＝9.18 的缓冲液所用的水，应预先煮沸 15～30min，除去溶解的二氧化碳。在冷却过程中应避免与空气接触，以防止二氧化碳的污染。

⑩ 标定的缓冲溶液一般第一次用 pH＝6.86 的溶液，第二次用接近被测溶液 pH 值的缓冲液，如被测溶液为酸性时，缓冲液应选 pH＝4.00；如被测溶液为碱性时，则选 pH＝9.18 的缓冲液。

思考与交流

1. 各类电极如何使用？
2. 酸度计如何使用？
3. 酸度计使用时要注意哪些问题？

任务实施

操作 4　直接电位法测饮用水中氟含量

一、目的要求

（1）实训目的

① 了解氟离子选择性电极测定水中的微量氟的原理。

② 了解总离子强度调节缓冲溶液的作用。

③ 掌握标准曲线法和一次标准加入法。

④ 掌握离子计的使用方法。

（2）素质要求

① 严格遵守实训岗位安全守则和工作纪律。

② 服从指导教师的安排，按照分析检验人员的基本素质要求完成实训任务。

③ 实训前认真预习，了解操作原理，熟悉仪器使用方法及操作要点。

④ 实训中严格操作规程和规范，独立完成实训任务。

⑤ 对原始数据应实事求是，严肃认真，不得随意记录、编造、篡改。

⑥ 实训结束后，正确关闭仪器设备、恢复实训室的卫生，检查水、电、门窗等设施。

⑦ 按照格式要求完成实训报告，正确处理数据，结论严谨规范。

（3）操作要求

① 容量分析基本操作：正确使用容量瓶、移液管等，标准溶液配制规范。

② 仪器操作：正确使用离子计，正确选择和规范使用电极。

③ 仪器维护：正确进行离子计的调试及校准、电极的清洗及安装。

④ 测量条件：正确进行温度校正、斜率校正、搅拌速度设置，合理调整试液浓度。

⑤ 作图：正确绘制工作曲线。

⑥ 数据记录与处理：原始数据记录真实、规范，数据处理严谨、正确。

二、方法原理

利用氟离子选择性电极和饱和甘汞电极组成的原电池的电动势在一定条件下与溶液中的氟离子活度的对数呈直线关系，通过控制溶液的总离子强度不变，使离子的活度近似地被其浓度所代替，于是由下式：

$$E = K - \frac{2.303RT}{F} \lg c_{F^-}$$

可以间接得出溶液中氟离子的浓度。

由于上式中 K 值包括内外参比电极的电位、液接电位、不对称电位和离子活度系数的对数项等，在一定条件下虽然是常数，但计算极为不便。当氟离子浓度在 $1 \sim 10^{-6}$ mol/L 范围内时，可采用 E 对 pF（即 $-\lg a_{F^-}$）作直线的方法来定量。包括标准曲线法和标准加入法。

为保持溶液中总离子强度不变，通常加入 TISAB（总离子强度调节缓冲溶液）来调节。

另外，使用氟电极时，溶液的酸度对测定有较大的影响，最适宜的 pH 值在 $5 \sim 7$。在实验中一些能与氟离子生成稳定配合物或难溶沉淀的元素（如 Al、Fe、Zr、Th、Ca、Mg、Li 及稀土元素等）会干扰测定。加入 TISAB 以后，可以消除一些共存离子的干扰。

三、仪器及试剂

离子计（PXD-2 型或其他型号）；氟离子选择性电极；饱和甘汞电极；电磁搅拌；容量瓶（100mL）、吸量管（10mL）、移液管（1mL、20mL）；氟标准溶液（10μg/mL）；总离子强度调节缓冲剂；氟标准溶液（100μg/mL）。

四、测定步骤

1. 仪器的准备：按照仪器使用说明书，接通电源，预热 20min。正确安装电极系统。

2. 电极的准备：氟电极在使用前须在 0.001mol/L 的 NaF 溶液中浸泡 $1 \sim 2h$ 进行活化，再用去离子水清洗到空白电位（氟离子在水中的电位，约 300mV）。使用前注意电极晶片上不能附有气泡。

3. 标准曲线法

（1）准确吸取 10μg/mL 的氟标准溶液 0mL、2.00mL、3.00mL、4.00mL、5.00mL、6.00mL、8.00mL、10.00mL 及自来水样 10.00mL，分别放入 9 个 100mL 的容量瓶中，各加入 10mL 的 TISAB 溶液，用去离子水稀释到刻度，摇匀。

（2）将标准系列溶液由低浓度到高浓度依次转入烧杯中（空白溶液除外，留做下面的实验），插入氟电极和参比电极，电磁搅拌 2min，静置 1min，读取平衡电位值，最后测定水样的电位。

4. 一次标准加入法

（1）准确吸取 20.00mL 自来水样于 100mL 容量瓶中，加入 TISAB 溶液 10mL，用去离子水稀释到刻度，摇匀后全部转移到 200mL 干燥的烧杯中，测定其电位值 E_1。

(2) 向被测试液中准确加入 1.00mL 浓度为 $100\mu g/mL$ 的氟标准溶液，搅拌摇匀，测定其电位值 E_2。

(3) 将空白溶液（标准系列中的"0"号）全部加到上面测过 E_2 的试液中搅拌均匀，测其电位值 E_3。

五、数据记录及处理

1. 标准曲线法

(1) 将所测标准系列溶液数据填入下表：

试液号	1	2	3	4	5	6	7
加入体积/mL	2.00	3.00	4.00	5.00	6.00	8.00	10.0
$c_{F^-}/(\mu g/mL)$	0.20	0.30	0.40	0.50	0.60	0.80	1.00
E/mV							

(2) 在半对数坐标纸上作 E-c 曲线。

(3) 在标准曲线上查出稀释后水样中的氟离子浓度：$c_{F^-} = $ _____。

(4) 换算成水样的原始浓度：$c_{0,F^-} = $ _____ $\mu g/mL$。

2. 标准加入法

$E_1 = $ _____ mV；$E_2 = $ _____ mV；$E_3 = $ _____ mV

$c_s = 100\mu g/mL$；$V_s = 1.00mL$；$V_x = 100.00mL$

水样试液氟含量可由下式计算

$$c_{F^-}(\mu g/mL) = \frac{\Delta c}{10^{|E_2-E_1|/S} - 1}$$

$$\Delta c = \frac{c_s V_s}{V_s + V_x}$$

式中　Δc——增加的氟离子浓度，$\mu g/mL$；

S——电极响应斜率，$S = 2.303RT/(nF)$。

实际上 S 值与上式计算所得的理论值常常有所不同，所以在实验中常用稀释法测量 S，利用下式求得：

$$S = \frac{E_3 - E_2}{\lg 2} = \frac{E_3 - E_2}{0.3010}$$

水样中的氟含量可由下式计算：

$$氟含量 = \frac{c_{F^-} \times 100.00}{20.00}(\mu g/mL)$$

3. 比较标准加入法和标准曲线法的优缺点。

【任务评价】

序号	评价项目	分值	评价标准							评价记录	得分
1	准确度	20	相对误差≤(%)	1.0	2.0	3.0	4.0	5.0	6.0		
			扣分标准(分)	0	4	8	12	16	20		
2	精密度	10	相对偏差≤(%)	1.0	2.0	3.0	4.0	5.0	6.0		
			扣分标准(分)	0	2	4	6	8	10		
3	职业素养	5	态度端正、操作规范、精益求精、数据真实、结论严谨,1分/项								
4	完成时间	5	超时≤(min)	0		5	10	20			
			扣分标准(分)	0		1	2	5			

续表

序号	评价项目	分值	评价标准	评价记录	得分
5	仪器的准备 电极的准备 标准曲线法 标准加入法 操作规范	40	1. 每个不规范操作,扣1分 2. 仪器洗刷不干净,每件2分/次 3. 电极使用错误,扣3分 4. 电极晶片上附有气泡,扣5分 5. 有损坏玻璃电极的操作,扣5分 6. 操作顺序错误,扣2分/次 7. 仪器校准方法错误,扣5分		
6	原始记录	5	1. 未及时记录原始数据,扣2分 2. 原始记录未记录在实验报告,扣5分 3. 非正规修改记录,扣1分/处 4. 原始记录空项,扣1分/处		
7	数据处理	10	1. 计算错误,扣5分(不重复扣分) 2. 数据中有效数字位数修约错误,扣1分/处 3. 有计算过程,未给出最终结果,扣5分		
8	结束工作	5	1. 操作结束仪器未清洗或清洗不洁,扣5分 2. 操作结束仪器摆放不整齐,扣2分 3. 操作结束仪器未关闭,扣5分		
9	重大失误	0	1. 原始数据未经认可擅自涂改,计0分 2. 编造数据,计0分 3. 损坏离子计,根据实际损坏情况赔偿		

操作5　重铬酸钾电位滴定硫酸亚铁铵

一、目的要求

（1）实训目的

① 了解电位滴定的基本原理和实验操作。

② 掌握电位滴定曲线的绘制和确定终点的方法。

（2）素质要求

① 严格遵守实训岗位安全守则和工作纪律。

② 服从指导教师的安排,按照分析检验人员的基本素质要求完成实训任务。

③ 实训前认真预习,了解操作原理,熟悉仪器使用方法及操作要点。

④ 实训中严格操作规程和规范,独立完成实训任务。

⑤ 对原始数据应实事求是,严肃认真,不得随意记录、编造、篡改。

⑥ 实训结束后,正确关闭仪器设备、恢复实训室的卫生,检查水、电、门窗等设施。

⑦ 按照格式要求完成实训报告,正确处理数据,结论严谨规范。

（3）操作要求

① 容量分析基本操作:正确使用滴定管,标准溶液配制规范。

② 仪器操作:正确安装和使用电位滴定装置,正确选择和规范使用电极。

③ 仪器维护:正确进行离子计的调试及校准、电极的清洗及安装。

④ 测量条件:正确进行预滴定、选择指示剂、设置搅拌速度。

⑤ 作图:正确绘制滴定曲线。

⑥ 数据记录与处理:原始数据记录真实、规范,数据处理严谨、正确。

二、方法原理

电位滴定法是一种用电位法来确定终点的容量分析法。进行电位测量时，由指示电极和参比电极插入待测溶液中组成工作电池。随滴定剂的加入，发生滴定反应，溶液中离子的浓度不断地变化，指示电极的电位也发生相应的变化，在等当点附近，由于离子浓度的突变产生电位的突跃，因此，可通过测量电池电动势的变化来确定滴定终点。

本实验利用了以下反应：

$$Cr_2O_7^{2-} + 6Fe^{2+} + 14H^+ \longrightarrow 2Cr^{3+} + 6Fe^{3+} + 7H_2O$$

在反应过程中，由于滴定剂 $K_2Cr_2O_7$ 的加入，待测离子的氧化态 Fe^{3+} 和还原态 Fe^{2+} 的活度（或浓度）比值发生变化，使电极的电位发生变化，在等当点附近产生了电位的突跃，可用作图法和二级微商法确定终点。

三、测定步骤

1. 铂电极的处理：将铂电极浸入 10% HNO_3 溶液中煮沸 5min，必要时可用氧化焰燃烧数分钟，再用 10% 的 HNO_3 浸泡。使用前用 HCl 溶液浸泡片刻后洗涤干净。为了使指示灵敏，铂电极应保持清洁光亮。

2. 在一只 150mL 烧杯中加入硫酸亚铁铵样品溶液 25mL、混合酸 10mL，稀释至 50mL。加 1 滴氧化还原指示剂，将烧杯放在搅拌台上，将两个电极浸入溶液并放入一根铁芯搅棒，电极对正确连接于测量仪器上。

3. 开动搅拌器，记录溶液的起始电位，然后滴加 $K_2Cr_2O_7$ 溶液，待电位稳定后读取电位值及滴定剂加入体积，在等当点尚远时（预先加入氧化还原指示剂，粗滴一次，了解终点范围），每加 2～3mL 标准溶液记一次数据，然后依次减少体积加入量为 1.0mL、0.5mL 后记数，在电势突跃前后 1mL 时，每加 0.1mL 记一次数，等当点后，再每加 0.5mL 或 1.0mL 记一次数，滴定至电位变化不大为止。同时观察并记录指示剂颜色变化和对应的电位值及滴定剂体积。

四、数据记录及处理

1. 按下表格式记录并逐项计算：

溶液颜色	滴定剂体积	E/mV	ΔE/mV	ΔV/mL	$\Delta E/\Delta V$	$V_{平均}$/mL	$\Delta^2 E/\Delta V^2$

2. 根据上表所填数据作 E-V 曲线和一级微商曲线，分别确定等当点。

3. 用二级微商法计算等当点。

4. 计算出样品中 Fe^{2+} 的浓度（mol/L）。

5. 试比较三种确定等当点方法的准确性。

【任务评价】

序号	评价项目	分值	评价标准						评价记录	得分
1	准确度	20	相对误差≤（%）	1.0	2.0	3.0	4.0	5.0	6.0		
			扣分标准（分）	0	4	8	12	16	20		
2	精密度	10	相对偏差≤（%）	1.0	2.0	3.0	4.0	5.0	6.0		
			扣分标准（分）	0	2	4	6	8	10		
3	职业素养	5	态度端正、操作规范、精益求精、数据真实、结论严谨，1分/项								
4	完成时间	5	超时≤（min）	0		5	10	20			
			扣分标准（分）	0		1	2	5			

续表

序号	评价项目	分值	评价标准	评价记录	得分
5	仪器的准备 电极的准备 标准曲线法 标准加入法 操作规范	40	1. 每个不规范操作,扣1分 2. 仪器洗刷不干净,每件2分/次 3. 电极使用错误,扣3分 4. 电极晶片上附有气泡,扣5分 5. 有损坏玻璃电极的操作,扣5分 6. 操作顺序错误,扣2分/次 7. 仪器校准方法错误,扣5分		
6	原始记录	5	1. 未及时记录原始数据,扣2分 2. 原始记录未记录在实验报告,扣5分 3. 非正规修改记录,扣1分/处 4. 原始记录空项,扣1分/处		
7	数据处理	10	1. 计算错误,扣5分(不重复扣分) 2. 数据中有效数字位数修约错误,扣1分/处 3. 有计算过程,未给出最终结果,扣5分		
8	结束工作	5	1. 操作结束仪器未清洗或清洗不洁,扣5分 2. 操作结束仪器摆放不整齐,扣2分 3. 操作结束仪器未关闭,扣5分		
9	重大失误	0	1. 原始数据未经认可擅自涂改,计0分 2. 编造数据,计0分 3. 损坏电位滴定装置,根据实际损坏情况赔偿		

思考与交流

1. 标准加入法测饮用水中氟含量的分析方法?
2. 重铬酸钾电位滴定硫酸亚铁铵的分析步骤?

知识拓展

电化学分析联用技术

1. 毛细管电泳-电化学发光联用技术

毛细管电泳具有高效、快速、分析对象广、试剂消耗少、环境友好等优点。电化学发光具有较低的背景信号而降低了被分析物的检出限,扩展了线性范围。将这两种方法结合一起,可以达到高效、快速、样品消耗少、操作简单、成本低的效果。采用该方法测定鱼露中的苯乙胺,线性范围宽,检出限低,RSD为1.40%,分析速度快,分离效果好,灵敏度高,重现性好。以微型电导池、直流高压发生器电导仪、记录仪等组装的高效毛细管电泳-电导检测装置(HPCE-CD)已被用于天然矿泉水中碱金属离子及人发中氨基酸的测定。在最佳实验条件下,对锂、钠、钾离子的检测限为5.0×10^{-8} mol/L,测定结果令人满意。

2. 荧光光谱-电化学分析联用技术

荧光分析法由于其灵敏度高和选择性好的特点,在药物分析中得到极大重视并被广泛应用。虽然许多药物分子本身没有或只有较弱的荧光性质,但在经过氧化还原后能够发出荧光。利用电化学法氧化或还原无荧光的物质后,即可利用荧光光谱达到较好的分析目的。例如:神经递质肾上腺素的测定,先经电化学方法氧化后,生成了羟基吲哚类荧光物质,再用荧光光谱法测定其含量。

3. 高效离子交换色谱-电化学分析联用技术

高效离子交换色谱-电化学检测是近年来分析糖类化合物的热门方法。它根据糖类化合物分子具有的电化学活性及在强碱性溶液中呈离子化状态的特性进行分离检测。例如：6-磷酸甘露糖和磷酸根的检测，以高容量氢氧化物选择性阴离子交换色谱柱（Ion-Pac AS18）分离，经 ASRS 型阳离子抑制器抑制背景电导后，6-磷酸甘露糖和磷酸根同时被电导检测器检出，二者分离度良好。该方法灵敏度高，无杂质干扰，前处理简便，可用于原料药、合成中间体的检测。

项目小结

电位分析法在仪器分析中占有重要地位，该方法具有准确度高、重现性和稳定性好、灵敏度高、选择性好（排除干扰）、应用广泛（常量、微量和痕量分析）、仪器设备简单、易于实现自动化的优点，已成为生产和科研中广泛应用的一种分析手段。

本章主要介绍了电位分析法相关知识，其知识点及掌握情况归纳如下：

1. 掌握电位分析法基本原理，电极电位、电池电动势、膜电极、工作电极、参比电极、指示电极等基本概念。

2. 掌握 pH 玻璃电极与氟离子选择性电极结构、响应机理及性能特点，溶液 pH 值的测定。理解膜电位的产生。

3. 掌握离子选择性电极的性能参数，理解电极选择性系数 $K_{i,j}$ 的意义，掌握测量误差的计算。

4. 掌握离子活度测定的方法原理，理解离子强度总调节剂的作用。

5. 掌握定量分析方法及有关的计算，电位分析法的应用。

6. 了解电位滴定的原理及滴定终点的确定。

本章的学习重点与难点如下：

重点：电位分析法基本原理、膜电位的产生、溶液 pH 值的计算、离子选择性系数 $K_{i,j}$ 的意义、测量误差的计算、离子强度总调节剂、定量分析方法。

难点：膜电位的产生，离子选择性系数的理解与应用，离子活度、测量误差的计算。

练一练测一测

一、选择题

1. 使用甘汞电极时，操作方法正确的是（　　）。

A. 使用时，先取下电极下端口的小胶帽，再取下上侧加液口的小胶帽

B. 电极内饱和 KCl 溶液应完全浸没内电极，同时电极下端要保持有少量的 KCl 晶体

C. 电极玻璃弯管处不应有气泡

D. 电极下端的陶瓷芯毛细管应通畅

2. 膜电位的建立是由于（　　）。

A. 溶液中离子与电极膜上离子之间发生交换作用的结果

B. 溶液中离子与内参比溶液离子之间发生交换作用的结果

C. 内参比溶液中离子与电极膜上离子之间发生交换作用的结果

D. 溶液中离子与电极膜水化层中离子之间发生交换作用的结果

3. 为了使标准溶液的离子强度与试液的离子强度相同，通常采用的方法是（　　）。

A. 固定离子溶液的本底　　　　　　　B. 加入离子强度调节剂

C. 向溶液中加入待测离子　　　　　　D. 将标准溶液稀释

4. 能作为沉淀滴定指示电极的是（　　）。

A. 锑电极　　　　B. 铂电极　　　　C. 汞电极　　　　D. 银电极

5. 如果酸度计可以定位和测量，但到达平衡点缓慢，可能的原因是（　　）。

A. 玻璃电极老化　　　　　　　　B. 甘汞电极内饱和氯化钾溶液没有充满电极

C. 玻璃电极干燥太久　　　　　　D. 电极内导线断路

6. 校正酸度计时，若定位器能调 pH = 6.86 但不能调 pH = 4.00，可能的原因是（　　）。

A. 仪器输入端开路　　　　　　　B. 电极失效

C. 斜率电位器损坏　　　　　　　D. pH-mV 按键开关失效

7. 下列可用永停滴定法指示终点进行定量测定的是（　　）。

A. 用碘标准溶液测定硫代硫酸钠的含量

B. 用基准碳酸钠标定盐酸溶液的浓度

C. 用亚硝酸钠标准溶液测定磺胺类药物的含量

D. 用 Karl Fischer 法测定药物中的微量水分

8. 酸度计使用时最容易出现故障的部位是（　　）。

A. 电极和仪器的连接处　　　　　B. 信号输出部分

C. 电极信号输入端　　　　　　　D. 仪器的显示部分

9. 总离子强度调节剂的作用主要有（　　）。

A. 维持试液和标准溶液恒定的离子强度

B. 保持试液在离子选择性电极适当的 pH 范围内，避免 H^+ 和 OH^- 离子的干扰

C. 消除被测离子的干扰

D. 消除迟滞效应

10. 在使用饱和甘汞电极时，不正确的说法是（　　）。

A. 电极下端要保持有少量 KCl 晶体存在

B. 使用前应检查玻璃弯管处是否有气泡，并及时排除

C. 当待测溶液中含有 Ag^+、S^{2-}、Cl^- 及高氯酸等物质时，应加置 KCl 盐桥，使用前要检查电极下端陶瓷芯毛细管是否畅通

D. 安装电极时，内参比溶液的液面应比待测溶液的液面低

二、判断题

1. 用电位滴定法测定硫酸亚铁铵中亚铁离子浓度时，加入的混合酸是由盐酸和磷酸制成的。　　　　　　　　　　　　　　　　　　　　　　　　　　　　　　（　　）

2. 测溶液的 pH 时玻璃电极的电位与溶液的氢离子浓度成正比。　　　　（　　）

3. 汞膜电极应保存在弱酸性的蒸馏水中或插入纯汞中，不宜暴露在空气中。（　　）

4. 膜电位与待测离子活度的对数成线性关系，是应用离子选择性电极测定离子活度的基础。　　　　　　　　　　　　　　　　　　　　　　　　　　　　　　　（　　）

5. 标准氢电极是常用的指示电极。　　　　　　　　　　　　　　　　　（　　）

6. 氟离子电极的敏感膜材料是晶体氟化镧。　　　　　　　　　　　　　（　　）

7. 普通酸度计通电后可立即开始测量。　　　　　　　　　　　　　　　（　　）

8. 玻璃电极不是离子选择性电极。　　　　　　　　　　　　　　　　　（　　）

9. 玻璃电极在初次使用时，一定要在蒸馏水或 0.1mol/L HCl 溶液中浸泡 24h 以上。　　　　　　　　　　　　　　　　　　　　　　　　　　　　　　　　　　（　　）

10. 玻璃电极上有油污时，可用无水乙醇、铬酸洗液或浓硫酸浸泡、洗涤。（　　）

三、计算题

1. 用 pH 玻璃电极测定 pH＝5.0 的溶液，其电极电位为＋0.0435V；测定另一未知试液时电极电位则为＋0.0145V，电极的响应斜率为 59.0mV，求此未知液的 pH 值。

2. 取 10mL 含氯离子的水样，插入氯离子电极和参比电极，测得电动势为 200mV，加入 0.1mL 0.1mol/L 的 NaCl 标准溶液后电动势为 185mV。已知电极的响应斜率为 59mV。求水样中氯离子含量。

3. 取 100mL 含 Cl^- 水样插入氯离子选择性电极（接"+"）和参比电极，测得电动势为 0.200V，加入 1.00×10^{-2} mol/L 的氯化钠标准溶液 1.00mL 后，测得电动势为 0.185V。已知电极响应斜率为 59mV，求水样中 Cl^- 的浓度。

4. 测定某种海产品中碘含量，取 1.00g 试样处理后，配制成 100mL 试样溶液，用碘离子选择电极和参比电极测得电动势为 -37.5mV，加入 1.0×10^{-2} mol/L 的 KI 标准溶液 1.00mL，测得电动势为 -64.9mV。计算溶液中碘的含量，以 mg/g 表示。 [$M(I) = 126.9$g/mol]

5. 用氟离子选择电极测定某一含 F^- 的试样溶液 50.0mL，测得其电位为 86.5mV。加入 5.00×10^{-2} mol/L 氟标准溶液 0.50mL 后测得其电位为 68.0mV。已知该电极的实际斜率为 59.0mV，试求试样溶液中 F^- 的含量为多少（mol/L）？

项目六
色谱分析法基本知识

 项目引导

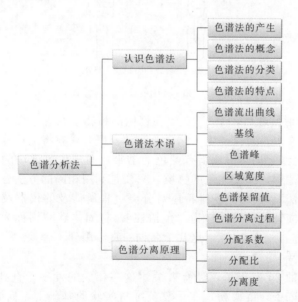

色谱法作为一种分离分析技术,自20世纪初发表第一篇论文至今,已有100余年历史了。其各种分离模式在各个领域被广泛应用,现已成为分析化学学科中的一个重要分支。虽然色谱分离手段多样,但其分离基本思想及术语大致相同,本模块将概括介绍色谱法基本知识。

任务一 认识色谱分析法

任务要求

1. 了解色谱法的产生及发展。
2. 掌握色谱法的概念。
3. 了解色谱法的分类。

4. 了解色谱法的特点及应用。

一、色谱法的产生及发展

1. 色谱法的产生

在 1903 年，俄国植物学家 Tswett（茨维特）在研究植物叶子的组成时，以碳酸钙作吸附剂，分离植物叶子的石油醚萃取液，顺利完成了叶子中色素的分离。如图 6-1 所示，他先将固体碳酸钙颗粒填充在一根细长的玻璃管中，然后把植物叶子的石油醚萃取液倒在管中的碳酸钙上，色素被吸附在碳酸钙上，然后再用纯净的石油醚不断地洗脱被吸附的色素，不久之后，在管内的碳酸钙上出现了三种颜色六个色带，他将三种颜色所对应的物质取出后，经分析发现，恰好是三种色素成分，即叶绿素、叶黄素和胡萝卜素。

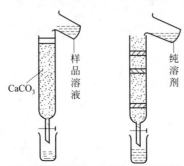

(a) 刚刚加入萃取液　(b) 已加入部分溶剂

图 6-1　Tswett 色谱分离示意图

他将实验结果归纳整理后，于 1906 年在德国的植物学杂志上发表了该研究成果，在当时的论文中，首次提出了"色谱"这一概念，并将上述分离过程命名为"色谱法"。色谱一词当时意指有颜色的谱带，而现代色谱法的应用早已超出了有色物质的范围，即使无色的物质，只要是利用相同的方法分离的过程都可以称为"色谱法"。同时，茨维特还对分离过程所涉及的仪器及试剂进行了定义：将填充碳酸钙的玻璃柱称为"色谱柱"，将固体碳酸钙称为"固定相"，将石油醚溶剂称为"流动相"，这几个名词一直沿用到了今天。

码 6-1　茨维特分离叶绿素实验

2. 色谱法的发展

在茨维特实验后的 20 多年里，没有人关注这一伟大的发现。直到 1931 年，德国学者 Kuhn（孔慈）和 Lederer（雷德勒）在重复茨维特实验的基础上，向碳酸钙中添加了氧化铝，成功分离出了胡萝卜素的三种异构体，即 α-、β-、γ-胡萝卜素，此后，不断改变条件，用相同的方法先后分离了 60 多种色素，这在当时引起了科学界的关注，之后从事这项研究的人越来越多。

在 1940 年，Martin（马丁）和 Synge（辛格）提出了以吸附在硅胶上的水作为固定相，以有机溶剂为流动相的液液分配色谱。一年以后，他们二人又提出了以气体代替液体作为流动相的可能性。

1952 年 James（詹姆斯）和 Martin（马丁）发表了一篇名为《气相色谱法在分析化学中的应用》的论文，提出了从理论到实践都相当完整的气相色谱法，并获得了 1952 年的诺贝尔化学奖。

之后，色谱法进入了飞速发展时期。1957 年 Golay（格莱）提出了开管柱气相色谱，即毛细管柱气相色谱的思想，同时，色谱分离的理论研究也进入了崭新的阶段。1956 年范蒂姆特进一步发展了色谱分离的速率理论。另外，早在 1944 年就出现了纸色谱，在 1949 年出现的薄层色谱法，在 1956 年得到了广泛应用。在 20 世纪 60 年代末把高压泵和化学键合固定相用于液相色谱，由此产生了高效液相色谱法。

20 世纪 80 年代初，毛细管超临界流体色谱也得到了发展，但后来并没有得到广泛应用。同时，毛细管电泳法也逐渐被人们所接受，并在 90 年代得到了广泛发展和应用。集高效液相色谱和毛细管电泳优点的毛细管电色谱在 90 年代后期受到了高度重视。

可以预见，在 21 世纪的将来，色谱科学将在多领域发挥出不可替代的重要作用。

二、色谱法的概念

1. 色谱法的定义

色谱法是一种物理化学分离法，也称为层析法或色层法。它是利用混合物中各组分在两相中具有不同的分配系数（或吸附系数、渗透性等），即当两相作相对运动时，这些物质在两相中进行反复多次的分配（即组分在两相之间进行的反复多次的吸附、脱附或溶解、挥发等的过程），从而实现各组分的完全分离。

色谱法在仪器分析中占有极为重要的地位，但它本身并不是一种分析方法，我们现在所说的色谱分析法是将色谱分离技术与现代分析方法有机结合而产生的一种分离分析技术。

2. 色谱法相关术语

在研究色谱法的过程中，我们经常会提到固定相与流动相、色谱柱等名词，分别解释如下：

（1）固定相与流动相　在色谱柱内固定不动的一相称为固定相；携带被分离试样流过色谱柱的一相称为流动相。在固、液、气三种状态中，固定相可以是固体吸附剂或承担在载体上的固定液；流动相可以是气体或液体，除此之外，超临界流体状态的物质也可以作为流动相，由此产生了超临界流体色谱法。

（2）柱色谱与平面色谱　固定相可以装在柱内，也可以做成一个平面。前者叫柱色谱，后者叫平面色谱。

（3）色谱柱　色谱法中装填固定相，使混合试样完成分离的装置即色谱柱。色谱柱内装固定相，而流动相携带待分离试样流过色谱柱，经分离后各组分依次从色谱柱流出。色谱柱根据其填充方式和几何尺寸等特点的不同，可以分为填充柱和毛细管柱两类。此外，纸色谱和薄层色谱分别以滤纸和硅胶板为固定相，分离过程并不依靠色谱柱。

（4）气相色谱与液相色谱　在色谱法中，以流动相的状态分类，可以分为气相色谱和液相色谱，此外还有超临界流体色谱，但由于应用不多，暂时不予讨论。气相色谱是以气体作为流动相的色谱法，气体流动相也称为载气，常见的载气包括氢气、氮气、氩气、氦气等，而液相色谱是以液体为流动相的色谱法。液体流动相也称为载液。载液可以是单一的有机溶剂，也可以是多种有机溶剂的混合。

（5）色谱仪　根据色谱法原理制成的分析仪器叫色谱仪，目前，主要有气相色谱仪和高效液相色谱仪两大类。此外还有离子色谱仪、毛细管电泳色谱仪等。

三、色谱法的分类

色谱分析法作为一种极为重要的仪器分析技术，其包含的种类很多，分类方法也多种多样。下面介绍四种常见的分类方法。

第一种分类方法，也是最为常见的分类方式，是按照流动相和固定相的状态分类。首先按照流动相的状态可以分为气相色谱法、液相色谱法和超临界流体色谱法。超临界流体色谱应用不多，研究得也远远不够，常常被人们所忽略。所以一般我们只保留前两类，气相色谱和液相色谱。在此基础上，继续根据固定相的状态分，气相色谱可以分为气固色谱和气液色谱，液相色谱可以分为液固色谱和液液色谱。1903 年茨维特分离植物叶子色素的色谱试验应属于液固色谱法。

第二种分类方法，按照固定相的作用方式不同分类，可以分为柱色谱和平面色谱两类。柱色谱是将固定相装填在色谱柱中，流动相携带试样流过色谱柱，在固定相上进行分离的色谱法，可分为填充柱色谱和开管柱色谱（即毛细管柱色谱）两种。前者的固定相是紧密填充在色谱柱中，后者的固定相是附着在柱管内壁上，而柱内是"空心"的，此类色谱柱又可称为毛细管柱或空心柱。平面色谱的固定相是以一个平面的形态与流动相发生作用的。包括纸色谱和薄层色谱两类。纸色谱是以滤纸作为固定相，薄层色谱是将固定液均匀地涂在玻璃板上作为固定相。

第三种分类方法，是按照分离原理的不同分类的。包括以固体吸附剂作为固定相的吸附色谱法，以高沸点的有机溶剂作为固定相的分配色谱法，以离子交换作用进行分离的离子交换色谱法，还有按照分子尺寸大小进行分离的体积排阻色谱法，等等。这种分类方式最为复杂，其包含的色谱法种类繁多，不再一一列举。

第四种分类方法，按照进样的方式不同分类。可分为常规色谱、顶空色谱、裂解色谱等。它们的进样方式明显不同。常规色谱是采用微量注射器或六通阀等常见进样器进样；顶空色谱需要配备专用的顶空进样器进样；裂解色谱是先将样品热裂解后再进样的操作方式。

除了以上四种常见分类方式外，还可以按照应用领域不同分为分析色谱、制备色谱、流程色谱等。

此外，还有一些特殊的色谱分离模式。如电色谱，包括毛细管区带电泳、毛细管凝胶电泳、毛细管胶束电动色谱、毛细管等电聚焦、毛细管等速电泳等。

四、色谱法的特点及应用

1. 色谱法的优点

（1）分离效率高　例如，一根 50m 长的毛细管气相色谱柱，其理论塔板数可以达到 12 万，可用于分离非常复杂的多组分样品。而毛细管电泳柱一般都有几十万的理论塔板数，凝胶毛细管电泳柱一般可达到上千万理论塔板数，分离效率极高。

（2）分析速度快　完成一个常规样品的分析通常仅需数分钟，即使复杂的样品也只要几十分钟，并且样品用量很少，液体样品通常只需 $1\sim2\mu L$，甚至更少。

（3）灵敏度高　例如在气相色谱法中，采用高灵敏度的检测器可以检出 $10^{-10}\sim10^{-12}$ g 的组分，非常适合于微量和痕量分析。

（4）应用范围广　色谱法几乎可以用于所有化合物的分离和测定。无论是有机物、无机物、高分子和低分子，甚至有生物活性的大分子也可以进行测定。从分析任务上看，色谱法既可以定性分析，更可以完成定量分析。

2. 色谱法的缺陷

色谱法的主要缺陷是定性效果不理想。其定性参数——保留值并非物质的特征参数，且受色谱操作条件影响较大，所以色谱法和其他方法配合使用才能发挥其更大的作用。现在已经出现了色谱-质谱法联用和色谱-红外光谱联用的技术。

此外，色谱操作条件的选择也是极为复杂的一项工作，对于初学者难度较大。分析工作者必须根据分析目的，选择固定相和流动相的种类、组成以及检测器的类型，并组成分析系统。而且从理论上设定的分析条件也不能保证是最佳的，只能通过大量实验加以证实。有时即使重复实验文献记载的操作条件，也得不到完全相同的分离效果和灵敏度。这是因为文献中往往存在记载不详的操作条件，以及分析工作者没有认识到的分析条件，如流动相纯度、化学键合硅胶中残余的硅醇基含量、柱外死体积、标准样品的纯度、试液的稳定性、仪器的温度差异、仪器配件系统的污染程度等，均会影响分离效果。所以，在重复文献的实验方法而得不到满意结果时，分析工作者必须具备改善分析条件获得良好数据的能力。为此，要求分析工作者必须理解色谱法的基本理论，从逻辑上探讨错误的原因，并不断积累经验。

💡 思考与交流

1. 什么是色谱法？色谱法如何分类？
2. 色谱法有何特点？如何评价色谱法定性的局限性？

任务二　认识色谱图及相关术语

💡 任务要求

1. 掌握色谱流出曲线相关术语。
2. 理解色谱流出曲线对色谱分析的意义。

一、色谱流出曲线、基线及色谱峰

1. 色谱流出曲线

色谱法定性、定量分析的唯一依据，就是完成色谱分离后直接获得的色谱图，也就是色谱流出曲线。色谱流出曲线是指从色谱柱流出的组分通过检测器时所产生的响应信号，随时间或流动相流出体积变化的曲线图。如图 6-2 所示，色谱流出曲线是以时间 t 或体积 V 为横坐标，以响应信号（mV）为纵坐标绘制而成的。

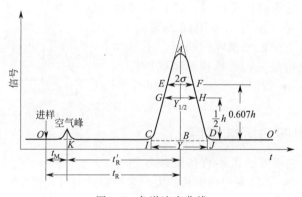

图 6-2　色谱流出曲线

2. 基线

在图 6-2 中，当没有组分进入检测器时，反映系统噪声随时间变化的线称为基线，即图中 OO' 线。稳定的基线应该是一条水平的直线。但是在某些因素的影响下，基线不能保持水平，会出现以下两种情况：

（1）基线噪声　指各种因素引起的基线起伏。又分为短期噪声和长期噪声，由图 6-3（a）、（b）可见，基线噪声引起基线呈现起伏不定的锯齿状。

（2）基线漂移　指基线随时间缓慢定向地变化，如图 6-3（c）所示。

直接在这两种情况下进行测定，都会造成极大的误差。基线噪声和基线漂移除与检测器本身的性能有关以外，基线噪声还可能来自于检测器和数据处理系统的机械或电噪声；检测

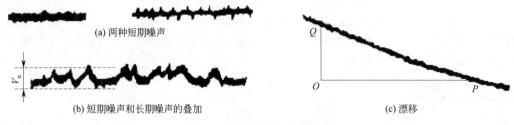

图 6-3　基线噪声与基线漂移

器加热、通气、火焰点燃、加电流等操作噪声；以及载气不纯或漏气、柱流失等噪声。而基线漂移大多与仪器中某些单元尚未进入稳定状态有关，如载气流量，汽化室、色谱柱和检测器的温度，色谱柱和隔垫的流失等。多数情况下，基线漂移是可以控制和改善的。

3. 色谱峰

色谱峰是记录某组分从开始进入到全部流出检测器时所绘制出的曲线，即色谱柱流出组分通过检测器时所产生的响应信号的微分曲线，称为色谱峰。理论上，在适当的色谱条件及完全分离的前提下，试样中有几种组分就会产生几个相应的色谱峰。

理想的色谱峰是正态分布的曲线。但是实际得到的色谱峰往往都是不对称的，常见有以下几种情况：

（1）前伸峰　前沿平缓后部陡起的不对称色谱峰。

（2）拖尾峰　前沿陡起后部平缓的不对称色谱峰。

两种情况的色谱峰如图 6-4 所示：

产生前伸峰和拖尾峰的情况比较复杂，如进样量的多少、固定相对某些组分的吸附能力等因素。一般可以用不对称因子评价色谱峰的峰形。不对称因子是指 10％峰高处的峰宽，被峰顶至基线所作垂线所分成两部分的比值，以 A_s 表示。A_s 越接近 1，色谱峰的对称性越好。

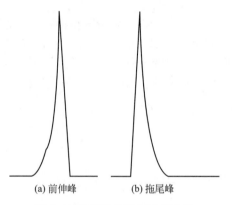

(a) 前伸峰　　　(b) 拖尾峰

图 6-4　前伸峰与拖尾峰示意图

二、色谱流出曲线区域宽度

色谱流出曲线上色谱峰的大小直接反映各组分的浓度大小，也就是说，可以利用峰面积的大小进行定量分析，而在某些情况下，也可以用峰高直接进行定量。

色谱峰顶到基线的垂直距离称为色谱峰高，如图 6-2 中 AB 线所示。表示为 "h"。峰高既可以直接表示各组分含量大小，也可以用于计算峰面积，进而反映各组分的含量。

色谱峰的区域宽度是组分在色谱柱中谱带扩张的函数，它反映了色谱操作条件的动力学因素。度量色谱区域宽度通常有以下方法：

（1）半峰宽　峰高一半处色谱峰的宽度，如图 6-2GH 线所示。表示为 "$Y_{1/2}$"。

（2）峰底宽　从色谱流出曲线两侧拐点所作的切线与基线相交两点之间的距离，如图 6-2 中 IJ 线所示。表示为 "Y"。需要注意的是，即便是正态分布的曲线，峰底宽一般也并不等于半峰宽的二倍。

（3）标准偏差　0.607 倍峰高处的色谱峰宽度的一半，如图 6-2 中 EF 线的一半。表示为"σ"。对于正态分布的曲线，σ 与半峰宽的关系为：

$$Y_{1/2} = 2\sqrt{2\ln2}\sigma \tag{6-1}$$

同时，σ 与峰底宽的关系为：

$$Y = 4\sigma \tag{6-2}$$

区域宽度是评价组分与组分之间分离效果的重要指标。

三、色谱保留值

色谱保留值是用来描述各组分色谱峰在色谱图中的位置的，且在一定的色谱操作条件下，各组分的保留值都是固定不变的，这正是色谱法定性的依据。保留值可以用时间或体积来表示，通常有以下几种形式。

（1）死时间　不与固定相作用的组分，即非滞留组分（如空气或甲烷）从进样开始到色谱峰顶（即浓度极大值）所对应的时间，表示为"t_M"。死时间主要与色谱柱前后的连接管道和柱内固定相颗粒之间的空隙体积有关。

（2）保留时间　待分离的组分从进样开始到色谱峰顶所对应的时间。表示为"t_R"。

（3）调整保留时间　扣除死时间后的保留时间。表示为"t'_R"。

$$t'_R = t_R - t_M \tag{6-3}$$

（4）保留体积　保留值还可以表示为在相应时间内流过色谱柱的流动相的体积。相应的有死体积 V_M、保留体积 V_R 和调整保留体积 V'_R 三种表示方法。

（5）相对保留值　待测组分与标准组分的调整保留值之比，表示为"$\gamma_{i,s}$"。

$$\gamma_{i,s} = \frac{t'_{R,\,i}}{t'_{R,\,s}} \tag{6-4}$$

相对保留值仅与柱温及固定相的性质有关，而与其他操作条件无关。

（6）选择性因子　相邻两组分的调整保留值之比。表示为"α"。

$$\alpha = \frac{t'_{R,\,2}}{t'_{R,\,1}} \tag{6-5}$$

选择性因子在一定程度上反映了色谱柱对组分的分离效果。α 值越大，相邻两组分的色谱峰相距越远，色谱柱的分离选择性越好。当 α 接近或等于 1 时，表示两组分的分离效果较差或未能分离。

思考与交流

1. 色谱流出曲线上定量的参数有哪些？
2. 色谱流出曲线上定性的参数有哪些？
3. 相对保留值与选择性因子的区别是什么？各有何作用？

任务三　了解色谱分离原理

任务要求

1. 了解色谱分离过程。
2. 理解分配系数与分配比的概念及其在色谱分离过程中的意义。
3. 掌握分离度的概念及应用。

一、色谱分离过程

色谱分离过程是被分离的样品（混合物），随载气进入色谱柱后，在固定相和流动相之间进行分配的过程。混合物借助流动相的推动，顺流动相的流向而移动。混合物中各组分移动速度的快慢取决于各组分在固定相和流动相之间的分配系数。分配系数大的组分停留在固定相中时间长，后流出色谱柱。分配系数小的组分在固定相中停留时间短，先从柱中流出，从而使混合物中各个组分得以分离。由此可见，分配系数的差异是色谱分离的关键。在所确定的色谱体系，组分之间如果没有分配系数的差异，这些组分彼此就不能分离，而同时流出色谱柱（即只产生一个色谱峰）。各组分的分配系数的差异越大，越容易分离，反之就难分离。

图 6-5 为气相色谱填充柱分离 AB 二者混合物的色谱分离过程示意图。其分离步骤如下：

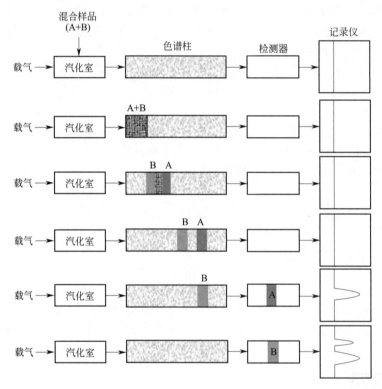

图 6-5　气相色谱填充柱分离 AB 混合物的色谱分离过程示意图

第一步是混合样品进入汽化室，在汽化室内与载气混合。此时无组分进入检测器，记录仪上显示水平基线。第二步是载气携带试样刚刚进入色谱柱。混合样品进入色谱柱，试样中AB两组分暂时没有与色谱柱内固定相发生作用。此时无组分进入检测器，记录仪上显示水平基线。第三步是混合试样开始与固定相作用，AB两组分的分配系数的差异产生了一定的分离效果，在色谱柱内开始分离。此时无组分进入检测器，记录仪上显示水平基线。第四步是随着载气的不断流动，色谱柱内AB两组分在柱内实现完全分离，但未流出色谱柱。此时无组分进入检测器，记录仪上显示水平基线。第五步是混合试样中的A组分先流出色谱柱进入检测器，而B组分暂时未流出色谱柱，记录仪上显示A组分的色谱峰。第六步表示B组分流出色谱柱进入检测器，记录仪上显示B组分的色谱峰。

码 6-2　色谱分离基本流程

各类色谱分离过程都是大同小异，仅是组分与两相之间的作用形式有区别。

二、分配系数与分配比

组分在固定相和流动相之间发生的吸附、脱附或溶解、挥发的过程，称为分配过程。在一定温度和压力下，组分在两相间达到分配平衡时，组分在固定相与在流动相中的浓度比称为分配系数，用大写的 K 表示：

$$K = \frac{\text{组分在固定相中的浓度}}{\text{组分在流动相中的浓度}} = \frac{c_S}{c_L}$$

气相色谱中的分配系数取决于组分与固定相的热力学性质，并随柱温、柱压的变化而变化。K 值越大，说明组分与固定相的作用能力越强，即组分在色谱柱内停留时间越长，后流出色谱柱（后出峰），反之亦然。但若两组分的 K 值完全相同，则表明两组分的色谱峰重合，未达分离。由此可见，各组分分配系数的差异是完成色谱分离的前提，两组分分配系数相差越大，两组分分离越完全。

分配比又称为容量因子，是指在一定温度和压力下，组分在两相间达到分配平衡时，组分在固定相与在流动相中的质量比。以小写的 k 表示。

$$k = \frac{\text{组分在固定相中的质量}}{\text{组分在流动相中的质量}} = \frac{m_S}{m_L}$$

三、色谱分离度

样品中各组分在一根色谱柱内能否完全分离，除了受分配次数（塔板数）的影响外，还决定于各组分在固定相上分配系数的差异。因此，不能仅仅采用塔板数或塔板高度来评价柱效率的高低。为判断相邻两组分在色谱柱中的分离情况，必须引入一个既能反映柱效能，又能反映柱选择性的指标，即"分离度"，来评价组分在色谱柱内的实际分离情况。

分离度是指相邻两组分色谱峰保留值之差与两组分峰底宽的平均值之比，见图6-6，以"R"表示，即：

$$R = \frac{t_{R_2} - t_{R_1}}{\frac{1}{2}(Y_1 + Y_2)} \quad (6-6)$$

式中，t_{R_1} 和 t_{R_2} 为相邻两组分1和2的保留时间；Y_1 和 Y_2 为相邻两峰的峰底宽。由上式可见，在峰底宽不太大的情况下，两相邻组分的保留时间相差越大，分离度就越大，两峰相距就越远。一般而言，当 $R = 1.5$ 时，分离程度可达 99.7%；当 $R = 1$ 时，分离程度可达

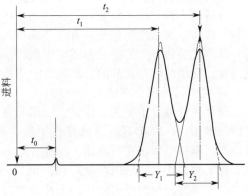

图6-6　分离度计算示意图

98%。而一般将 $R \geqslant 1.5$，作为相邻两峰完全分离的指标。

💬 思考与交流

1. 在色谱分离的过程中是什么原因造成各组分的分离？
2. 分配系数和分配比对描述色谱分离过程有何指导意义？
3. 为什么分离度可以准确评价色谱柱的分离效能？

🔖 **知识拓展**

色谱新技术

1. 超临界流体色谱技术（SFC）

这是一种以超临界流体作流动相的色谱分离技术，集合了气相色谱（GC）和液相色谱（LC）的优点。由于超临界流体所具有的一系列特性，使 SFC 比 LC 的分离效率更高。同时由于 SFC 可在较低的温度下操作，更适合于分离热不稳定性和高分子量化合物，弥补了 GC 的不足。从应用看，SFC 已广泛用于石油产品、农药、食品、药品、聚合物等的分析和制备中。无论是极性的、热不稳定性的、化学活泼的、挥发性差的物质，都能利用 SFC 实现分离。

2. 光色谱技术

这是以激光的辐射压力为色谱分离的驱动力，在毛细管中将待分离组分按几何尺寸的大小予以分离的技术。在分离和测定粒子大小及生物化学研究中有较大的应用潜力。1995 年，由今板藤太郎等人首次提出光色谱概念，给人们分离和研究生物大分子提供了强有力的手段。光色谱技术可以对高分子聚合物微球、生物细胞、生物大分子等进行分离。光色谱首次将激光技术引入分离科学领域，提供了一种用于研究微米区域内粒子的物理化学及生物学特性的全新方法，光色谱技术对免疫分析、基因工程、生物医学工程等生命科学领域的研究具有非常重要的意义，已成为研究分离科学和生命科学的一个非常有生命力的前沿领域。

3. 高速逆流色谱技术（HSCCC）

这是在多级萃取的基础上，发展出的一种新型液-液分配色谱技术，具有样品非破坏、分离效率高、分离快速和进样量大等优点。它利用同步行星式离心运动产生的二维力场，保留两相中的一相作为固定相，在短时间内实现样品的分离。HSCCC 每次进样量可以达到毫克量级甚至克量级，由于不存在载体的吸附，样品的利用率非常高。HSCCC 仪器价格低廉、分析成本低、操作简便，尤其适用于中药和天然产物的研究。此项技术已被应用于生物工程、医药、天然产物化学、有机合成、环境分析、食品、地质、材料等领域。我国是继美国、日本之后最早开展逆流色谱应用的国家。由我国自行研制的分析型和制备型的高速逆流色谱仪，在中药功能成分的分离制备方面取得了显著成果。

4. 模拟移动床分离技术（SMB）

这是一种综合了工艺、设备、电器和自动控制等技术于一体的分离技术。与传统的制备色谱技术相比，SMB 采用连续操作手段，易于实现自动化操作，流动相的消耗量少，制备效率高，制备量大。在石油化工、精细化工、食品工业、制药（特别是手性药物）等诸多领域发挥了很大作用，应用前景广阔。例如，在糖醇食品行业，SMB 可用于果糖与葡萄糖的分离、木糖与阿拉伯糖的分离、麦芽糖醇与多糖醇和山梨醇的分离等。我国模拟移动床分离技术已取得了显著成绩。大庆石化研究院已开发出 20L 分离体积的小型实验室装置，满足了精细化工和制药行业对见效分离体积的需求。江南大学开发出中型的麦芽糖醇与多糖醇生产装置，并在山东一家工厂应用。南京工业大学用模拟移动床分离缬氨酸和丙氨酸，实现了两种中性氨基酸的分离。SMB 技术将成为色谱技术在规模工业生产上应用的一个重要发展方向。

💡 **项目小结**

色谱法在仪器分析中占有重要地位，方法的优点非常突出，尤其是在复杂混合物的分离方面，有极高的分离效果。本项目概括介绍了色谱分析法的一些基本知识，现归纳如下：

1. 色谱法的产生及发展过程。
2. 色谱法的概念、类型。
3. 色谱法的特点及应用。
4. 色谱流出曲线、基线与色谱峰的概念的形状。
5. 色谱区域宽度的概念、作用。
6. 色谱保留值的概念、作用及表示形式。
7. 色谱分离过程。
8. 分配系数与分配比的概念及应用意义。
9. 色谱分离度的概念及表示。

练一练测一测

一、选择题

1. 俄国植物学家 Tswett 在研究植物色素的成分时所采用的色谱法属于（　　）。
A. 气液色谱　　　　B. 气固色谱　　　　C. 液液色谱　　　　D. 液固色谱
2. 在色谱分析中，可用来定性的色谱参数是（　　）。
A. 峰面积　　　　B. 峰高　　　　C. 半峰宽　　　　D. 保留值
3. 常用于评价色谱分离效果的参数是（　　）。
A. 理论塔板数　　B. 塔板高度　　　C. 分离度　　　　D. 分配系数
4. 在色谱分析中，可用来定量的色谱参数是（　　）。
A. 峰面积　　　　B. 峰高　　　　C. 半峰宽　　　　D. 保留值

二、填空题

1. 色谱分析法实质是一种_____的方法，即利用不同物质在_____相和_____相中具有不同的_____，当两相做_____时，这些物质在两相中进行_____，从而使各物质_____。
2. 色谱流出曲线上的峰位置可用于_____；峰高或峰面积可用于_____。
3. 在一定温度下，组分在两相之间的分配达到平衡时的浓度比称_____。
4. 在一定色谱条件下，作 a、b、c 三种组分混合物的色谱流出曲线，已知三种组分在当前的色谱操作条件下分配系数分别为 1.2、2.5 和 1.6，则组分的出峰顺序为_____。

三、计算题

在工厂排放的废水中，提取和浓缩两种有机物质进行气相色谱分析，它们的保留值分别是 100s 和 110s。其两峰的峰底宽分别为 6.7s 和 7.3s，试评价两组分的分离效果。

项目七
气相色谱分析法的应用

 项目引导

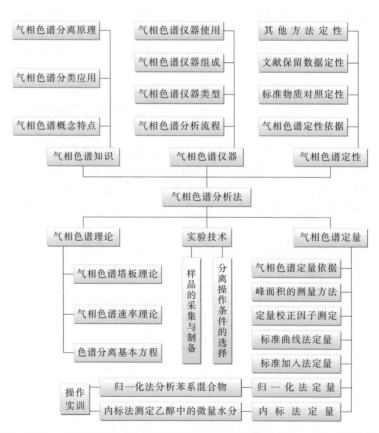

气相色谱法（GC）是指采用气体作为流动相的色谱分析法。气相色谱技术的发展已有60多年的历史，现已成为一种相当成熟且应用极为广泛的复杂混合物的分离分析方法。作为色谱法的重要分支，气相色谱法广泛用于石油化工、环境保护、食品分析、医药卫生等领域，是一种极为重要的仪器分析技术。

任务一 气相色谱法基本知识

任务要求

1. 理解气相色谱法的概念、特点。
2. 了解气相色谱法的分类、应用。
3. 理解气相色谱的分离原理。

一、气相色谱法的概念及特点

1. 气相色谱法的概念

气相色谱法是一种采用气体作为流动相的色谱分析法。所用到的气体流动相又称为"载气",其主要作用是携带样品进入气相色谱的分离系统,而载气本身对分离的结果影响很有限,这一点与液相色谱有显著的不同。气相色谱实现分离的决定性因素是固定相,在填充柱气相色谱中,固定相可以是固体吸附剂或涂覆在载体表面的固定液。在实际分离分析工作中,气相色谱法一般是先选定一种载气,然后通过改变色谱柱(即固定相)和操作参数(载气流速或柱温等)来实现分离条件的优化,从而完成混合物的分离。

2. 气相色谱法的特点

作为一种相对成熟的色谱分析法,气相色谱法具有分离效率高、样品用量少、分析速度快、检测灵敏度高、自动化智能化、应用广泛等优点。

(1) 分离效率高 气相色谱法不但能够分离沸点极为相近的复杂混合物,而且也能够分离性质极为相似的烃类异构体或同位素等。

(2) 样品用量少 完成一次气相色谱分析,通常液体样品仅需几微升,气体样品几毫升。

(3) 分析速度快 相对于化学分析法,气相色谱分析一般仅需几分钟或几十分钟即可完成一个样品的分析。

(4) 检测灵敏度高 气相色谱使用高灵敏度的检测器,可检出 $10^{-11} \sim 10^{-13}$ g 的痕量物质。

(5) 自动化智能化 随着色谱工作站的普及使用,在完成一次色谱分析的同时,由工作站自动绘制色谱流出曲线,确定保留时间、进行峰面积积分、进行定量分析并打印分析结果,具有很高的自动化和智能化水平。

(6) 应用广泛 气相色谱法广泛用于石油化工、环境保护、食品分析、医药卫生等领域。该法不但可以分析气体样品,凡是在 450℃ 以下可以汽化的液体或固体样品都可以用其进行分析。

但是,气相色谱法本身也存在着一定缺陷。例如,色谱定性效果并不理想,一般不能直接给出定性结果,需要结合其他分析方法;气相色谱法分析无机物和高沸点的有机物比较困难,需要借助高效液相色谱法等其他色谱技术来实现;色谱分析法为相对分析法,需要标准物质作为参照,这同时也是仪器分析的一大缺陷。

二、气相色谱法的分类及应用

按照固定相的作用形式来看,气相色谱一般属于柱色谱,有以下几种分类方式:

1. 按照固定相状态分

可分为气固色谱和气液色谱两类。气固色谱的固定相是固体吸附剂,包括炭质吸附剂、氧化铝、硅胶、分子筛等，主要用于分离永久气体和低分子量的有机化合物；而气液色谱的固定相由载体及涂渍在载体上的固定液构成。由于气固色谱和气液色谱的固定相不同，二者的分离机理截然不同，但在实际分析中气液色谱法应用更为广泛，约占气相色谱分析法的90%以上。

此外，作为合成固定相的一种以苯乙烯等为单体与二乙烯基苯交联共聚的高分子多孔小球（GDX），既可以作为吸附剂直接用于气固色谱，也可以作为载体用于气液色谱。在交联共聚过程中，使用不同的单体或共聚条件，可获得不同极性的合成固定相及不同分离效能，广泛用于多种有机化合物及气体的分析。

2. 按照色谱柱的填充方式分

包括填充柱气相色谱和毛细管柱气相色谱两种。填充柱是固定相紧密填充在色谱柱内，是"实心"柱，而毛细管柱的固定相是附着在柱管内壁上的，是"空心"柱，这是二者在填充方式上的主要区别。现代气相色谱分析常用的是毛细管柱，习惯上称为"开管柱"。二者的主要区别见表7-1。

表 7-1　填充柱与毛细管柱的区别

柱类型＼参数	柱材质	柱内径/mm	普通柱长/m	每米塔板	柱容量	固定相	程序升温应用
填充柱	玻璃/不锈钢	2～5	0.5～3	约1000	mg级	载体+固定液	基线漂移
毛细管柱	熔融石英	0.1～0.5	10～25	约3000	<100ng	固定液	基线稳定

3. 按照分离机理分

这是一种粗略的分类方式，因为色谱分离过程往往是多种机理相互作用的结果，而并非仅仅依靠一种机理进行分离。气固色谱分离的机理主要是吸附机理，又称为吸附色谱，气液色谱分离机理主要是分配机理，又称为分配色谱。

4. 按照进样方式分

包括常规色谱、顶空色谱和裂解色谱等。常规色谱即利用微量注射器等常规手段进行进样分离。顶空色谱实为一种气相萃取技术，即利用气体溶剂来萃取样品中的挥发性成分，在取样的同时可以净化试样，大大简化了气相色谱样品处理的过程且具有较高的灵敏度，现已被广泛采用。裂解色谱是一种利用裂解器通过加热将样品转化为另外一种或几种物质后，再用气相色谱法分离分析的方法，尤其适用于大分子的有机化合物或聚合物，如树脂、涂料、橡胶等，一般无需复杂的样品预处理，可以直接进样分析。

三、气相色谱法的分离原理

1. 气固色谱法的分离原理

气固色谱法中的固定相是一种具有表面活性的吸附剂，当样品随着载气流过色谱柱时，由于吸附剂对各组分吸附能力的不同，经过反复多次吸附与解附（脱附）的分配过程最后达到彼此分离。吸附能力小的组分在固定相上的滞留时间短，较易脱附，先随着载气流出色谱柱，吸附能力大的组分后流出。在一段时间间隔后，使得性质不同的各组分达到彼此分离。

码 7-1　气固色
谱分离原理

2. 气液色谱法的分离原理

气液色谱法在色谱柱中装入了一种具有一定粒度的惰性的多孔固体物质（载体），该物质表面涂有一层很薄的不易挥发的高沸点有机化合物（固定液），当载气把被分析的气体混合物带入色谱柱后，由于各组分在载气和固定液的气液两相中的分配（在一定的压力、温度条件下，物质在两相中溶解度的比值）不同，所以随着载气的流动，样品各组分从固定液中解吸（挥发）的能力就不同。当解吸出来的组分随着载气向前移动的时候，又再次溶解在前面的固定液中，这样反复多次地进行溶解-挥发-再溶解-再挥发的分配过程，使得分配系数有微小差异的各组分，能产生很大的分离效果。在固定液中溶解度小的组分，挥发快，移动速度也快；反之，溶解度大的组分则移动速度较慢。这样各组分将会先后流出色谱柱，从而达到分离的目的。

物质在流动相和固定相之间发生的这种吸附-脱附或溶解-挥发的过程，称为分配过程。显然，分配系数或分配比相同的组分，同时流出色谱柱，色谱峰重叠，是无法分离的；而分配系数或分配比相差越大，相应的色谱峰距离就越远，分离效果越好。分配系数较小的组分先流出色谱柱（先出峰），分配系数大的组分后流出色谱柱（后出峰）。

💡 思考与交流

1. 气相色谱法有哪些特点？
2. 气相色谱法主要应用是什么？
3. 气固色谱和气液色谱的分离原理有哪些不同？

任务二　气相色谱法基本理论

💡 任务要求

1. 了解色谱塔板理论。
2. 了解气相色谱速率理论。
3. 了解色谱分离基本方程。

色谱分离的基本理论包括塔板理论和速率理论，这两大理论揭示了色谱分离过程中的各种柱现象和色谱流出曲线形状的影响因素及如何评价色谱柱的分离效能等问题。

一、塔板理论

1941 年，Martin 和 James 最早提出塔板理论，该理论将色谱分离过程视为一个精馏过程，将色谱柱比作精馏塔，设想色谱柱内有多块塔板，色谱分离过程就是在这样一块块塔板上完成的。在每一小段（塔板）内，一部分空间为固定相占据，另一部分空间充满流动相（载气），载气占据的空间称为板体积。当待分离的组分随流动相进入色谱柱后，就在两相间进行分配。在色谱柱内完成一次分配的一段称作一个理论塔板，一个理论塔板的长度称为理论塔板高度 H（即组分在柱内两相间达到一次分配平衡所需要的柱长）。由于色谱柱内的塔板数相当多，经过反复多次的分配平衡，即使组分分配系数只有微小差异，仍然可以获得很好的分离效果。分配系数小的组分，先离开色谱柱，分配系数大的组分后离开色谱柱。

塔板理论是一种半经验理论，但它成功地解释了色谱流出曲线呈正态分布的原因。该理论有如下假设：

① 载气进入色谱柱不是连续而是脉动式的。每次进气为一个板体积。

② 试样开始都加在第一块塔板上且忽略试样沿色谱柱方向的扩散（纵向扩散）。

③ 组分在各塔板内两相间的分配瞬间可达平衡，达到一次平衡所需的柱长为理论塔板高度 H。

④ 某组分在所有塔板上的分配系数相同。

当塔板数 n 较少时，组分在柱内达分配平衡的次数较少，流出曲线呈不对称的峰形；

当塔板数 $n > 50$ 时，峰形接近正态分布。计算理论塔板数的经验公式为：

$$n = 5.54\left(\frac{t_R}{Y_{1/2}}\right)^2 = 16\left(\frac{t_R}{Y}\right)^2 \qquad (7\text{-}1)$$

式中，n 表示理论塔板数；t_R 是组分的保留时间；$Y_{1/2}$ 和 Y 分别表示半峰宽和峰底宽，均以时间为单位。

若柱长为 L，则每块理论塔板高度

$$H = \frac{L}{n} \qquad (7\text{-}2)$$

由以上两式可见，理论塔板数决定于组分保留值和峰宽。当色谱柱长 L 固定时，理论塔板数 n 越多、理论塔板高度 H 越小、色谱峰越窄，柱效越高。n 和 H 都可以用来描述柱效率。

在实际应用中，经常出现计算出的 n 值很大，但色谱柱的实际分离效能并不高的现象。这是因为，保留时间中包括了与色谱分离过程无关的死时间，即理论塔板数不能真实反映色谱柱的实际分离效能。因此，引入有效塔板数 $n_{有效}$ 和有效塔板高度 $H_{有效}$ 来评价色谱柱实际的分离效能。

$$n_{有效} = \frac{L}{H_{有效}} = 5.54\left(\frac{t'_R}{Y_{1/2}}\right)^2 = 16\left(\frac{t'_R}{Y}\right)^2 \qquad (7\text{-}3)$$

式中，t'_R 是某组分的调整保留时间。

值得注意的是，同一根色谱柱对不同组分的柱效能是不一样的，因此在利用塔板数和塔板高度评价柱效时，必须说明针对何种组分。因此，在比较不同色谱柱的柱效能时，应在同一色谱操作条件下，以同种组分通过不同色谱柱，测定有效塔板数或有效塔板高度后再进行比较。

二、速率理论

塔板理论虽然比较形象地阐述了评价色谱柱效能的指标，但它是建立在基本假设的基础上的，有些假设并不合理，所以塔板理论很难解释影响柱效的因素这一关键问题。速率理论是在塔板理论的基础上发展起来的，它吸收了塔板理论中理论塔板高度的概念，并同时考虑理论塔板高度的动力学因素后指出，填充柱的柱效应受分子扩散、传质阻力、载气流速等因素的影响，从而较好地解释了影响色谱柱效能的各种因素。

1956 年，Van Deemter 等人提出了色谱过程的动力学理论，该理论吸取了塔板理论中塔板高度的概念，考虑影响板高的动力学因素，导出了速率理论方程（亦称范式方程）：

$$H = A + \frac{B}{u} + Cu \qquad (7\text{-}4)$$

式中，H 为塔板高度；A 称为涡流扩散项；B/u 称为纵向扩散项（分子扩散项）；B 为纵向扩散系数；Cu 称为传质阻力项；C 为传质阻力系数；u 是载气的线速度。当 u 一定时，只有当 A、B、C 均较小时，H 才小，柱效才会高；反之则柱效较低，色谱峰扩张。

码 7-2 涡流扩散过程

1. 涡流扩散项

在填充色谱柱中，流动相通过填充物的不规则空隙时，其流动方向不断地改变，因而形成紊乱的类似"涡流"的波动。由于填充物的大小、形状各异以及填充的不均匀性，使待分离组分的分子在色谱柱中经过的通道直径和长度不同，从而使它们在柱中的停留时间不等，其结果使色谱峰扩张。影响色谱峰扩张变宽的因素可表示为下式：

$$A = 2\lambda d_p \qquad (7\text{-}5)$$

上式表明，涡流扩散项与色谱柱填充方式的不均匀因子 λ 和填充物的平均颗粒直径 d_p 有关，与流动相的性质、线速度和组分性质无关，使用粒度细和颗粒均匀的填料，均匀填充，可以减小涡流扩散，提高柱效。

码 7-3　分子扩散过程

2. 分子扩散项

当组分进入色谱柱后，随着载气的移动，在色谱柱的轴向上产生了浓度梯度，使组分分子产生浓度扩散，故该项也称为纵向扩散项。纵向扩散使色谱峰扩张。其影响因素可表示为：

$$B = 2\gamma D_g \tag{7-6}$$

式中，γ 是填充柱内气体扩散路径弯曲的因素，也称弯曲因子，它与色谱柱中载体填充情况有关，如为毛细管柱，则 $\gamma=1$，为填充柱，则 $\gamma<1$；D_g 为组分在气相中的扩散系数，它与组分的性质、组分在气相中的停留时间、载气的性质、柱温等因素有关。为了减小分子扩散项，可采用较高的载气流速，使用分子量较大的载气，控制较低的柱温。

3. 传质阻力项

由于浓度不均匀而发生的物质迁移过程称为传质。影响传质过程速度的因素，叫传质阻力。传质阻力系数 C 包括气相传质阻力系数 C_g 和液相传质阻力系数 C_l，即

$$C = C_g + C_l \tag{7-7}$$

气相传质过程是指试样在气相和气液界面上的迁移。由于传质阻力的存在，使得试样在气液界面上不能瞬间达到分配平衡。所以，有的分子还来不及进入两相界面就被气相带走，出现提前出峰的现象，造成色谱峰扩张。对于填充柱，气相传质阻力系数 C_g 为：

$$C_g = \frac{0.01k^2}{(1+k)^2} \times \frac{d_p^2}{D_g} \tag{7-8}$$

从上式可以看出，气相传质阻力与填充物颗粒平均直径的平方成正比，与组分在载气流中的扩散系数成反比。因此，采用粒度小的填充物和分子量小的气体作载气，可减小 C_g，提高柱效。

在气液色谱中，液相传质阻力也会引起色谱峰的扩张，它发生在气液界面和固定相之间，液相传质阻力系数 C_l 为：

$$C_l = \frac{8}{\pi^2} \times \frac{k}{(1+k)^2} \times \frac{d_f^2}{D_l} \tag{7-9}$$

由上式可见，减小固定液的液膜厚度 d_f，增大组分在液相中的扩散系数，可以减小 C_l。而降低固定液的含量，可以降低液膜厚度，但分配比 k 随之变小，又会使 C_l 增大，当固定液含量一定时，液膜厚度随载体的比表面积增加而降低。因此，一般采用比表面积较大的载体来降低液膜厚度。另外，提高柱温，虽然可以增大 D_l，但会使 k 值减小，为了保持适当的 C_l 值，应该控制适宜的柱温。

Van Deemter 方程对选择色谱分离条件具有指导意义。它指出了色谱柱填充的均匀程度、填充粒度的大小、流动相的种类及流速、固定相的液膜厚度等对柱效的影响。但是除上述造成谱峰扩宽的因素外，还应该考虑柱径、柱长等因素的影响。

速率理论能较好地解释色谱分离过程，尤其是阐明了影响色谱柱效能的因素，但是速率理论中许多影响因素是彼此对立、相互制约的。例如，增大流速可以使分子扩散项减小，虽然可以提高柱效，而同时传质阻力项变大，又对柱效不利。所以在色谱分离过程中要严格控制操作条件，以期达到较高的柱效。

三、色谱分离基本方程

色谱分离过程中，对于难分离的物质对，由于二者保留值差别较小，可认为 $Y_1=Y_2=Y$，$k_1 \approx k_2 = k$。根据式（7-1）得：

$$\frac{1}{Y}=\frac{\sqrt{n}}{4} \times \frac{1}{t_R}$$

将上式和 $t_R = t_M(1+k)$ 代入分离度的计算公式，整理后得：

$$R = \frac{\sqrt{n}}{4} \times \frac{\alpha-1}{\alpha} \times \frac{k}{1+k} \tag{7-10}$$

上式称为色谱分离基本方程式，它表明了色谱分离度 R 不仅与体系的热力学性质 α 和 k 有关，也与色谱柱自身的性质 n 有关。因为理论塔板数与有效塔板数存在如下关系：

$$n = \left(\frac{1+k}{k}\right)^2 n_{有效}$$

将上式代入式（7-10）整理后，得到：

$$R = \frac{\sqrt{n_{有效}}}{4} \times \frac{\alpha-1}{\alpha} \tag{7-11}$$

上式即为用有效塔板数表示的色谱分离基本方程。

💡 思考与交流

1. 塔板理论的四个基本假设是什么？是否与实际相符？
2. 影响涡流扩散项的因素有哪些？对板高各有什么影响？
3. 速率理论表明了影响色谱动力学过程的因素有哪些？
4. 色谱分离基本方程对研究影响分离度的因素有何指导意义？

任务三　气相色谱仪

💡 任务要求

1. 熟悉气相色谱分析流程。
2. 了解气相色谱仪的一般构造。
3. 熟悉气相色谱仪的一般使用步骤。

一、气相色谱分析流程

气相色谱仪虽然种类繁多，但是不同型号的气相色谱仪基本结构是一致的。都是由气路系统、进样系统、分离系统、检测系统、信号处理系统、温度控制系统六大部分组成。

常见的气相色谱仪有单柱单气路（参见图 7-1）和双柱双气路（参见图 7-2）两种类型。

码 7-4　单柱单气路工作流程

单柱单气路气相色谱仪结构简单、操作方便，其工作流程为：高压钢瓶提供的载气依次经过减压阀、净化干燥管、稳压阀、转子流量计、样品室、色谱柱、检测器后放空。双柱双气路气相色谱仪是将经过稳压阀的载气分为两路进入各自的色谱柱和检测器，分别作为分析用和补偿用，这种结构可以补偿气流不稳和固定相流失对检测器

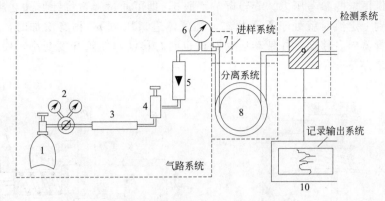

图 7-1　单柱单气路气相色谱仪流程图

1—气源钢瓶；2—减压阀；3—净化干燥管；4—针形瓶；5—转子流量计；
6—压力表；7—样品室；8—色谱柱；9—检测器；10—数据记录及处理

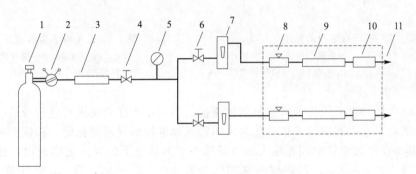

图 7-2　双柱双气路气相色谱仪流程图

1—气源钢瓶；2—减压阀；3—净化干燥管；4—稳压阀；5—压力表；
6—稳流阀；7—流量计；8—样品室；9—色谱柱；10—检测器；11—恒温箱

产生的影响。

二、气相色谱仪的结构组成

1. 气路系统

气相色谱仪具有一个让载气连续运动、管路密闭的气路系统。通过该系统，可以获得纯净的、流速稳定的载气。它的气密性、载气流速的稳定性以及测量流量的准确性，对色谱分离效果均有很大的影响，因此必须注意控制。

气相色谱常用的载气有氮气、氢气、氦气和氩气。载气一般可由气体钢瓶来提供。钢瓶内气体压力较大（10～15MPa），而气相色谱法一般采用的载气压力为 0.2～0.4MPa，因此，需要通过减压阀降低瓶内气体的输出压力。减压阀的结构如图 7-3 所示。图中 7 是高压气瓶与减压阀的连接口，气体经提升针形阀 4 进入装有调节隔膜 3 的出口腔 5，出口压力是靠调节手柄 1 调节。顺时针拧紧，针形阀逐渐打开，出口压力升高；反时针旋松，出口压力减小。

从载气钢瓶中输出的气体内含有部分水分和杂质，需要经过净化干燥管除去。净化干燥管内填充的 5A 分子筛和变色硅胶可以吸附载气中的水分和低分子量的有机杂质，填充的活性炭可以吸附载气中分子量较大的有机杂质。

通过减压阀的载气还需经过稳压阀稳定气体压力，控制流速。其稳定后的压力在压力表上显示出来。稳压阀的结构如图 7-4 所示。稳压阀为后面的针形阀提供稳定的气压，或为后面的稳流阀提供恒定的参考压力。旋转调节手柄 5，即可通过弹簧将针形阀 2 旋到一定的开度，当压力达到一定值时就处于平衡状态，当气体进口压力 p_1 稍有增加时，p_2 处的压力也增加，波纹管就向右移动，并带动连动阀杆也向右移动，使阀开度变小，使出口压力 p_3 维持不变，反之亦然。

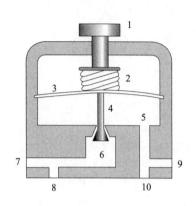
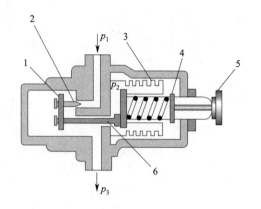

图 7-3   减压阀结构示意图
1—调节手柄；2—弹簧；3—隔膜；4—提升针形阀；
5—出口腔；6—入口腔；7—气体入口；8—高压压力表；
9—气体出口；10—低压压力表

图 7-4   稳压阀结构示意图
1—阀座；2—针形阀；3—波纹管；
4—弹簧；5—手柄；6—阀杆

气路系统中还经常采用针形阀调节气体流量。当利用程序升温进行色谱分析时，由于载气流量不断变化，会引起信号不稳，此时采用稳流阀维持载气流量稳定。稳流阀的结构如图 7-5 所示。其工作原理是针形阀在输入压力保持不变的情况下旋到一定的开度，使流量维持不变。当进口压力 p_1 稳定，针形阀两端的压力差 $\Delta p = p_3 - p_2$，当 Δp 等于弹簧压力时，膜片两边达到平衡。当柱温升高时，气体阻力增加，出口压力 p_4 增加，流量降低。因为 p_1 是恒定的，所以 $p_1 - p_2$ 小于弹簧压力，这时弹簧向上压动膜片，球阀开度增大，出口压力 p_4 增大，流量增加，p_2 也相应下降，直至 $p_1 - p_2$ 等于弹簧压力时，膜片又处于平衡，使气体流量维持不变。

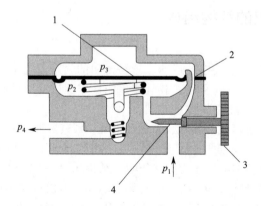

图 7-5   稳流阀结构示意图
1—弹性膜片；2—上游反馈管；3—手柄；4—针形阀

经稳流调节后的载气流量由流量计测量并显示出来。常用的流量计有转子流量计和皂膜流量计两种。也有采用刻度阀或电子气体流量计测量气体流量的装置。

整个气路系统各部件用不锈钢或紫铜管进行密封连接。有时也采用尼龙管或聚四氟乙烯管，虽然连接方便，成本也较低，但使用效果不如金属管好。

气相色谱仪气路系统的密封性至关重要，因此需要经常进行检漏。检漏的方法可采用皂膜法，即用肥皂水涂在管路接头部位，若有气泡溢出，则表明该处漏气。也可以采用堵气法，即用塞子堵住管路出口，转子流量计示值为 0，关闭稳压阀后压力表压力不下降，表明不漏气，若转子流量计示值不为 0，或压力表压力缓慢下降，则表示漏气。发现漏气应及时拧紧接头密封螺母直到不漏气为止。

2. 进样系统

气相色谱仪进样系统的作用是将液体试样在进入色谱柱之前瞬间汽化，然后快速定量地转入到色谱柱中。进样量的大小、进样时间的长短、试样的汽化速度等都会影响色谱的分离效果和分析结果的准确性及重现性。进样系统包括进样器和汽化室两部分。

（1）进样器　气体样品的进样常采用六通阀定量进样。常见的有旋转式六通阀（图 7-6）或推拉式六通阀（图 7-7）两种。

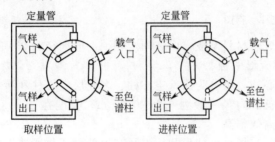

图 7-6　旋转式六通阀结构及取样和进样位置

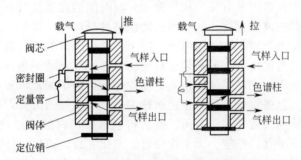

图 7-7　推拉式六通阀结构及取样和进样位置

对于常压气态样品也可以采用 0.25～5mL 注射器直接量取进样。液体样品的进样一般采用微量注射器直接进样。常见的微量注射器规格分为 $1\mu L$、$5\mu L$、$10\mu L$、$50\mu L$、$100\mu L$ 等。

固体样品通常先用溶剂溶解后，再用微量注射器按照液体进样的方式进行。

目前，很多新型仪器上安装了自动进样器，大大简化了进样操作步骤。

（2）汽化室　汽化室的作用是将液体样品瞬间汽化为蒸气，然后由载气将汽化后的样品迅速带入色谱柱内进行分离。为了让样品在汽化室中瞬间汽化而不分解，要求汽化室热容量大，温度足够高且无催化效应。为了尽量减少柱前谱峰变宽，汽化室的死体积应尽可能小。

码 7-5　进样操作和汽化过程

3. 分离系统

气相色谱仪的分离系统主要由色谱柱和柱箱组成。而色谱柱是气相色谱仪的核心，起到将多组分混合样品分离为单一组分的作用。

（1）柱箱　气相色谱仪柱箱的主要作用是维持色谱柱温度的恒定，相当于一个精密的恒温箱。柱箱的控温范围一般在室温～450℃，且带有多阶程序升温功能，能满足色谱优化分离的需要。

（2）色谱柱　色谱柱主要有两类，即填充柱（图7-8）和毛细管柱（图7-9）。

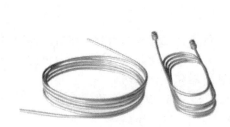

图7-8　填充柱实物图　　　　　　　　　图7-9　毛细管柱实物图

填充柱由不锈钢或玻璃材料制成，内装固定相，一般内径为2～4mm，长为1～5m。填充柱的形状有U形和螺旋形两种。

毛细管柱又叫作空心柱，可分为涂壁空心柱、多孔层空心柱和涂载体空心柱等。毛细管柱材质为玻璃或熔融石英。内径一般为0.1～0.5mm，长度在25～300m不等，呈螺旋形。毛细管柱比填充柱的分离效率高。

色谱柱的分离效果除与柱长、柱形和柱内径有关外，还与所选用的固定相和柱填料的制备技术以及操作条件等许多因素有关。如果使用一段时间后发现柱效有较大幅度的降低，这一般是由于一些高沸点的极性化合物的吸附而使色谱柱分离能力降低，此时应该在高温下老化色谱柱，用载气冲洗出杂质，或采用丙酮、甲苯、乙醇等溶剂进行清洗。

新制备或新安装的色谱柱使用前必须进行老化处理。其目的一是彻底除去固定相中残存的溶剂和某些挥发性杂质；二是促使固定液更加均匀、更加牢固地涂布在载体表面上。老化方法是：将色谱柱接入色谱仪气路中，将色谱柱的出气口直接通大气，然后在稍高于操作柱温下，以较低流速连续通入载气一段时间，然后将色谱柱出口端连接检测器，开启记录仪，继续通入载气，待基线平直、稳定、无干扰峰时，老化完成，可以进样测定。

色谱柱长期不用时，应将其从仪器上卸下，在柱两端套上不锈钢螺母，妥善保存，以免柱头被污染。

4. 检测系统

检测器的作用是将经过色谱柱分离后流出组分的浓度信号转化为电信号输出，然后对被分离的各组分进行定性或定量测定。

气相色谱检测器有积分型和微分型两种，目前被广泛使用的是微分型检测器，其检测的信号是组分随时间变化的量。微分型检测器按照原理不同可以分为浓度敏感型和质量敏感型两类，浓度敏感型检测器的响应值取决于载气中组分的浓度；质量敏感型检测器的响应值决定于单位时间内组分进入检测器的量。

（1）检测器的性能指标

① 噪声与漂移。检测器噪声是指当没有样品进入检测器时，由仪器本身和操作条件等偶然因素的变化引起的基线起伏。表示为"N"，单位为"mV"。基线随时间向某一方向的缓慢变化称为基线漂移。表示为"M"，单位为mV/h。良好的检测器噪声与漂移都应该很小。

② 检测器的灵敏度。灵敏度又称为响应值或应答值。表示单位时间或单位体积载气内一定量的物质通过检测器时所产生的信号大小，就是检测器对该组分的灵敏度，表示为

"S"，即：

$$S = \frac{\Delta R}{\Delta Q} \tag{7-12}$$

式中，ΔR 表示检测器产生的响应信号的变化，单位为 mV；ΔQ 表示进入检测器的组分的量，单位由检测器的类型所决定。

③ 检测器的检测限。在灵敏度的计算中没有考虑噪声的大小，而如果组分的响应信号与仪器的噪声信号相差不大时，则无法正确分辨了。因此需要引入检测限的概念。检测限又称为敏感度，是指检测器能产生两倍于噪声（表示为"N"）的信号时，组分随载气进入检测器的量。检测限用"D"表示。

$$D = \frac{2N}{S} \tag{7-13}$$

检测限越小，仪器性能越好。

④ 最小检测（出）量和最小检测浓度。一般规定产生三倍噪声信号时，所需组分的最小量称为检测器的最小检测量。最小检测量与检测限是两个不同的概念，检测限只用来衡量检测器的性能，而最小检测量不仅与检测器性能有关，还与色谱柱效及操作条件有关。根据最小检测量和进样体积可以计算最小检测浓度。

⑤ 线性范围。检测器的线性范围是指被测组分的量与检测器响应信号成线性关系的范围，通常用保持线性的最大允许进样量与最小允许进样量之比表示。检测器的线性范围越宽越好。

⑥ 响应时间。指进入检测器的组分输出信号达到其真值的 63% 所需的时间。响应时间越小，检测器的性能越好。检测器的死体积小，响应速度就快。

(2) 气相色谱常见的检测器　目前气相色谱法所使用的检测器已有几十种，其中最常用的是热导检测器和氢火焰离子化检测器，此外，电子捕获检测器和火焰光度检测器由于其较高的选择性，也有较多的使用。

① 热导检测器（TCD）。热导检测器是利用被测组分和载气的热导率不同而产生响应的浓度型检测器。

热导检测器由池体和热敏元件组成，有双臂热导池和四臂热导池两种（见图 7-10），每一臂的孔道内都装有一根铼钨合金丝作为热敏元件，在相同条件下热敏元件的电阻值相同，温度变化，电阻值也会相应变化。

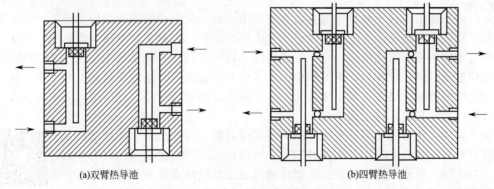

(a)双臂热导池　　　　　　　　(b)四臂热导池

图 7-10　热导池结构

在池体中，只通载气的孔道是参比池，通载气与样品的孔道为测量池。热导检测器的工作原理基于惠斯顿电桥。图 7-11 为四臂热导池的测量电桥。其测量原理是由于不同气态物质所具有的热传导系数不同，当它们到达处于恒温下的热敏元件时，其热敏元件的电阻值会发生变化，将引起的电阻变化通过某种方式转化为可以记录的电信号，从而实现其检测

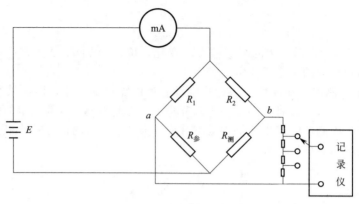

图 7-11 四臂热导池测量电桥

功能。

热导检测器是通用型检测器，无论对单质、无机物，还是有机物均有响应，此外热导检测器的线性范围为 $0 \sim 10^5$，定量准确、操作简单、不破坏试样。但是灵敏度较低是它的一大缺陷。

影响热导检测器灵敏度的主要因素有桥电流、载气的性质、池体温度和热敏元件的材料性质等。对于特定的热敏元件，需要选择的操作条件只有载气、桥电流和检测器温度。

② 氢火焰离子化检测器（FID）。氢火焰离子化检测器简称氢焰检测器，是气相色谱中最常用的一种检测器。其主要部件是不锈钢材质的离子室，包括气体入口、出口、火焰、喷嘴、极化极和收集极、点火线圈等。见图 7-12。

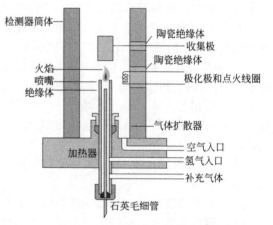

图 7-12 氢火焰离子化检测器结构图

从色谱柱流出的载气和氢气混合后在空气中燃烧，载气中的有机杂质和流失的固定液在氢火焰中发生化学电离，产生正负离子。在电场作用下，正离子向负极（收集极）移动，负离子和电子向正极（极化极）移动，形成电流，称为基流。一般在进样前要进行基流补偿，将基流调整至"0"。进样后，氢火焰中增加了组分被电离后产生的正负离子和电子，从而使电路中的微电流显著增大，其电流变化反映了该组分的响应信号。此信号的大小与进入火焰中组分的质量成正比，可据此定量。

氢火焰离子化检测器是一种破坏型质量型检测器，对在火焰中能产生离子的任何含有 C—H 的有机化合物都有响应，可以直接进行定量分析，仅有少数例外，如甲醛、甲酸等响应较差。氢焰检测器最主要的特点是灵敏度高（比热导检测器灵敏度高约 1000 倍）、检出限低、线性范围宽、结构简单、死体积小、响应时间短。其缺点是对无机气体如 H_2O、CO_2、SO_2、NO_x、H_2S 等物质不灵敏。一些官能团如羰基、羟基、卤素、胺等很少或根本不会离子化。

码 7-6 FID 工作原理

③ 电子捕获检测器（ECD）。电子捕获检测器是一种具有较高选择性和高灵敏度的非破坏型浓度型检测器。它仅对具有电负性的物质，如含有氧、硫、氮、磷、卤素的物质

有响应，且电负性越高的物质，检测的灵敏度越高。ECD对含卤素的化合物有很高的灵敏度，广泛应用于农药、大气、水质污染的检测。

ECD由电离室（阴、阳两极）和筒状的β射线放射源（^{63}Ni）组成，见图7-13。金属池体中的放射性同位素通常是^{63}Ni，发射出β射线，β射线和载气分子碰撞而产生低能量的自由电子，在两电极间施加极化电压以捕集电子流，称为检测器的基流。

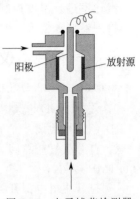

图7-13　电子捕获检测器
结构示意图

$$N_2 \xrightarrow{\beta\ 射线} N_2^+ + e^-$$

某些具有电负性的组分进入离子室后，这些组分的分子能够捕获低能量的自由电子而形成负离子，并释放出能量。

$$AB + e^- \longrightarrow AB^- + E$$

电子被捕获后生成的负离子与载气正离子结合生成中性分子，从而使得电极间电子数和离子数减少，致使基流降低，电流下降值与进入检测器的组分含量成正比。这是ECD定量的基础。

④火焰光度检测器（FPD）。火焰光度检测器也是一类高灵敏高选择性的检测器。主要对含硫、磷的化合物有响应信号，适宜于分析含硫、磷的石油产品、农药及有机杂质等。硫的检测波长是394nm，磷的检测波长为526nm。影响FPD响应值的主要因素是气体流速、检测器温度和样品浓度等。

火焰光度检测器由氢焰部分和光度部分构成。氢焰部分包括火焰喷嘴、遮光槽、点火器等，光度部分实则就是一台光度计。含硫或含磷的有机化合物在富氢火焰中燃烧时，硫、磷被激发而发射出特征波长的光谱。硫化物进入火焰形成激发态的分子S_2^*，此分子跃迁回基态时会发射出特征的蓝紫色光（$\lambda_{max}=394$nm）；当磷化物进入火焰时形成激发态的HPO*分子，它跃迁回基态时发射出特征的绿色光（$\lambda_{max}=526$nm），这两种特征光的光强度与被测组分的含量成正比，这是FPD定量的基础。

5. 数据记录及处理系统

色谱数据记录系统是一种能自动记录由检测器输出的电信号的装置。记录仪就是常用的自动平衡电子电位差计，它可以把检测器检测到的信号记录成电压随时间变化的曲线，即色谱流出曲线。

电子积分仪的实质是一个积分放大器，它能把检测器接收到的电信号经过模-数转换变为数值信号，从而直接测量出色谱峰的保留时间、峰高或峰面积等数据。

色谱数据处理机是一种可以将积分得到的数据进行存储、转换、定量分析并将结果输出的装置。色谱数据处理机的使用大大降低了测定过程中人为因素的影响，使色谱法定性、定量分析结果更加准确与可靠。

色谱工作站是一种专用于色谱分析的计算机系统，它将数据采集和处理结合在一起，以程序控制色谱仪的一般操作及数据处理过程。色谱工作站可以进行色谱峰的识别、基线校正、峰参数的计算、组分定量等工作。而色谱工作站有别于色谱数据处理机的主要原因在于色谱工作站实现了对色谱仪的实时控制，主要包括色谱仪器的一般操作条件的控制、程序升温控制、梯度洗脱、自动进样、流路及阀门的切换、自动调零、衰减、基线补偿控制等功能。

6. 温度控制系统

在气相色谱分析中，汽化室、色谱柱、检测器都需要温度控制。温度直接影响色谱柱的分离效能、检测器的灵敏度和稳定性。其中，对色谱柱的温度控制尤为重要。

色谱柱的温度控制方式有恒温和程序升温两种。对于沸点范围很宽的混合物，一般采用程序升温法进行。程序升温指在一个分析周期内柱温随时间由低温向高温呈线性或非线性变化，以达到用最短时间获得最佳分离的目的。

汽化室进行温度控制的意义在于使液态试样瞬间汽化，从而顺利进入色谱柱完成分离。检测器要求恒温，以提高测定的灵敏度和输出信号的稳定性。

三、气相色谱仪的一般使用方法

下面以 GC122 型气相色谱仪为例，简要介绍气相色谱仪的操作。

1. 使用 TCD 检测器时的操作步骤

① 色谱柱检漏。

② 打开氢气瓶总阀（或氢气发生器）调节压力为 0.2MPa，把载气 1 和载气 2 压力调节为 0.1MPa 左右。

③ 打开主机电源开关，按起始键，仪器温度自动上升。设置柱箱、汽化室、检测器温度，启动温控。

④ 待各温度均达到设定值后，打开热导检测器的电源控制开关，设置检测器温度工作电流至所需值。

注意：随着顺时针转动"电流调节"旋钮，电流的变化率变大。务必小心转动，以防电流超出过多。

⑤ 调节 TCD 稳流电源的"调零"旋钮，直到基线稳定后，即可进样分析。

⑥ 关机步骤同前。

2. 使用 FID 检测器的操作步骤

① 打开氮气瓶总阀开关（或氮气发生器），调节输出压力为 0.3～0.5MPa 左右，输出流量显示为"0"时，打开净化干燥器开关，接通载气。

② 通载气约 10min，即可打开主机电源开关，按 START 键，仪器温度自动上升。设置柱箱、汽化室、检测器温度。

③ 待各项温度升到设定值以后，打开氢气瓶总阀（或氢气发生器），把输出压力调节为 0.2MPa，输出流量显示为"0"，打开净化干燥器上的氢气开关，同时打开空气压缩机（或空气发生器）电源开关。

④ 打开氢火焰检测器的电源控制开关，把灵敏度调至 9。

⑤ 调节氢气阀为 5.0 圈、空气为 6.0 圈，按点火键约 5s，自动点火。

注意：判断是否点燃氢火焰，可以用金属物放到离子室的放空口上看有没有水蒸气产生。如果有说明火已点着了，如果没有可以再点一下。

⑥ 调节基流补偿，待基线稳定（水平直线）后，即可进样分析。

⑦ 关机时，先关闭氢气钢瓶（或氢气发生器），直到压力降为"0"，再关闭净化干燥器上的氢气、空气开关。

⑧ 设定柱温、进样器、检测器温度为 50℃以下，进行降温。

⑨ 待温度降到设定值后即可关闭色谱仪电源。

⑩ 最后关闭载气气源，直到没有压力后再关闭净化器上的载气开关。

🔆 思考与交流

1. 双柱双气路比起单柱单气路气相色谱仪有什么优点？

2. 气相色谱检测器的性能指标有哪些？如何反映仪器的性能？

3. 常用的四种气相色谱检测器各有何特点？

任务四　气相色谱实验技术

任务要求

1. 了解气相色谱分析样品的采集与制备方法。
2. 熟悉气相色谱分离操作条件的选择。

一、气相色谱分析样品的采集与制备

色谱分析所涉及的样品主要有气体（包括蒸气）样品、液体（包括乳液）样品和固体（包括气体悬浮物、液体悬浮物）样品。它们的采集方法主要有直接采集、富集采集和化学反应法采集等。应根据色谱分析的目的、样品的组成及其浓度水平、样品的物理化学性质（如样品的溶解性、蒸气压、化学反应活性等）等，决定采用哪一种采集样品的方法。

样品的直接采集是最常用的方法之一，有时也是最简单的和成本最低的方法。它只需要将样品直接引进到容器之中就完成了样品的采集过程。采集样品的容器最好是新的，如果使用已经用过的容器，则必须清洗干净，保证没有前一个样品的残留影响。

样品的富集采集就是在样品的采集过程中，同时将待测组分富集，如吸附采样就是样品富集采集的一种方法，要选择合适的吸附材料，在采集气体或液体样品的同时吸附被测组分，使其在吸附材料上富集。

样品采集后要尽快进行色谱样品的制备，将采集的样品制备成可供色谱分析的样品，以便进行色谱分析。如不能尽快地进行色谱样品的制备，则要采取一些措施，保证采集到的样品中被测组分不发生变化和丢失。

1. 采样前的准备工作

由于存在着潜在的样品采集介质的污染，包括玻璃器皿、吸附材料和回收装置等，必须对它们仔细地进行清洗和保护。严格的清洗程序和预处理方法对于不同的采样装置有所不同，清洗、冲洗、烘烤，采用干净和惰性的密封材料，添加合适的填充物用于储存和运输等都是需要在采样前就考虑好的。采样点的选择、采样的时机和时间间隔、采样的方式都需要在采样前加以仔细研究后确定。在用吸附材料进行吸附采样前，应对吸附剂进行活化处理。

2. 采样中的注意事项

① 采集的样品应有代表性，能客观地代表被研究的对象。这首先就要注意采样的时间、地点及采样位置的选择。

② 所有样品要采集双份，一份作为分析样品，一份作为保存样品，以备需要复查时使用。在现场需要加化学试剂处理时，每一组样品都要准备现场试剂空白。

③ 样品的采集和储存运输过程应做好详细的记录，记录的内容应包括：样品采集的时间、地点、准确位置及周围的环境状况（如气温、风速、风向等气象资料）；采集样品所用的工具；样品储存容器的大小和材质；所采样品的物理化学状况（如气体样品有无气味和刺激性、液体样品有无悬浮物和气味、温度、pH值等）；储存前样品处理的过程；样品储存的条件及时间；样品运回实验室的运输方式及运输过程中的一些详细情况等等。总之，越详细越好。

④ 样品的采集和储存过程中待测组分不应有损失和发生化学变化。损失可能来自待测组分的挥发、在储存容器器壁上的吸附和在样品中固体悬浮物上的吸附等物理原因。发生的化学变化可能来自待测组分被空气中的氧气氧化，由样品中的微生物引起的分解和某些化学反应，样品中各组分之间发生的一些化学反应，等等。样品的采集和储存过程中要避免外界

的污染。由于这些污染在样品中引入了某些待测组分，使分析的结果不能真实地反映待测组分的情况。污染主要来自采样工具的不洁、样品储存容器的不净及所用储存容器的材质中含有某些待测组分、空气中存在的一些物质的污染等。这些问题都需要在采样时加以注意。

⑤ 样品采集后应尽快送到实验室进行色谱分析样品的制备工作。

3. 样品的采集过程

（1）气体样品的采集　用于直接采集气体样品的容器主要有刚性容器和塑性容器。刚性容器主要由玻璃或金属合金材料制成，如玻璃采样瓶、气密性玻璃注射器、不锈钢采样瓶等。玻璃采样瓶的体积一般为 1～5L，附带聚四氟乙烯管瓶盖。塑性容器主要由高分子合成材料制成的气体袋，如聚酯袋、聚四氟乙烯袋和铝箔加固的塑性气体袋等。塑性气体采样袋的体积一般为 2～100L。

气体采样装置一般由收集器、流量计和采样动力三部分组成。收集器一般分为两种类型，一类是直接收集型，另一类是浓缩富集型。直接收集型的收集器有注射器、玻璃烧瓶、塑料包或铝箔袋等。浓缩富集型的收集器又分吸收式、吸附式和冷凝式。用于气体和气体中颗粒物采样的流量计有：孔口流量计、转子流量计和限孔口流量计。采样动力根据采样现场有无交流电源分两类。无电源时可采用连续式抽气筒、注射器、双联球、水抽气瓶等装置；有电源时可采用吸尘器、真空泵、刮板泵、薄膜泵、电磁泵等装置。

（2）液体样品的采集　液体样品主要是水样（包括环境水样、排放的废水水样及废水处理后的水样、饮用水水样、高纯水水样）、饮料样品、油料样品（包括各种石油样品和植物油样品）、各种溶剂样品等。

液体样品的采集要求使用棕色的玻璃采样瓶，每次采集液体样品一定要完全充满采样瓶，并使其刚刚溢出（根据需要采集的样品量选择采样瓶的大小），灌样品时不要产生气泡，然后使用聚四氟乙烯膜保护的瓶塞密封好采样瓶，密封好的瓶内也不要有气泡，并且在 4℃左右的低温箱中保存以备下一步制备色谱分析用的样品。采集的液体样品的保存时间一般不超过 5～6h。

采集液体样品的容器一般需要多次进行酸和碱溶液清洗，然后使用自来水和蒸馏水依次进行冲洗，最后在烘箱中烘干备用。如果玻璃采样瓶比较脏，可先使用洗液清洗，除去容器内的脏物质后，再使用自来水和蒸馏水依次进行冲洗并在烘箱中烘干备用。

液体样品的采集也可采用吸附剂吸附富集的方法，特别是液体样品中待测组分含量很低时（如环境水样、废水处理后的水样、饮用水水样、高纯水水样等），可用适当的吸附剂制成吸附柱，在采样现场让一定量的样品液体流过吸附柱，然后将吸附柱密封好，带回实验室，制备色谱分析用样品。

对于某些含有微生物的液体样品，如环境水样、废水水样、饮料样品一般都含有微生物，采集后，在现场要立即加入一些化学试剂，抑制微生物的生长，防止待测组分被微生物的生长所破坏。

（3）固体样品的采集　固体样品如合成树脂材料、各种食品、土壤等，一般使用玻璃样品瓶收集并密闭保存。也可以使用铝箔将上述样品瓶进行包装后储存。收集固体样品的容器一般都是一次性的，使用后弃置。固体样品的均匀性较差，在取样时要多取一些，然后再用缩分的方法采集所需的样品量。缩分可在采样现场进行，也可在实验室进行。原始样品的颗粒较细时，可直接进行缩分；原始样品的颗粒较粗时，需先将原始样品粉碎后再进行缩分。采集固体样品时不能直接用手去拿样品，如必须用手拿样品时，要用戴了干净的白布手套的手去拿。

4. 样品运输中的注意事项

为了保证样品容器到测试现场或者返回实验室的过程中安全运输，在样品收集前后所有样品容器必须进行全面的、全过程的监管。使用监管的运输方式必须是明确无误地写明监管、位置、运输方法、运输时间和日期、运输简述（包括日期、数目、尺寸、类型、是否需要温度控制等）。为了保证样品不会与其他的样品或空白混淆，应当使用一种明显的样品标记系统。还有，应当包括对样品容器装卸泄漏问题的监管，保证所运输的样品具有足够的与原始样品一样的数量。另外，使用运输过程的空白样品也可以提供对可能发生在样品的处理、装填和运输等过程中的潜在污染进行进一步的检查。

二、气相色谱分离操作条件的选择

（一）载气的选择

1. 载气种类

气相色谱法中常见的载气有氢气、氮气、氦气、氩气四种。从 Van Deemter 公式可知，使用摩尔质量较大的载气（氮气、氩气）还是用摩尔质量较小的载气（氢气、氦气），要根据具体情况作具体的分析，如主要是降低纵向扩散对柱效的影响，即降低载气的扩散系数，应使用摩尔质量较大的载气，但会延长分析时间；用摩尔质量较小的载气虽然会影响纵向扩散而降低柱效，但是可以降低气相的传质阻力，有利于提高柱效，而且可以缩短分析时间。对 TCD 来说更应该使用氢气载气。用 FID 进行检测时则多用氮气作载气。

2. 载气流速

Van Deemter 公式还阐明了塔板高度与载气流速之间的关系，见图 7-14。每一根色谱柱都有一个最佳流速点，在此流速下柱效最高。由图 7-14 可见，曲线的最低点柱效最高，这一点所对应的载气流速即为最佳流速。在测定时如果使用最佳流速，虽然能获得较高的柱效，但分析过程缓慢。所以，在实际工作中，为了在保证一定柱效的前提下加快分析速度，可以采用比 $u_{最佳}$ 稍大的流速进行测定。

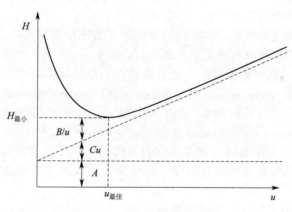

图 7-14　板高与流速的关系

（二）固定相的选择

1. 气固色谱固定相

气固色谱的固定相为固体吸附剂，固体吸附剂是一些多孔性、大比表面积、具有吸附活性的固体物质。固体吸附剂一般有以下特点：

① 吸附容量大、热稳定性好、耐高温，适用于永久性气体及低沸点的有机物（$C_1 \sim C_4$ 的烃类气体）的分析。

② 柱效能低、色谱峰易拖尾，通常不能用于高沸点组分的测定，为改善性能，使用前要进行活化处理。

③ 种类不多，应用受限。

固体吸附剂一般有以下几类：

① 活性炭。是非极性的，最高使用温度在 200℃ 以下。其表面活性大而不均一，适用于分离惰性气体、氮气、二氧化碳气体、永久性气体及低沸点的烃类，不宜分离极性及高沸点的组分。

② 石墨化炭黑。是非极性的，最高使用温度在 500℃ 以下。其表面均匀，活化点少，主要靠色散力的作用吸附。使用前需经过表面处理，可以分离气体及烃类，且对高沸点的有机化合物峰形对称。

③ 硅胶。是极性的，最高使用温度在 400℃ 以下。可分离一般气体、$C_1 \sim C_4$ 的烷烃、N_2O、SO_2、H_2S、SF_6、CF_2Cl_2 等气体。

④ 碳分子筛。其非极性强，表面活化点少，疏水性强，柱效高，耐腐蚀，耐辐射，寿命长。用于一些永久气体的分析，用于金属热处理气氛的分析，适于分析氢键型化合物。

⑤ 氧化铝。是极性的，最高使用温度在 400℃ 以下。可分离烃类及有机异构体，在低温下可分离氢的同位素。

⑥ 分子筛。是强极性的，最高使用温度在 400℃ 以下。具有几何选择性，对极性分子作用力强，对可形成氢键的化合物也有很强的作用力，即使在低浓度、高温、高流速下对被吸附物质也有较高的吸附能力。用于永久性气体和惰性气体的分离。

高分子多孔小球也可作为固体固定相。此类固定相的疏水性很强，球形外观，大小均匀，有利于色谱柱的填充，可通过改变其极性和孔径的大小来提高柱效。高分子多孔小球适用于有机物中微量水的测定，半水煤气成分的测定，CO_2 和 N_2O 的分析，分离低碳烃和脂肪醇等。

2. 气液色谱固定相

气液色谱的固定相是一种高沸点的有机溶剂，通常把惰性的固体支持物称为"载体"，把涂渍在载体上的高沸点有机物称为"固定液"。

（1）载体　是一种化学惰性、多孔性的颗粒，它的作用是提供一个足够大的惰性表面，用以承担固定液，使固定液以薄膜状态分布在其表面上。

① 对载体的要求。在气液色谱中，要求载体表面应是化学惰性的，即表面没有吸附活性和催化作用，更不能与被测物质起化学反应；热稳定性好，有一定的机械强度，不易破碎；多孔，即比表面积大且孔径分布均匀，使固定液与试样的接触面较大；粒度均匀、细小，有利于提高柱效。

② 载体的分类。常用的载体大致可以分为无机载体和有机聚合物载体两大类。无机载体主要包括硅藻土型载体和玻璃微球载体；有机聚合物载体主要包括氟载体和其他聚合物载体。

a. 硅藻土型：是由天然硅藻土经煅烧而成的。是气液色谱中应用最广泛的载体，它又可分为红色载体和白色载体（煅烧时加 Na_2CO_3 之类的助熔剂，使氧化铁转化为白色的铁硅酸钠）两种。红色载体的孔径较小，表面孔穴密集，比表面积较大（约 $4m^2/g$），机械强度好。适宜分离非极性或弱极性组分的试样。例如国产 6201 载体及国外的 C-22 火砖等都属于红色硅藻土型载体。白色载体的颗粒疏松，孔径较大。比表面积较小（$1m^2/g$），机械强度较差。与红色硅藻土载体相比，吸附性显著减小，适宜于高温分析和分离极性组分的试样。常见的 101 白色载体、405 白色载体等都属于此类。

b. 玻璃微球：是一种有规则的球状颗粒，具有很小的表面积，其表面无孔、化学惰性。使用时一般需要在玻璃微球上涂覆一层硅藻土、氧化铁、氧化铝固体粉末，以增大其表面积。这类载体的主要优点是能在较低的柱温下分析高沸点的物质，使某些热稳定性差但选择性好的固定液得以应用。缺点是玻璃微球只能用于涂渍低配比的固定液，且柱寿命较短。

c. 氟载体：此类载体的特点是吸附性小、耐腐蚀性强，适合于强极性物质和腐蚀性气体的分析。其缺点是表面积较小、机械强度低，对极性固定液的浸润性差。常见的氟载体有聚四氟乙烯载体和聚三氟氯乙烯载体两种。

③ 载体的表面处理。载体应该起到承担固定液的作用，要求其表面化学惰性，但实际上并非如此。例如，硅藻土型载体表面含有≡Si—OH，Si—O—Si，≡Al—O—，≡Fe—O—等基团，此类载体既有吸附活性又有催化活性。若涂渍上极性固定液，会造成固定液分布不均匀；分析极性试样时，由于活性中心的存在，会造成色谱峰拖尾，甚至发生化学反应。因此，载体使用前应进行钝化处理，方法如下：

a. 酸洗法：其作用是除去表面的铁等金属氧化物杂质。用 6mol/L 的盐酸溶液浸泡载体 2h 以上，然后用水洗至中性，再于 110℃ 烘箱中烘干即可。

b. 碱洗：其作用是除去载体表面的 Al_2O_3 等酸性作用点。将酸洗后的载体放在 100g/L 的 KOH 的甲醇溶液中浸泡后过滤，再用甲醇和水洗至中性，于 110℃ 烘箱中烘干备用。

c. 硅烷化：用硅烷化试剂（例如三甲基氯硅烷、二甲基二氯硅烷等）与载体表面的硅醇、硅醚基团反应，以消除载体表面的氢键结合力，从而钝化载体表面，消除色谱峰拖尾现象。

d. 釉化：将待处理的载体在 20g/L 的硼砂水溶液中浸泡 48h，搅拌数次后，吸滤，并于 120℃ 烘干，再在 860℃ 下灼烧 70min，在 950℃ 下保持 30min，最后再用水煮沸 20～30min，过滤烘干，过筛备用。经过釉化处理的载体吸附性低、强度大，可用于分析强极性物质。

除以上几种载体的表面处理方式外，还有物理钝化处理、涂减尾剂等方法处理载体。

④ 载体的选择。选择合适的载体可以提高柱效，有利于混合物的分离，载体的选择原则如下：

a. 固定液用量＞5%（质量分数）时，选用硅藻土型载体；固定液用量＜5%时，一般选用表面处理过的载体；

b. 腐蚀性样品一般选用氟载体；

c. 高沸点组分则选用玻璃微球载体；

d. 载体的粒度一般选用 60～80 目或 80～100 目，欲获得高效柱，粒度可选用 100～120 目。

（2）固定液　一个多组分样品是否能用气液色谱法进行分析，主要取决于固定液的性质。

① 气相色谱法对固定液要求如下：

a. 固定液应该是一种高沸点的有机溶剂，具有很低的蒸气压，挥发性小；

b. 热稳定性好，即在柱温下不分解，并保持液态，具有较低的黏度；

c. 溶解度大，并且对所分离的混合物有选择性分离能力；

d. 化学稳定性好，在操作柱温下不与载体、样品和载气发生化学反应。

② 固定液的分类。在气液色谱中所使用的固定液多达一千多种，为了便于使用，必须进行分类。固定液的分类可按照其化学结构分，也可以按照"极性"大小来分。

a. 按照化学结构分类

● 烃类：包括烷烃与芳烃。常用的有角鲨烷（异三十烷），是常用的非极性固定液。

● 硅氧烷类：是目前应用最广的通用型固定液。其优点是温度黏度系数小、蒸气压低、流失少，对大多数有机物都有很好的溶解能力等。包括从弱极性到极性多种固定液。硅氧烷类固定液包括甲基硅氧烷、苯基硅氧烷、氟烷基硅氧烷、氰基硅氧烷四类。

● 醇类：是一类氢键型固定液。可分为非聚合醇与聚合醇两类。聚乙二醇如 PEG-20M（平均分子量 20000，250℃）是药物分析中最常用的固定液之一。

● 酯类：是中强极性固定液，分为非聚合酯与聚酯两类。聚酯类多是二元酸及二元醇所生成的线型聚合物，如丁二酸二乙二醇聚酯（PDEGS 或 DEGS）。

b. 按照极性分类。固定液的极性表示含有不同官能团的固定液与分析组分中官能团及亚甲基间相互作用的能力。通常用相对极性 P 的大小表示。规定 β,β'-氧二丙腈的相对极性 $P=100$，角鲨烷的相对极性 $P=0$，其他固定液以此为标准通过实验测出它们的相对极性均在 0~100。每 20 为一级，共分五级。0 为非极性，+1 级为弱极性，+2、+3 级为中等极性，+4、+5 级为强极性。表 7-2 列出了一些常用固定液的数据，供参考。

表 7-2　气液色谱常用固定液

	固定液	最高使用温度/℃	常用溶剂	相对极性	分析对象
非极性	十八烷	室温	乙醚	0	低沸点碳氢化合物
	角鲨烷	140	乙醚	0	C_8 以前碳氢化合物
	阿匹松（L. M. N）	300	苯、氯仿	+1	各类高沸点有机化合物
	硅橡胶（SE-30、E-301）	300	丁醇+氯仿（1+1）	+1	各类高沸点有机化合物
中等极性	癸二酸二辛酯	120	甲醇、乙醚	+2	烃、醇、醛、酮、酸、酯各类有机物
	邻苯二甲酸二壬酯	130	甲醇、乙醚	+2	烃、醇、醛、酮、酸、酯各类有机物
	磷酸三苯酯	130	苯、氯仿、乙醚	+3	芳烃、酚类异构体、卤化物
	丁二酸二乙二醇酯	200	丙酮、氯仿	+4	脂肪酸酯、苯二甲酸酯异构体
强极性	苯乙腈	常温	甲醇	+4	卤代烃、芳烃
	二甲基甲酰胺	20	氯仿	+4	低沸点碳氢化合物
	有机皂-34	200	甲苯	+4	芳烃（二甲苯异构体选择性高）
	β,β'-氧二丙腈	<100	甲醇、丙酮	+5	低级烃、芳烃、含氧有机物
氢键型	甘油	70	甲醇、乙醇	+4	醇、芳烃
	季戊四醇	150	氯仿+丁醇（1+1）	+4	醇、酯、芳烃
	聚乙二醇 400	100	乙醇、氯仿	+4	醇、酯、醛、腈、芳烃
	聚乙二醇 20M	250	乙醇、氯仿	+4	醇、酯、醛、腈、芳烃

③ 固定液的选择。一般根据"相似相溶"原理进行。如果组分与固定液分子极性相似，固定液和被测组分两分子间的作用力就强，被测组分在固定液中的溶解度就大，K 就大。固定液选择的一般原则是：

a. 分离非极性物质，一般选用非极性固定液，这时试样中各组分按沸点次序先后流出色谱柱，沸点低的先出峰，沸点高的后出峰。

b. 分离极性物质，选用极性固定液，这时试样中各组分主要按极性顺序分离，极性小的先流出色谱柱，极性大的后流出色谱柱。

c. 分离非极性和极性混合物时，一般选用极性固定液，这时非极性组分先出峰，极性组分（或易被极化的组分）后出峰。

d. 对于能形成氢键的试样，如醇、酚、胺和水等的分离。一般选择极性的或是氢键型的固定液，这时试样中各组分按与固定液分子形成氢键的能力大小先后流出，不易形成氢键的先流出，最易形成氢键的最后流出。

由于色谱柱中的作用比较复杂，因此合适的固定液还必须通过实验进行选择。

（三）柱温的选择

柱温是气相色谱的重要操作条件。柱温的选择对色谱柱的使用寿命、柱效能、保留值、峰高、峰面积都有影响。柱温低有利于组分的分离，但过低的柱温会使组分在柱中冷凝，增加传质阻力，使色谱峰扩张、拖尾；柱温高有利于传质，但分配系数变小又不利于分离。柱温选择的原则是：使物质既分离完全，又不使峰形扩张、拖尾；柱温一般选择各组分沸点的平均温度或稍低一些。在选择时还需注意：柱温不能高于固定液的最高使用温度，否则会造成固定液的流失；同时柱温必须高于固定液的熔点，这样才能使固定液充分发挥作用。

表 7-3 列举了部分组分适宜的柱温和固定液配比，以供参考。

表 7-3　柱温的选择

样品沸点/℃	固定液配比/%	柱温/℃
气体、气态烃、低沸点化合物	15～25	室温或<50
100～200 的混合物	10～15	100～150
200～300 的混合物	5～10	150～200
300～400 的混合物	<3	200～250

（四）汽化室温度的选择

汽化室温度选择的原则是既要保证样品迅速且完全汽化，又不会引起样品分解。例如，在进行峰高定量时，汽化室温度对分析结果有很大的影响，如汽化室温度低于样品的沸点时，则样品汽化的时间变长，使样品在柱内分布加宽，柱效下降，峰高降低，所以在用峰高定量时，汽化室温度要尽可能高于样品各组分的沸点。一般汽化室温度应比柱温高 30～70℃或比样品组分中的最高沸点高 30～50℃。

（五）进样量的选择

气相色谱分析中，进样量也要适当。若进样量过大，所得到的色谱峰变宽，分离度变小，峰高、峰面积与进样量不存在线性关系，无法定量；若进样量太小，又会因检测器灵敏度不够而不能检出。色谱柱的最大允许进样量可以通过实验确定。对于内径 3～4mm、柱长 2m、固定液用量为 15%～20% 的色谱柱，液体进样量为 0.1～10μL。FID 检测器的进样量应小于 1μL。

思考与交流

1. 气相色谱分析中如何选择载气的种类及载气流速？
2. 适用于气液色谱的固定液应具备哪些条件？
3. 举例说明气液色谱固定液选择的一般原则。
4. 气相色谱分析中选择柱温和汽化室温度的原则是什么？

任务五　气相色谱定性分析

任务要求

1. 理解色谱定性分析的依据。
2. 了解标准物质对照定性的方法。
3. 了解文献保留数据定性的方法。
4. 了解与其他方法结合定性的方法。

一、色谱定性分析的依据

色谱定性分析是确定各色谱峰所代表的物质，进而确定试样的组成。色谱定性的依据是：在一定的固定相和色谱操作条件下，每种物质都有各自确定的保留值或色谱数据，且不受其他组分的影响。但是，在同一色谱条件下，不同

码 7-7　色谱的定性

的物质也可能具有相同或相似的保留值。因此对于未知物的定性比较困难。目前，色谱定性的方法都不能令人满意。在一定程度上，色谱定性主要用于验证。

二、标准物质对照定性

同种物质在相同的色谱条件下应该具有相同的保留值。因此，保留值可作为一种最常用的定性指标。但由于不同物质在相同的条件下，有时具有相近甚至完全相同的保留值，因此，利用保留值定性有很大的局限性。其应用仅限于验证或确证，方法的可靠性不足以鉴定完全未知的化合物。

1. 纯物质对照定性

在一定的色谱条件下，一种物质只有一个确定的保留时间。因此将已知纯物质在相同的色谱条件下的保留时间与未知物的保留时间进行比较，就可以定性鉴定未知物。若二者相同，则未知物可能是已知的纯物质；若二者不同，则未知物就不是该纯物质。

纯物质对照法定性的局限性在于直接利用保留时间进行比较，需要载气的流速、柱温等操作条件恒定不变，而且纯物质的选择也比较困难，所以该法只适用于验证对组分性质已有所了解、组成比较简单且有纯物质的未知物。

2. 加入标准物质增加峰高法定性

该法首先做未知样品的色谱图，然后在未知样品中加入某标准物质，在相同色谱操作条件下又得到一个色谱图。若待测组分的色谱峰升高了，则证明待测组分与加入的标准物质是同一种物质。该法避免了因载气流速的微小变化对保留时间的影响，又可以避免谱图复杂时准确测量保留值的困难。当未知样品中组分较多，所得色谱峰过密，用其他方法不易辨认时，或仅作未知样品指定项目分析时均可用此法。

三、文献保留数据定性

1. 相对保留值 $\gamma_{i,s}$ 定性

相对保留值仅与柱温和固定液的性质有关，与其他操作条件无关。测定相对保留值，是在某一固定相及柱温下，分别测出组分 i 和基准物质 s 的调整保留值，再按式（6-4）计算即可。

基准物通常选易得到纯品的且与被分析组分性质相近的物质作基准物质，如正丁烷、环己烷、正戊烷、苯、对二甲苯、环己醇、环己酮等。

计算出相对保留值后，在色谱文献手册中查出各种物质在同一色谱条件下的保留数据，用已求出的相对保留值与文献相应值比较即可定性。

2. 保留指数定性

保留指数（以"I"表示）是一种重现性较其他保留数据都好的定性参数。它表示物质在固定液上的保留行为，是目前使用最广泛并被国际上公认的定性指标。

保留指数 I 也是一种相对保留值，它是将两种正构烷烃作为基准物质，用内插法计算被测物的保留指数值。某物质的保留指数可由下式计算而得：

$$I_X = 100\left[Z+n\frac{\lg t'_{R(X)}-\lg t_{R(Z)}}{\lg t_{R(Z+n)}-\lg t_{R(Z)}}\right] \tag{7-14}$$

式中，I_X 为保留指数；t'_R 为调整保留时间；Z，$Z+n$ 代表具有 Z 个和 $Z+n$ 个碳原子数的正构烷烃，如图 7-15 所示，被测物质 X 的保留值应恰好在这两个正构烷烃的保留值之间，即：

$$t'_{R(Z)} < t'_{R(X)} < t'_{R(Z+n)}$$

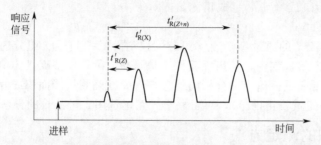

图 7-15　保留指数测定示意图

正构烷烃的保留指数规定为它的碳数乘以 100，例如正戊烷、正己烷、正庚烷的保留指数分别为 500、600、700。因此，欲求某物质的保留指数，只要与相邻的正构烷烃混合在一起，在给定条件下进行色谱实验，然后按公式计算即可得到其保留指数。

得到组分保留指数 I 后，就可查阅文献上保留指数 I 从而进行定性分析。

保留指数仅与固定相的性质、柱温有关，与其他实验条件无关。其准确度和重现性都很好。只要柱温与固定相相同，就可应用文献值进行鉴定，而不必用纯物质进行对照。

四、与其他方法结合定性

色谱法实质是一种分离的方法，其最主要的优点是具有很好的分离效果，但是它的定性效果并不理想。而有一些分析方法，如紫外吸收光谱法、质谱法、红外光谱法、核磁共振波谱法等都具有较强的定性能力，但其对样品的纯度要求较高。如果将色谱法与上述方法相结合，利用色谱法极高的分离效果，先将混合试样加以分离，再利用上述方法进行定性，则将会获得满意的定性结果。

近年来出现的 GC-MS、GC-FTIR 等联用技术，既利用了色谱的高效分离能力，又利用了质谱、光谱的高鉴定能力，再加上计算机对数据的快速处理和检索，为未知化合物的定性分析开拓出一个广阔的前景。

🔖 思考与交流

1. 色谱定性分析的依据是什么？有何局限性？
2. 如何测定保留指数？利用保留指数定性有哪些注意事项？

任务六　气相色谱定量分析

🔖 任务要求

1. 理解色谱定量分析的依据。
2. 了解峰面积的计算方法。
3. 理解定量校正因子的意义及测定方法。
4. 掌握归一化法、内标法定量的过程。
5. 了解外标法、标准加入法定量的过程。

一、气相色谱定量分析的依据

定量分析的任务是求出混合样品中各组分的准确含量。色谱定量分析的依据是：在一定的色谱操作条件下，待测组分 i 的质量 m_i 或其在载气中的浓度与检测器的响应信号（色谱

图上表现为峰面积 A_i 或峰高 h_i) 成正比, 表示为:

$$m_i = f_i A_i \qquad 或 \qquad m_i = f_i h_i \qquad (7-15)$$

式中, m_i 为组分 i 的质量; f_i 为 i 组分的校正因子; A_i 为 i 组分的峰面积; h_i 为 i 组分的峰高。在色谱定量过程中, 利用峰面积还是峰高定量, 要根据具体情况而定。

由上式可见, 要完成色谱定量分析的任务, 既要准确测量峰面积或峰高, 还要准确求出比例常数 f_i (称为定量校正因子), 再根据上式正确选用定量计算的方法。

二、峰面积的测定方法

1. 峰高乘半峰宽法

对于满足正态分布 (高斯分布) 的对称峰, 可以把它看作一个等腰三角形, 根据等腰三角形面积计算方法, 可近似认为峰面积等于峰高乘以半峰宽, 即:

$$A = h Y_{1/2} \qquad (7-16)$$

这样计算得到的峰面积为实际峰面积的 93.943%, 若计算实际峰面积应为:

$$A_{实际} = 1.065 h Y_{1/2} \qquad (7-17)$$

对于不对称峰, 峰形窄或很小时, 由于 $Y_{1/2}$ 测量误差较大, 不能用此法计算峰面积。

2. 峰高乘平均峰宽法

对于不对称色谱峰的峰面积测量如仍用峰高乘以半峰宽, 则误差较大, 因此可以采用峰高乘平均峰宽法计算近似峰面积。

$$A = h \times \frac{1}{2} (Y_{0.15} + Y_{0.85}) \qquad (7-18)$$

式中, $Y_{0.15}$ 和 $Y_{0.85}$ 分别为峰高 0.15 倍和 0.85 倍处的峰宽。

3. 峰高乘保留值法

在一定操作条件下, 同系物的半峰宽与保留时间成正比, 即: $Y_{1/2} \propto t_R$。

$$Y_{1/2} = b t_R \qquad (7-19)$$
$$A = h Y_{1/2} = h b t_R \qquad (7-20)$$

在相对计算时, b 可以约去, 于是:

$$A = h Y_{1/2} = h t_R \qquad (7-21)$$

此法适用于狭窄的峰或宽窄不同的同系物的峰面积的测量, 常用于工厂控制分析。

对于一些对称的狭窄峰, 可以直接以峰高代替峰面积进行定量计算。

4. 面积积分仪

现代的色谱仪一般都配有自动积分仪, 可自动测量出曲线所包含的面积。精度可达 0.2%~2%。不管峰形是否对称, 均可得到准确结果。

三、定量校正因子的测定

色谱定量分析的依据是被测组分的量与其峰面积成正比。但是峰面积的大小不仅取决于组分的质量, 还与它的性质有关。即当两个质量相同的不同组分在相同条件下使用同一检测器进行测定时, 所得的峰面积却不相同。因此, 混合物中某一组分的百分含量并不等于该组分的峰面积在各组分峰面积总和中所占的百分率。这样, 就不能直接利用峰面积计算物质的含量。为了使峰面积能真实反映出物质的质量, 就要对峰面积进行校正, 这就是引入定量校正因子 f_i 的目的。

1. 绝对校正因子 f_i

在色谱定量的基本公式中 f_i 称为绝对校正因子, 也就是单位峰面积 (或峰高) 所代表组分的量。即：

$$f_i = \frac{m_i}{A_i} \tag{7-22}$$

或

$$f_i = \frac{m_i}{h_i} \tag{7-23}$$

在进行色谱定量分析时，必须要知道 f_i。而要测量 f_i 需要准确知道组分的绝对进样量，而且还需要严格控制色谱操作条件，这是比较困难的，所以，在实际测量中，一般不采用绝对校正因子，而常常采用相对校正因子。

2. 相对校正因子 f_i'

在色谱定量分析中，将待测组分与某标准物质的绝对校正因子之比，称为相对校正因子。表示为 "f_i'"。相对校正因子仅与检测器类型和所选的标准物质有关，而与操作条件无关。各种物质的相对校正因子可由文献查得。

相对校正因子值只与被测物和标准物以及检测器的类型有关，而与操作条件无关。因此，f_i' 值可自文献中查出引用。若文献中查不到所需的 f_i' 值，也可以自己测定。标准物质一般根据使用的检测器而定，对于热导池检测器，一般常用苯作为标准物质；氢火焰离子化检测器常用正庚烷作标准物质。测定时首先准确称量标准物质和待测物的纯品，然后将它们混合均匀进样，分别测出其峰面积，再进行计算。

相对校正因子的数值与所用的计量单位有关，根据物质的量的表示方式不同，校正因子可以分为以下几种：

（1）相对质量校正因子　组分的量以质量表示时的相对校正因子，用 "f_m'" 表示。

$$f_m' = \frac{f_{i(m)}}{f_{s(m)}} = \frac{m_i/A_i}{m_s/A_s} = \frac{A_s m_i}{A_i m_s} \tag{7-24}$$

式中，下标 i、s 分别表示被测物质和标准物质。

（2）相对摩尔校正因子　组分的量以物质的量表示时的相对校正因子，用 "f_M'" 表示。

$$f_M' = \frac{f_{i(M)}}{f_{s(M)}} = \frac{m_i/(M_i A_i)}{m_s/(M_s A_s)} = f_m' \times \frac{M_s}{M_i} \tag{7-25}$$

（3）相对体积校正因子　色谱法分析气态样品时，是以体积计量的。对应的相对校正因子称为相对体积校正因子。用 "f_V'" 表示。当温度和压力一定时，相对体积校正因子和相对摩尔校正因子相等。

$$f_V' = \frac{f_{i(V)}}{f_{s(V)}} = \frac{22.4 m_i/(M_i A_i)}{22.4 m_s/(M_s A_s)} = f_m' \times \frac{M_s}{M_i} = f_M' \tag{7-26}$$

（4）相对响应值　被测物质 i 与标准物质 s 的响应值（灵敏度）之比。表示为 "S_i'"，单位相同时，它与校正因子互为倒数，即：

$$S_i' = \frac{1}{f_i'} \tag{7-27}$$

四、气相色谱定量方法

1. 归一化法

归一化法定量是以样品中被测组分的校正峰面积（或峰高）除以样品中所有组分的校正峰面积（或峰高）的总和来表示试样中某种组分的含量方法。适用于试样中所有组分都能产生色谱峰的情况。

假设试样中有 n 个组分，每个组分的质量分别为 m_1、m_2、$\cdots$、m_n，各组分含量的总和 m 为 100%，其中组分 i 的质量分数 w_i 可按下式计算：

$$w_i = \frac{m_i}{m} \times 100\%$$

$$= \frac{m_i}{m_1 + m_2 + \cdots + m_i + \cdots + m_n} \times 100\%$$

$$= \frac{f'_i A_i}{f'_1 A_1 + f'_2 A_2 + \cdots + f'_i A_i + \cdots + f'_n A_n} \times 100\%$$

$$= \frac{f'_i A_i}{\sum\limits_{i=1}^{n} f'_i A_i} \times 100\% \qquad (7\text{-}28)$$

若各组分的 f 值近似或相同，例如同系物中沸点接近的各组分，则上式可简化为：

$$w_i = \frac{A_i}{A_1 + A_2 + \cdots + A_i + \cdots + A_n} \times 100\% \qquad (7\text{-}29)$$

归一化法的优点是简单、准确，操作条件（如进样量、流速等）变化时对定量结果影响不大。但此法在实际工作中仍有局限性，比如，样品的所有组分必须全部流出且出峰；某些不需要定量的组分也必须测出其峰面积及 f_i 值；测量低含量尤其是微量杂质时，误差较大。

2. 内标法

如果只需要测定试样中某个或某几个组分的含量，或试样中仅有部分组分出峰时，可采用内标法定量。

码 7-8　色谱的定性之内标法

内标法是将一定量的标准物质作为内标物，加入一定量的样品中，混合均匀后，在一定的色谱条件下进样，出峰后根据被测试样和内标物的量及待测组分与内标物在色谱图上对应的峰面积（或峰高）求出待测组分的含量。例如，要测定试样（已知质量为 m）中组分 i（未知质量为 m_i）的质量分数 w_i，可于试样中加入质量为 m_s 的内标物，则：

$$w_i = \frac{m_i}{m} \times 100\% = \frac{m_s \frac{f'_i A_i}{f'_s A_s}}{m} \times 100\% = \frac{m_s}{m} \times \frac{A_i}{A_s} \times \frac{f'_i}{f'_s} \times 100\% \qquad (7\text{-}30)$$

实验中，一般常以内标物作为基准计算相对校正因子，因此 $f'_s = 1$，此时上式可简化为：

$$w_i = \frac{m_s}{m} \times \frac{A_i}{A_s} \times \frac{f'_i}{f'_s} \times 100\% = \frac{m_s}{m} \times \frac{A_i}{A_s} \times f'_{i,s} \times 100\% \qquad (7\text{-}31)$$

若以峰高计算则上式可写为：

$$w_i = \frac{m_i}{m} \times 100\% = \frac{m_s \frac{f'_i h_i}{f'_s h_s}}{m} \times 100\% = \frac{m_s}{m} \times \frac{h_i}{h_s} \times \frac{f'_i}{f'_s} \times 100\% = \frac{m_s}{m} \times \frac{h_i}{h_s} \times f'_{i,s} \times 100\%$$

$$(7\text{-}32)$$

可见，内标法是通过测量内标物及待测组分的峰面积的比值来计算的，故因操作条件变化引起的误差可抵消。因此，可得到较准确的结果。

内标法的关键是选择合适的内标物，内标物要满足以下要求：

① 内标物应该是试样中不存在的纯物质。

② 内标物与被测组分的性质（如挥发性、化学结构、极性以及溶解度等）应比较接近，出峰位置与被测组分相近，且无组分峰影响。

③ 内标物与样品应该完全互溶，但不与试样发生化学反应。

④ 内标物的加入量接近待测组分的量。

使用内标法定量时，色谱条件的微小变化对结果影响不大，定量分析的精度高；但是选择合适的内标物是比较困难的，且对称量准确度要求较高，操作复杂。

3. 外标法（定量进样-标准曲线法）

外标法与分光光度法中的标准曲线法相似，首先用待测组分的标准样品绘制标准曲线。即以待测组分的纯物质（液体用溶剂稀释，气体用载气或空气稀释）配成不同质量分数 w_i 的标准溶液，取固定量标准溶液在相同色谱条件下进样分析，从所得色谱图上测得对应的 A_i 或 h_i，以 A_i 或 h_i 对 w_i 作图即得标准曲线。分析试样时，取与制作标准曲线时相同量的试样，在相同的色谱条件下，测其峰面积 A_i 或峰高 h_i。从标准曲线上查得其质量分数 w_x。

码 7-9　色谱的定量之外标法

外标法不使用校正因子，适用于大批量试样的快速分析，但操作条件的变化对结果准确性影响较大，每次分析样品时的色谱条件（检测器的响应性能、柱温、流动相组成及流速、进样量、柱效等）很难完全相同，容易出现较大误差。此外，该法对进样量的准确性控制要求较高，而且实际样品与标准样品相差加大，也会给测量带来一定的误差。

4. 标准加入法

该法是在无合适的内标物时，将待测组分的纯物质加入待测样品中，然后在相同的色谱条件下，测定加入纯物质前后待测组分的峰面积（或峰高），从而计算待测组分在样品中的含量。即：

$$w_i = \frac{\Delta W_i}{\dfrac{A_i'}{A_i} - 1} \times 100\% \tag{7-33}$$

或

$$w_i = \frac{\Delta W_i}{\dfrac{h_i'}{h_i} - 1} \times 100\% \tag{7-34}$$

式中，ΔW_i 表示待测组分浓度的增量；A_i 和 A_i' 表示加入纯物质前后待测组分的峰面积；h_i 和 h_i' 表示加入纯物质前后待测组分的峰高。

标准加入法只需要待测组分的纯物质，操作简便；但是进样量必须准确，而且前后两次色谱测定的操作条件应该完全相同，否则将会引起测定误差。

任务实施

操作 6　气相色谱归一化法定量测定苯系混合物

一、目的要求

（1）实训目的

① 掌握气相色谱保留值定性和归一化法定量的方法。

② 熟悉气相色谱仪的结构及操作技术。

（2）素质要求

① 严格遵守实训岗位安全守则和工作纪律。

② 服从指导教师的安排，按照分析检验人员的基本素质要求完成实训任务。

③ 实训前认真预习，了解操作原理，熟悉仪器使用方法及操作要点。

④ 实训中严格操作规程和规范，独立完成实训任务。

⑤ 对原始数据应实事求是，严肃认真，不得随意记录、编造、篡改。

⑥ 实训结束后，正确关闭仪器设备、恢复实训室的卫生，检查水、电、门窗等设施。

⑦ 按照格式要求完成实训报告，正确处理数据，结论严谨规范。

（3）操作要求

① 仪器操作：正确使用气相色谱仪，规范使用进样器，正确操作色谱工作站。

② 仪器维护：正确进行色谱柱的安装调试、进样器的清洗。

③ 测量条件：正确选择载气、微量进样器、色谱柱的种类、检测器的类型、定量方法，正确设置载气压力、流速、气化室温度、色谱柱温度、检测器温度、进样量。

④ 定性定量：利用保留值正确定性，利用归一化法正确定量。

⑤ 数据记录与处理：原始数据记录真实、规范，数据处理严谨、正确。

二、方法原理

每种物质在一定的色谱条件下都有确定不变的保留值。因此，在同一条件下比较已知物和未知物的保留值，就可以确定某一色谱峰代表什么组分。此种方法称为保留值定性法。

本实验中采用氮气作为载气，邻苯二甲酸二壬酯为固定液，采用热导池检测器，对苯、甲苯、乙苯三种组分进行定量测定。选用苯作为标准物质，确定它的绝对校正因子 $f_s=1.0$，在一定的实验条件下，色谱流出曲线上将按照苯、甲苯、乙苯的次序出峰，故可采用归一化法进行定量分析。计算 i 组分的质量分数为：

$$w_i = \frac{f'_i A_i}{\sum\limits_{i=1}^{n} f'_i A_i} \times 100\%$$

式中　w_i——待测组分 i 的质量分数；

　　　f'_i——待测组分 i 以苯为标准物质的相对校正因子；

　　　A_i——待测组分 i 的峰面积，也可以用峰高来进行计算。

三、仪器与试剂

1. 仪器：气相色谱仪；载气（氮气）；微量注射器（10μL、1μL）。

2. 试剂：苯、甲苯、乙苯标准样品（色谱纯级）；苯系混合试样。

四、测定步骤

1. 色谱仪的调节：参见仪器使用说明书。

调节载气流量为 20～30mL/min，柱温为 90℃，汽化室温度为 160℃，热导池电流为 120mA。

2. 保留值定性

（1）配制苯系标准样品混合液：用微量注射器依次吸取色谱纯的苯、甲苯、乙苯试剂，注入具塞试剂瓶中，混匀。并分别准确称量苯、甲苯、乙苯的质量。

（2）用微量注射器准确吸取苯系标准样品混合液 1μL 进样（进样量可根据操作情况自行设定），得到标准物质的色谱图。测量色谱图中每一种物质的保留时间。

（3）用另一只微量注射器吸取苯系混合试样 1μL 进样（可平行测定三次）。从得到的试样色谱图中获得每个峰的保留时间。

（4）比较试样和标准品中各组分的保留时间，并判断苯系混合物组成。

3. 相对校正因子的测定　根据苯系标准样品混合液的色谱图和苯、甲苯、乙苯的质量计算相对校正因子。

4. 归一化法定量测定苯系混合试样中苯、甲苯、乙苯的含量。

五、数据记录与处理

1. 保留值定性：测量纯物质及试样的色谱图，将各项数据填入下表：

原始数据记录

纯物质		苯	甲苯	乙苯
保留时间/min				
试样出峰次序		1	2	3
保留时间/min				
峰高/mm				
半峰宽/mm				
峰面积/mm²				

将试样与纯物质色谱峰的保留时间加以比较，确定试样中各组分分别是什么物质。再分别计算分离度 R，评价色谱柱的分离效能。

2. 归一化法定量

（1）相对校正因子的计算：按照苯系标准品的色谱图，以苯为基准物，计算甲苯、乙苯的相对校正因子。

组分	苯	甲苯	乙苯
质量			
峰高/mm			
半峰宽/mm			
峰面积/mm²			
相对校正因子	1.00		

（2）根据待测样品色谱图中各组分的色谱峰面积和相对校正因子，计算各组分的百分含量。

组分	苯	甲苯	乙苯
峰高/mm			
半峰宽/mm			
峰面积/mm²			
百分含量			

操作人：　　　　　　审核人：　　　　　　日期：

六、操作注意事项

苯、甲苯等均有剧毒，务必把洗涤液注入废液瓶中。实验中注意密封，时刻盖好瓶塞，否则蒸气挥发，危害人体健康。

【任务评价】

序号	评价项目	分值	评价标准						评价记录	得分
1	准确度	20	相对误差/%≤	1.0	2.0	3.0	4.0	5.0	≥6.0	
			扣分标准/分	0	4	8	12	16	20	
2	精密度	10	相对偏差/%≤	1.0	2.0	3.0	4.0	5.0	≥6.0	
			扣分标准/分	0	2	4	6	8	10	
3	职业素养	5	态度端正、操作规范、精益求精、数据真实、结论严谨，1分/项							
4	完成时间	5	超时/min≤	0		5	10	≥20		
			扣分标准/分	0		1	2	5		
5	操作规范	40	1. 每个不规范操作，扣1分 2. 色谱仪开机顺序错误，扣3分 3. 微量注射器未排气泡，扣2分 4. 损坏微量注射器或其他玻璃仪器，扣5分/件 5. 重复进样，扣3分/次 6. 操作条件设置错误，扣2分/个 7. 分离不完全，扣5分							

续表

序号	评价项目	分值	评价标准	评价记录	得分
6	原始记录	5	1. 未及时记录原始数据,扣 2 分 2. 原始记录未记录在实验报告,扣 5 分 3. 非正规修改记录,扣 1 分/处 4. 原始记录空项,扣 1 分/处		
7	数据处理	10	1. 计算错误,扣 5 分(不重复扣分) 2. 数据中有效数字位数修约错误,扣 1 分/处 3. 有计算过程,未给出最终结果,扣 5 分		
8	结束工作	5	1. 考核结束仪器未清洗或清洗不洁,扣 5 分 2. 考核结束仪器摆放不整齐,扣 2 分 3. 考核结束仪器未关闭,扣 5 分		
9	重大失误	0	1. 原始数据未经认可擅自涂改,计 0 分 2. 编造数据,计 0 分 3. 损坏气相色谱仪,根据实际损坏情况赔偿		

操作 7　气相色谱内标法测定乙醇中微量水分

一、目的要求

(1) 实训目的

① 掌握气相色谱内标法定量的过程。

② 熟练使用气相色谱仪。

(2) 素质要求

① 严格遵守实训岗位安全守则和工作纪律。

② 服从指导教师的安排,按照分析检验人员的基本素质要求完成实训任务。

③ 实训前认真预习,了解操作原理,熟悉仪器使用方法及操作要点。

④ 实训中严格操作规程和规范,独立完成实训任务。

⑤ 对原始数据应实事求是,严肃认真,不得随意记录、编造、篡改。

⑥ 实训结束后,正确关闭仪器设备、恢复实训室的卫生,检查水、电、门窗等设施。

⑦ 按照格式要求完成实训报告,正确处理数据,结论严谨规范。

(3) 操作要求

① 仪器操作:正确使用气相色谱仪,规范使用进样器,正确操作色谱工作站。

② 仪器维护:正确进行色谱柱的安装调试,进样器的清洗。

③ 测量条件:正确选择载气、微量进样器、色谱柱的种类、检测器的类型、定量方法,正确设置载气压力、流速、气化室温度、色谱柱温度、检测器温度、进样量。

④ 定性定量:利用保留值正确定性,利用内标法正确定量。

⑤ 数据记录与处理:原始数据记录真实、规范,数据处理严谨、正确。

二、方法原理

本实验采用内标法定量。试样中加入一定量(m_s)的某纯物质(内标物),设待测物的量为 m_i,测出 i 和 s 物质的峰面积为 A_i 和 A_s,则有:

$$\frac{m_i}{m_s} = \frac{A_i f_i}{A_s f_s}$$

整理后得:

$$m_i = m_s \times \frac{A_i f_i}{A_s f_s}$$

则试样中的 i 组分的百分含量为：

$$w_i = \frac{m_i}{m} \times 100\% = \frac{m_s}{m} \times \frac{A_i}{A_s} \times \frac{f_i}{f_s} \times 100\% = \frac{m_s}{m} \times \frac{A_i}{A_s} f'_{i,s} \times 100\%$$

式中，m 为试样总量；$f'_{i,s}$ 为峰面积相对校正因子。本实验中采用甲醇为内标物，其色谱峰在乙醇和水之间，可直接利用峰高进行定量计算，公式为：

$$w_i = \frac{m_s}{m} \times \frac{h_i}{h_s} f'_{i,s} \times 100\%$$

式中，$f'_{i,s}$ 为峰高相对校正因子，可由实验测得。

三、仪器与试剂

气相色谱仪；微量注射器；容量瓶（5mL）；乙醇（色谱纯）；甲醇（色谱纯）。

四、测定步骤

1. 色谱仪的调节。推荐条件为：氮气作载气，流量为 20mL/min，柱温为 90℃，汽化室温度为 120℃，热导桥流为 140mA，衰减适当。

2. 峰高相对校正因子的测定

（1）配制内标标准溶液：取一个 5mL 容量瓶，先加入无水乙醇至刻度，然后用微量注射器分别加入蒸馏水和纯甲醇各 50μL，摇匀。

（2）吸取 1~2μL 标准溶液进样，记录色谱图，测量各峰的高度。

3. 内标法定量

（1）在一个盛有未知试样溶液到刻度的 5mL 容量瓶中，用微量注射器加入一定体积的甲醇（实际实验中是加 70μL 甲醇、20μL 水），摇匀。

（2）准确量取 1~2μL 进样，记录色谱图，测量水及甲醇的色谱峰高。

五、数据记录与处理

1. 相对校正因子的测量：

组分	水	甲醇
峰高/mm		
体积/μL		
相对校正因子		

2. 内标法定量：

称取乙醇质量/g		
加入甲醇质量/g		
组分	水	甲醇
峰高/mm		
水分含量/%		

按下式计算乙醇中微量水的百分含量：$w_i = \frac{m_s}{m} \times \frac{h_i}{h_s} f'_{i,s} \times 100\%$

操作人：　　　　　　　审核人：　　　　　　　日期：

六、操作注意事项

1. 必须准确称取乙醇试样和内标物甲醇的质量。

2. 采用峰高代替峰面积进行定量计算，要求准确测量峰高。

3. 甲醇、乙醇有挥发性，实验中注意密封，时刻盖好瓶塞。

【任务评价】

序号	评价项目	分值	评价标准						评价记录	得分
1	准确度	20	相对误差/% ≤	1.0	2.0	3.0	4.0	5.0	≥6.0	
			扣分标准/分	0	4	8	12	16	20	
2	精密度	10	相对偏差/% ≤	1.0	2.0	3.0	4.0	5.0	≥6.0	
			扣分标准/分	0	2	4	6	8	10	
3	职业素养	5	态度端正、操作规范、精益求精、数据真实、结论严谨,1分/项							
4	完成时间	5	超时/min ≤	0		5	10		≥20	
			扣分标准/分	0		1	2		5	
5	操作规范	40	1. 每个不规范操作,扣1分 2. 色谱仪开机顺序错误,扣3分 3. 微量注射器未排气泡,扣2分 4. 损坏微量注射器或其他玻璃仪器,扣5分/件 5. 重复进样,扣3分/次 6. 操作条件设置错误,扣2分/个 7. 分离不完全,扣5分							
6	原始记录	5	1. 未及时记录原始数据,扣2分 2. 原始记录未记录在实验报告,扣5分 3. 非正规修改记录,扣1分/处 4. 原始记录空项,扣1分/处							
7	数据处理	10	1. 计算错误,扣5分(不重复扣分) 2. 数据中有效数字位数修约错误,扣1分/处 3. 有计算过程,未给出最终结果,扣5分							
8	结束工作	5	1. 考核结束仪器未清洗或清洗不洁,扣5分 2. 考核结束仪器摆放不整齐,扣2分 3. 考核结束仪器未关闭,扣5分							
9	重大失误	0	1. 原始数据未经认可擅自涂改,计0分 2. 编造数据,计0分 3. 损坏气相色谱仪,根据实际损坏情况赔偿							

思考与交流

1. 在色谱定量分析中为什么要用定量校正因子?
2. 色谱定量分析内标法选择内标物的依据是什么?

项目小结

气相色谱是色谱分析法中相对较为成熟的分离分析方法,本项目主要介绍了气相色谱法的相关知识,其知识点归纳如下:

1. 气相色谱法的基本概念、特点、类型,固定相与流动相的特征及作用。

2. 气相色谱法的分离原理、色谱分离基本方程。

3. 气相色谱仪的基本组成:载气系统、进样系统、分离系统、检测系统、数据记录及处理系统、温度控制系统的结构特征及应用特点。

4. 气相色谱基本理论:塔板理论和速率理论的意义,描述色谱柱柱效能的指标及其影响因素。

5. 气相色谱操作条件的选择:载气、汽化室温度、柱温、固定相、检测器、进样量等。

6. 气相色谱法定性分析：定性的依据、标准物质对照定性、相对保留值定性和保留指数定性的方法和局限性。

7. 气相色谱法定量分析：定量分析的依据、峰面积的测量方法、校正因子的测定和计算、归一化法定量、内标法定量和标准曲线法定量的过程及应用特点。

练一练测一测

一、选择题

1. 气固色谱中，组分分离是基于（　　　）。
A. 组分的性质不同　　　　　　　　B. 组分溶解度的不同
C. 组分在吸附剂上吸附能力的不同　　D. 组分在吸附剂上脱附能力的不同

2. 下列哪种说法不是气相色谱的特点（　　　）。
A. 选择性好　　　　　　　　　　　B. 分离效率高
C. 可用来直接分析未知物　　　　　　D. 分析速度快

3. 在气固色谱中，首先流出色谱柱的组分是（　　　）。
A. 吸附能力大的　　　　　　　　　B. 吸附能力小的
C. 挥发性大的　　　　　　　　　　D. 溶解能力小的

4. 评价气相色谱检测器性能的指标是（　　　）。
A. 噪声与漂移　　　　　　　　　　B. 灵敏度与检出限
C. 检测器的线性范围　　　　　　　D. 检测器的体积大小

5. 范第姆特方程式主要说明（　　　）。
A. 板高的概念　　　　　　　　　　B. 色谱峰的扩张
C. 影响柱效的因素　　　　　　　　D. 组分在两相间的分配情况

6. 在气液色谱中，适合于强极性物质和腐蚀性气体分析的载体是（　　　）。
A. 红色硅藻土　　　B. 白色硅藻土　　　C. 玻璃微球　　　　D. 氟载体

二、填空题

1. 气固色谱的固定相是＿＿＿＿＿，各组分的分离是基于组分＿＿＿＿＿和＿＿＿＿＿能力的不同；气液色谱的固定相是＿＿＿＿＿，各组分的分离是基于组分＿＿＿＿＿和＿＿＿＿＿能力的不同。

2. 气相色谱仪由＿＿＿＿＿、＿＿＿＿＿、＿＿＿＿＿、＿＿＿＿＿、＿＿＿＿＿和＿＿＿＿＿六部分组成。

3. 气液色谱选择固定液时根据＿＿＿＿＿原理，若被分离的组分为非极性物质，则应选用＿＿＿＿＿固定液，对能形成氢键的物质，一般选用＿＿＿＿＿固定液。

4. 在气相色谱法中，调整保留值实际上反映了＿＿＿＿＿与＿＿＿＿＿的相互作用。

5. 色谱峰越宽，表明理论塔板数越＿＿＿＿＿，理论塔板高度越＿＿＿＿＿，柱效能越＿＿＿＿＿。

6. 涡流扩散项与＿＿＿＿＿＿＿＿和＿＿＿＿＿＿＿＿有关。

三、计算题

1. 采用 FID 检测器分析只含乙苯和二甲苯异构体的混合试样，以对二甲苯为基准物测得以下数据，计算混合试样中各组分的含量。

组分	乙苯	对二甲苯	间二甲苯	邻二甲苯
A/mm^2	120	75	140	105
$f'_{i,s}$	0.97	1.00	0.96	0.98

2. 采用内标法分析燕麦敌含量，以正十八烷为内标物，称取燕麦敌试样 8.12g，加入正十八烷 1.88g，经色谱分析得燕麦敌和正十八烷的峰面积分别为 68.0mm² 和 87.0mm²。已知燕麦敌以正十八烷为标准的定量校正因子 $f'_{i,s}=2.40$，计算试样中燕麦敌的含量。

3. 某试样中含有甲酸、乙酸、丙酸、水及苯等物质。称取 1.565g 试样，以环己酮为内标物，称取 0.1848g 环己酮加到试样中，混匀后，吸取此试液 1.5μL 进样，从色谱图上测得如下数据：

组分	甲酸	乙酸	丙酸	环己酮
A/mm^2	32.8	16.4	89.4	168.2
$f'_{i,s}$	0.385	0.674	0.937	1.00

求试样中三种酸的质量分数。

项目八
高效液相色谱分析法的应用

 项目引导

任务一　认识高效液相色谱法

任务要求

1. 理解高效液相色谱法的概念、特点。
2. 了解高效液相色谱法的发展过程及应用。
3. 了解高效液相色谱法常见的分离模式。

4. 理解高效液相色谱法和气相色谱法的区别。

一、高效液相色谱的概念

高效液相色谱，简称 HPLC（high performance liquid chromatography），又称"高压液相色谱""高速液相色谱""高分离度液相色谱""近代柱色谱"等。

高效液相色谱是色谱法的一个重要分支，以液体为流动相，采用高压输液系统，将具有不同极性的单一溶剂或不同比例的混合溶剂、缓冲液等流动相泵入装有固定相的色谱柱，在柱内各成分被分离后，进入检测器进行检测，从而实现对试样的分析。高效液相色谱的仪器配置包括：色谱泵及其控制器、色谱柱、检测器、进样器、数据处理及其控制器。它采用高压输液泵、高效微粒固定相和高灵敏度检测器进行分析。

高效液相色谱是一种与经典液相色谱完全不同的，基于仪器方法的高效能的分离方法。高效液相色谱法是 20 世纪 60 年代后期发展起来的一种分析方法，是从气相色谱理论发展起来的新技术。近年来，高效液相色谱法在保健食品功效成分、营养强化剂、维生素类、蛋白质等的分离测定上应用广泛，世界上约有 80% 的有机化合物可以用 HPLC 来分析测定，它被广泛应用于医学药物、环境保护、食品加工、农业种植等方面。该方法已成为化学、医学、工业、农学、商检和法检等学科领域中重要的分离分析应用技术。但是，由于高效液相色谱法是一种新型的高效能分离技术，在应用上还不是很成熟，仍然处于发展阶段。

二、高效液相色谱的发展进程

1903 年，俄国的植物化学家次维特（Tsweet）首次提出了"色谱法"这个概念。随着时间的推移，色谱技术不断地发展。

1930 年，人们推出了气相色谱法，随后推出了对液相色谱法意义很大的气-液相配的色谱法。最初的液相色谱柱多采用碳酸钙、硅胶、氧化铝等填充的玻璃柱管，流动相加在柱管上端，靠重力作用向下迁移，而对分离组分的检测则依靠肉眼的观察或将吸附剂从柱管中取出后进一步分析。

20 世纪 60 年代，随着气相色谱相关知识的积累，人们将在气相色谱中获得的系统理论与实践经验应用于液相色谱研究，研制成功了细粒度高效填充色谱柱，极大地提高了液相色谱的分离效能，这也标志着高效液相色谱时代的开始。采用高压泵输送流动相替代重力驱动，不仅使柱效率更高，也极大地加快了液相色谱的分析速度。液相色谱与光学检测技术的结合更使得同时完成分离分析任务成为可能。

20 世纪 70 年代，稳定化学键合硅胶代替了传统的液-液色谱固定相。1975 年，美国陶氏（Dow）化学品公司研制成功了采用电导检测器的新型离子交换色谱仪，用抑制柱扣除高本底电导，进而检测无机离子和有机离子，这种方法被称为离子色谱法。离子色谱法使高效液相色谱法的分析范围扩展到了分析常见的大多数无机阴离子、有机阴离子及 60 余种金属阳离子。

20 世纪 80 年代，生物色谱填料的开发为 HPLC 在生命科学研究领域的地位奠定了坚实基础。许多分析仪器厂家开始投入大量的资金及技术力量研究开发高效液相色谱产品。美国的 Waters、P-E、Varian、HP、SP、Bekman，日本的岛津、日立，法国的吉尔森等公司大量推出自己的 HPLC 产品，而且产品的更新换代迅速，性能不断提高，功能日益增强。高效液相色谱与光谱技术联用方法的研究一直是色谱学科的研究热点。

随着 20 世纪 90 年代生物医药研究与开发的迅猛发展，各种类型的高通量及手性色谱柱纷纷出现，同时针对环境、化学及其他特殊问题的专用色谱柱也使得 HPLC 几乎能够应用于所有领域。

到现在为止，高效液相色谱法的发展和运用都已经很广泛，特别是伴随机械、电子等技术的发展，尤其是高压泵的应用和化学键等的固定技术更是对高效液相色谱的发展起着至关重要的作用。

三、高效液相色谱法与气相色谱法比较

高效液相色谱分析法与气相色谱分析法一样，具有选择性高、分离效率高、灵敏度高、分析速度快的特点，但它恰好能适于分析气相色谱法不能分析的高沸点有机化合物、高分子和热稳定性差的化合物以及具有生物活性的物质，弥补了气相色谱分析法的不足。这两种分析法的比较如表 8-1 所示。

表 8-1　高效液相色谱法和气相色谱法的比较

项目	高效液相色谱法（HPLC）	气相色谱法（GC）
进样方式	样品制成溶液	样品需加热汽化或裂解
流动相	1. 液体流动相可为离子型、极性、弱极性、非极性溶液，可与被分析样品产生相互作用，并能改善分离的选择性； 2. 液体流动相动力黏度为 10^{-3} Pa·s，输送流动相压力高达 2～20MPa	1. 气体流动相为惰性气体，不与被分析的样品发生相互作用； 2. 气体流动相动力黏度为 10^{-5} Pa·s，输送流动相压力仅为 0.1～0.5MPa
固定相	1. 分离机理：可依据吸附、分配、离子交换、亲和等多种原理进行样品分离，可供选用的固定相种类繁多； 2. 色谱柱：固定相粒度大小为 5～10μm；填充柱内径为 3～6mm，柱长为 10～25cm，柱效为 10^3～10^4；毛细管柱内径为 0.01～0.03mm，柱长为 5～10m，柱效为 10^4～10^5；柱温为常温	1. 分离机理：依据吸附、分配两种原理进行分离，可供选用的固定相种类较多； 2. 色谱柱：固定相粒度大小为 0.1～0.5mm；填充柱内径为 1～4mm，柱效为 10^2～10^3；毛细管柱内径为 0.1～0.3mm，柱长为 10～100m，柱效为 10^3～10^4，柱温为常温～300℃
检测器	选择性检测器：UVD、PDAD、FD、ECD；通用型检测器：ELSD、RID	通用型检测器：TCD、FID（有机物）；选择性检测器：ECD、FPD、NPD
应用范围	可分析低分子量、低沸点、高沸点、中等分子量、高分子有机化合物（包括非极性、极性）；离子型无机化合物；热不稳定、具有生物活性的生物分子	可分析低分子量、低沸点有机化合物；永久性气体配合程序升温可分析高沸点有机化合物；配合裂解技术可分析高聚物
仪器组成	溶质在液相中的扩散系数（10^{-5}cm²/s）很小，因此在色谱柱以外的死空间应尽量小，以减少柱外效应对分离效果的影响	溶质在液相中的扩散系数（0.1cm²/s）大，柱外效应的影响较小，对毛细管气相色谱应尽量减少柱外效应对分离效果的影响

注：UVD—紫外吸收检测器；PDAD—二极管阵列检测器；FD—荧光检测器；ECD—电化学检测器；RID—示差折光检测器；ELSD—蒸发激光散射检测器；TCD—热导检测器；FID—氢火焰离子化检测器；ECD—电子捕获检测器；FPD—火焰光度检测器；NPD—氮磷检测器。

四、高效液相色谱法的特点

高效液相色谱法在现代气相色谱技术的影响下，对流动相输液系统、色谱柱的填充材料作了重大改革，实现了仪器化，提高了分离效能，使分离与监测结合起来，加快了分析速度。

高效液相色谱法与经典液相色谱法及气相色谱法相比，具有以下几个突出特点：

① 高压。高效液相色谱法以液体为流动相（又称为载液），液体流经色谱柱，受到的阻力较大，为了迅速地通过色谱柱，必须对载液施加高压，压力可达 15～30MPa。

② 高速。流动相在柱内的流速较经典色谱快得多，一般可达 1～10mL/min。高效液相色谱法所需的分析时间较经典液相色谱法少得多，一般少于 1h，分析速度快。

③ 高效。高效液相色谱使用了高效固定相，分离效率高于普通液相色谱，在发展过程中又出现了许多新型固定相，使分离效率大大提高。

④ 高灵敏度。高效液相色谱已广泛采用高灵敏度的检测器，进一步提高了分析的灵敏度。如荧光检测器灵敏度可达 10^{-11} g。另外，用样量小，一般为几微升。

与气相色谱法相比，高效液相色谱法具有以下优点：

① 分析对象及范围。气相色谱法（GC）虽具有分离能力好、灵敏度高、分析速度快、操作方便等优点，但是受技术条件的限制，沸点太高或热稳定性差都难以应用气相色谱法进行分析。GC 分析只限于气体和低沸点的稳定化合物，而这些物质只占有机物总数的 20%。而高效液相色谱法，只要求试样能制成溶液，而不需要汽化，因此不受样品挥发度和热稳定性的限制，可以分析高沸点、高分子量的稳定或不稳定化合物，这类物质占有机物总数的 75%～80%，例如生物大分子、离子型化合物、不稳定的天然产物以及其他各种高分子化合物等。

② 流动相选择。GC 采用的流动相为有限的几种"惰性"气体，只起运载作用，对组分作用小。高效液相色谱有两种可供选择的色谱相，即固定相和流动相。固定相有多种吸附剂、高效固定相、固定液、化学键合相可供选择。流动相可选用一种或多种不同极性的液体，选择余地大，并可任意调配比例，达到改变载液的浓度和极性，进而改变组分的容量因子，最后实现分离度的改善。流动相除了起运载作用外，还可与组分作用，并与固定相对组分的作用产生竞争，即流动相对分离的贡献很大，可通过溶剂来控制和改进分离。

③ 操作温度。GC 需高温，高效液相色谱通常在室温下进行分离和分析，不受样品挥发性和高温下稳定性的限制。

对于高沸点、热稳定性差、分子量大（大于 400 以上）的有机物原则上都可应用高效液相色谱法来进行分离、分析。

五、高效液相色谱法的分离模式

液相色谱分离模式众多，应用范围广泛。常见的分离模式有分配色谱法、吸附色谱法、键合相色谱法、离子交换色谱法和凝胶色谱法。

1. 液-液分配色谱法

液-液分配色谱法是常见高效液相色谱中应用最为广泛的一种分离分析方法，流动相与固定相都是液体，利用样品组分在固定相与流动相中的溶解度不同所产生的分配系数有差别达到分离的目的。试样溶于流动相后，在色谱柱内经过分界面进入固定液（固定相）中，由于试样组分在固定相和流动相之间的相对溶解度存在差异，溶质在两相间进行分配。

2. 液-固吸附色谱法

液-固吸附色谱顾名思义也就是把固体吸附剂作为固定相，液体作为流动相。吸附色谱的工作原理是根据物质在固定相上吸附作用的不同来进行分离的。溶质分子被固定相吸附，将取代固定相表面上的溶剂分子。如果溶剂分子吸附性更强，则被吸附的溶质分子将相应地减少。吸附性大的溶质就会最后流出。这类固体吸附剂大部分都是一些孔比较多的固体颗粒物，由于这些固体颗粒物表面有很多小孔，所以便于吸附。一般会选用氧化铝、聚酰胺、硅胶等具有吸附活性的化学物质作为固体吸附剂。

液-固吸附色谱的显著特点就是操作简单，适用于分离一些溶解在非极性溶剂中并且具有中等分子量的非离子型的样品，对具有不同官能团的化合物和异构体有较高的选择性。凡能用薄层色谱成功地进行分离的化合物，亦可用液-固色谱进行分离。缺点是非线性等温吸附常引起峰的拖尾现象。

3. 键合相色谱法

键合相色谱法是由液-液色谱法即分配色谱发展起来的。键合相色谱法将固定相共价结合在载体颗粒上，克服了分配色谱中由于固定相在流动相中有微量溶解，即流动相通过色谱柱时的机械冲击使固定相不断损失及色谱柱的性质逐渐改变等缺点。键合相色谱法可分为正常相色谱法和反相色谱法。

在正常相色谱法中共价结合到载体上的基团都是极性基团，流动相溶剂是与吸附色谱中的流动相很相似的非极性溶剂，如庚烷、己烷及异辛烷等。由于固定相是极性的，因此流动溶剂的极性越强，洗脱能力也越强。正常相色谱法的分离原理主要根据化合物在固定相及流动相中分配系数的不同进行分离，它不适于分离几何异构体。

在反相色谱法中共价结合到载体上的固定相是一些直链碳氢化合物，如含正辛基的化合物等，流动相的极性比固定相的极性强。由于反相色谱法的固定相是疏水的碳氢化合物，溶质与固定相之间的作用主要是非极性相互作用，反相色谱中最常用的有机溶剂有甲醇和乙腈。在生化分析中，反相色谱法在高效液相色谱法中应用最广泛。

4. 离子交换色谱法

离子交换色谱就是以离子交换树脂交换剂为固定相，利用被分离组分离子交换能力的差别或选择性系数的差别而实现分离的色谱方法。按照可交换离子所带电荷符号的不同又可分为阳离子交换色谱法和阴离子交换色谱法。

比较常见的离子交换剂有纤维素、合成树脂及硅胶。离子交换色谱工作原理是通过分离离子化合物、有机碱和有机酸等可以电离的化合物和离子基团容易相互作用的化合物，进行分离。离子交换色谱主要是用来分离离子或可离解的化合物。它不仅可以用于无机离子的分离，例如稀土化合物及各种裂变产物，还可用于有机和生物物质，如氨基酸、核酸、蛋白质等的分离。

5. 凝胶色谱法

凝胶色谱法又称为分子排阻色谱法或空间排阻色谱法，以凝胶为固定相。它的分离机理与其他色谱完全不同，溶质在两相之间不是靠其相互作用力的不同来分离，而是根据所测物质分子尺寸大小和形状的不同进行分离。分离只与凝胶的孔径分布和溶质的流体力学体积或分子大小有关。它主要适用于比较大的分子的分离。

一般会选用琼脂糖凝胶作为填充材料。同时，流动相也有选择功能，可以根据载体和所测物质的本质特点决定是选用水还是有机溶剂。凝胶色谱的分辨力很高，一般情况下不会发生变性，所以一般会被用来分离分子量比较高的化合物。凝胶色谱主要用于高聚物的分子量分级分析以及分子量分布测试。

任务二　高效液相色谱的主要类型

任务要求

1. 理解液-固吸附色谱的原理和应用。
2. 理解液-液分配色谱的原理和应用。
3. 了解键合色谱、凝胶色谱的原理和应用。
4. 了解高效液相色谱类型选择的方法。

以液体作流动相的色谱称为液相色谱。高效液相色谱法按其组分在固定相与流动相间分离机理的不同，主要可分为液-固吸附色谱、液-液分配色谱、键合相色谱、凝胶色谱、离子交换色谱等。

一、液-固吸附色谱

1. 分离原理

液-固吸附色谱又称液-固色谱。该法的流动相为液体，固定相为固体吸附剂。分离原理是根据固定相对组分吸附能力大小的不同，使被分离组分在色谱柱上分离。固定相是一些多孔性的极性微粒物质，如氧化铝、硅胶、活性炭、碳酸钙、氧化镁等。当吸附剂表面的组分分子和流动相分子对吸附剂表面活性中心发生吸附竞争时，与吸附剂结构和性质相似的组分易被吸附，呈现了高保留值；反之，与吸附剂结构和性质差异较大的组分不易被吸附，呈现了低保留值。

2. 固定相

吸附色谱的固定相可分为极性和非极性两大类。极性固定相主要有硅胶（酸性）、氧化镁和硅酸镁分子筛（碱性）等。非极性固定相有高强度多孔微粒活性炭和近来开始使用的 $510\mu m$ 的多孔石墨化炭黑，以及高交联度苯乙烯-二乙烯基苯共聚物的单分散多孔微球（$5\sim10\mu m$）与碳多孔小球等，其中应用最广泛的是极性固定相硅胶。早期的经典液相色谱中，通常使用粒径在 $100\mu m$ 以上的无定形硅胶颗粒，其传质速度慢、柱效低。现在主要使用全多孔型和表面多孔型硅胶微粒固定相。其中，表面多孔型硅胶微粒固定相吸附剂出峰快、柱效高，适用于极性范围较宽的混合样品的分析，缺点是样品容量小。而全多孔型硅胶微粒固定相由于其表面积大、柱效高而成为液-固吸附色谱中使用最广泛的固定相。

实际工作中，应根据分析样品的特点及分析仪器来选择合适的吸附剂，选择时考虑的因素主要有吸附剂的形状、粒度、比表面积等。表 8-2 列出了液-固色谱法中常用的固定相的物理性质，可供选择时参考。

表 8-2　液-固色谱法常用的固定相的物理性质

类型	商品名称	形状	粒度/μm	比表面积/(m^2/g)	平均孔径/nm
多孔硅胶	YQG	球形	$5\sim10$	300	30
	YQG-1	球形	$37\sim55$	$400\sim300$	10
	Chromegasorb	无定形	5、10	500	60
	Chromegaspher	球形	3、5、10	500	60
	Si 60、Si 100	球形	5、10	250	100
	Nucleosil 50	球形	5、7、5、10	500	50
薄壳硅胶	YBK	球形	$25\sim37\sim50$	$14\sim7\sim2$	—
	Zipax	球形	$37\sim44$	1	80
	Corasil Ⅰ、Ⅱ	球形	$37\sim50$	$14\sim7$	5
	Perisorb A	球形	$30\sim40$	14	6
	Vydac SC	球形	$30\sim40$	12	5.7
堆积硅胶	YDG	球形	3、5、10	300	10
全多孔氧化铝	Spherisorb AY	球形	5、10、30	100	15
	Spherisorb AX	球形	5、10、30	175	8
	Lichrosorb ALOXT	无定形	5、10、30	70	15
	Micro PAK-AL	无定形	5、10	70	—
	Bio-Rab AG	无定形	74	200	—

注：平均孔径指多孔基体所有孔洞的平均直径。

3. 流动相

在高效液相色谱分析中，除了固定相对样品的分离起主要作用外，合适的流动相（也称作洗脱液）对改善分离效果也会产生重要的辅助效应。

从实用角度考虑，选用作为流动相的溶剂除具有价廉、易购得的特点外，还应满足高效液相色谱分析的下述要求。

① 选用的溶剂应当与固定相互不相溶，并能保持色谱柱的稳定性。

② 选用的溶剂应有高纯度，以防所含微量杂质在柱中积累，引起柱性能的改变。

③ 选用的溶剂性能应与所使用的检测器相匹配，如使用紫外吸收检测器，就不能选用在检测波长下有紫外吸收的溶剂；若使用示差折光检测器，就不能使用梯度洗脱。

④ 选用的溶剂应对样品有足够的溶解能力，以提高测定的灵敏度。

⑤ 选用的溶剂应具有低的黏度和适当低的沸点。使用低黏度溶剂，可减少溶质的传质阻力，有利于提高柱效。

⑥ 应尽量避免使用具有显著毒性的溶剂，以保证工作人员的安全。

在液-固色谱中，流动相是各种不同极性的溶剂，如最常用的有水、甲醇、丙酮、乙酸乙酯、二氯甲烷等。其选择流动相的基本原则是极性大的试样用极性较强的流动相；反之，极性小的则用低极性流动相。必要时可采用混合溶剂法及梯度洗脱等。另外，液-固色谱固定相的含水量是非常重要的，必须保持色谱系统的水分处于平衡状态。因此，精确控制流动相的含水量非常关键。

流动相的极性强度可用溶剂强度参数 ε^0 表示。ε^0 是指每单位面积吸附剂表面上溶剂的吸附能力，ε^0 越大，表明流动相的极性也越大。表 8-3 列出了以氧化铝为吸附剂时，一些常用流动相洗脱强度的次序。

表 8-3　氧化铝上常用流动相洗脱强度的次序

溶剂	ε^0	溶剂	ε^0	溶剂	ε^0
正戊烷	0.00	氯仿	0.40	乙腈	0.65
异戊烷	0.01	二氯甲烷	0.42	二甲亚砜	0.75
环己烷	0.04	二氯乙烷	0.44	异丙醇	0.82
四氯化碳	0.18	四氢呋喃	0.45	甲醇	0.95
甲苯	0.29	丙酮	0.56		

实际工作中，应根据流动相的洗脱序列，通过实验，选择合适强度的流动相。若样品各组分的分配比 k' 值差异比较大，可采用梯度洗脱（即间断或连续地改变流动相的组成或其他操作条件，从而改变其色谱洗脱能力的过程）。

4. 应用

液-固色谱是以表面吸附性能为依据的，所以它常用于分离极性不同的化合物，但也能分离那些具有相同的极性基团、但基团数量不同的样品。此外，液-固色谱还适用于分离异构体，这主要是因为异构体的不同的空间排列方式使吸附剂对它们的吸附能力有所不同，从而得以分离。

二、液-液分配色谱

1. 分离原理

在液-液分配色谱中，一个液相作为流动相，另一个液相（即固定液）则分散在很细的惰性载体或硅胶上作为固定相。流动相与固定相为互不相溶的两种液体，组分既溶解于固定相，也溶解于流动相，根据在两相中溶解度的不同进行分配，相当于液-液萃取。作为固定相的液相与流动相互不相溶，它们之间有一个界面。固定液对被分离组分是一种很好的溶剂。当被分离的样品进入色谱柱后，各组分按照它们各自的分配系数，很快地在两相中达到分配平衡。与气-液色谱一样，这种分配平衡的总结果导致各组分迁移的速度不同，从而实现分离。很明显，分配色谱法的基本原理与液-液萃取相同，都是分配定律。

依据固定相和流动相的相对极性的不同，分配色谱法可分为：正相分配色谱法——固定相的极性大于流动相的极性；反相分配色谱法——固定相的极性小于流动相的极性。

在正相分配色谱法中，固定相载体上涂布的是极性固定液，流动相是非极性溶剂。它可用来分离极性较强的水溶性样品，洗脱顺序与液-固色谱法在极性吸附剂上的洗脱结果相似即非极性组分先洗脱出来，极性组分后洗脱出来。

在反相分配色谱法中，固定相载体上涂布的是极性较弱或非极性的固定液，而用极性较强的溶剂作流动相。它可用来分离油溶性样品，其洗脱顺序与正相液-液色谱相反，即极性组分先被洗脱，非极性组分后被洗脱。

2. 固定相

分配色谱固定相由两部分组成，一部分是惰性载体，另一部分是涂渍在惰性载体上的固定液。在分配色谱法中常用的固定液如表 8-4 所示。

表 8-4　分配色谱法中常用固定液

正相分配色谱法的固定液		反相分配色谱法的固定液
β,β'-氧二丙腈	乙二醇	甲基聚硅氧烷
1,2,3-三(2-氰乙氧基)丙烷	乙二胺	氰丙基聚硅氧烷
聚乙二醇 400、聚乙二醇 600	二甲基亚砜	聚烯烃
甘油,丙二醇	硝基甲烷	正庚烷
乙酸	二甲基甲酰胺	

在分配色谱中使用的惰性载体，主要是一些固体吸附剂，如全多孔球形或无定形微粒硅、全多孔氧化铝等。

液-液分配色谱中固定液的涂渍方法与气-液色谱中基本一致。

机械涂渍固定液后制成的液-液色谱柱，在实际使用过程中由于大量流动相通过色谱柱，会溶解固定液而造成固定液流失，并导致保留值减小、柱选择性下降。实际工作中，一般可采用如下几种方法来防止固定液的流失：

① 应尽量选择对固定液仅有较低溶解度的溶剂作为流动相；

② 流动相进入色谱柱前，应预先用固定液饱和，这种被固定相饱和的流动相在流经色谱柱时就不会再溶解固定液了；

③ 使流动相保持低流速经过固定相，并保持色谱柱温度恒定；

④ 若溶解样品的溶剂对固定液有较大的溶解度，应避免过大的进样量。

3. 流动相

在分配色谱中，除一般要求外，还要求流动相尽可能不与固定相互溶。

在正相分配色谱中，使用的流动相类似于液-固色谱中使用极性吸附剂时应用的流动相。此时流动相的主体为己烷、庚烷，可加入<20％的极性改性剂，如 1-氯丁烷、异丙醚、氯甲烷、四氢呋喃、氯仿、乙酸乙酯、乙醇、乙腈等。

在反相分配色谱中，使用的流动相类似于液-固色谱中使用非极性吸附剂时应用的流动相。此时流动相的主体为水，可加入一定量的改性剂，如二甲基亚砜、乙二醇、乙腈、甲醇、丙酮、对二氧六环、乙醇、四氢呋喃、异丙醇等。

4. 应用

液-液分配色谱法既能分离极性化合物，又能分离非极性化合物，如烷烃、烯烃、芳烃、稠环、染料、甾族等化合物。由于不同极性键合固定相的出现，分离的选择性可得到很好的控制。

三、键合相色谱法

采用化学键合相的液相色谱法称为键合相色谱。由于键合固定相非常稳定，在使用中不易流失。键合到载体表面的官能团可以是各种极性的,因此,它适用于各种样品的分离分析。目前键合相色谱法已逐渐取代了分配色谱法,获得了日益广泛的应用,在高效液相色谱法中占有极其重要的地位。

键合相色谱的优点是:通过改变流动相的组成和种类,可有效地分离各种类型化合物(非极性、极性和离子型)。此外,由于键合到载体上的基团不易流失,特别适用于梯度淋洗。据统计,在高效液相色谱法中,约有80%的分离问题可以用键合相色谱法解决。此法的缺点是不能用于酸、碱度过大或存在氧化剂的缓冲溶液作流动相的体系。

根据键合固定相与流动相相对极性的强弱,可将键合相色谱法分为正相键合相色谱法和反相键合相色谱法。在正相键合相色谱法中,键合固定相的极性大于流动相的极性,适用于分离油溶性或水溶性极性与强极性化合物。在反相键合相色谱法中,键合固定相的极性小于流动相的极性,适用于分离非极性、极性或离子型化合物,其应用范围比正相键合相色谱法广泛得多。在高效液相色谱法中,70%~80%的分析任务是由反相键合相色谱法来完成的。

1. 分离原理

键合相色谱中的固定相特性和分离机理与分配色谱法存在差异,所以一般不宜将化学键合相色谱法统称为液-液分配色谱法。

码 8-1　正向色谱分离原理

① 正相键合相色谱的分离原理　正相键合相色谱使用的是极性键合固定相[以极性有机基团如氨基(—NH$_2$)、氰基(—CN)、醚基(—O—)等键合在硅胶表面制成的],溶质在此类固定相上的分离机理属于分配色谱。

② 反相键合相色谱的分离机理　反相键合相色谱使用的是极性较小的键合固定相(以极性较小的有机基团,如苯基、烷基等键合在硅胶表面制成的),其分离机理可用疏溶剂作用理论来解释。这种理论认为,键合在硅胶表面的非极性或弱极性基团具有较强的疏水特性,当用极性溶剂为流动相来分离含有极性官能团的有机化合物时,一方面,分子中的非极性部分与疏水基团产生缔合作用,使

码 8-2　反向色谱分离原理

它保留在固定相中;另一方面,被分离物的极性部分受到极性流动相的作用,促使它离开固定相,并减小其保留作用。显然,键合固定相对每一种溶质分子缔合和解缔能力之差,决定了溶质分子在色谱分离过程中的保留值。由于不同溶质分子这种能力的差异是不一致的,所以流出色谱柱的速度是不一致的,从而使得各种不同组分得到了分离。

2. 固定相

化学键合固定相广泛使用全多孔或薄壳型微粒硅胶作为基体,这是由于硅胶具有机械强度高、表面硅羟基反应活性高、表面积和孔结构易控制的特点。

化学键合固定相按极性大小可分为非极性、弱极性和极性化学键合固定相三种。化学键合固定相的选择参考表 8-5。

表 8-5　化学键合固定相的类型及应用范围

样品品种	键合基团	流动相	色谱类型	实例
低极性溶解于烃类	—C$_{18}$	甲醇-水 乙腈-水 乙腈-四氢呋喃	反相	多环芳烃 甘油三酯、脂溶性维生素 甾族化合物、氢醌
中等极性	—C$_{18}$ —C$_8$	乙腈、正己烷 氯仿 正己烷	正相	脂溶性维生素、甾族、芳香醇、芳香胺、脂、氯化农药、苯二甲酸
	—NH$_2$	异丙醇		
	—C$_{18}$ —C$_8$ —CN	甲醇、水、乙腈	反相	甾族、可溶于醇的天然产物、维生素、芳香酸、黄嘌呤

续表

样品品种	键合基团	流动相	色谱类型	实例
高极性可溶于水	—C$_8$ —CN	甲醇、乙腈、水、缓冲溶液	反相	水溶性维生素、胺、芳醇、抗生素、止痛药
	—C$_{18}$	水、甲醇、乙腈	反相离子对	酸、磺酸类燃料、儿茶酚胺
	—SO$_3^-$	水和缓冲溶液	阳离子交换	无机阳离子、氨基酸
	—NR$_3^+$	磷酸缓冲液	阴离子交换	核苷酸、糖、无机阴离子、有机酸

非极性烷基键合相是目前应用最广泛的柱填料，尤其是 C$_{18}$ 反相键合相（简称 ODS），在反相液相色谱中发挥着重要作用，它可完成高效液相色谱分析任务的 $70\%\sim80\%$。

3. 流动相

在键合相色谱中使用的流动相类似于液-固吸附色谱、液-液分配色谱中的流动相。

（1）正相键合相色谱的流动相　正相键合相色谱中，采用和正相液-液分配色谱相似的流动相，流动相的主体成分为己烷（或庚烷）。为改善分离的选择性，常加入的优选溶剂为质子接受体乙醚或甲基叔丁基醚、质子给予体氯仿和偶极溶剂二氯甲烷等。

（2）反相键合相色谱的流动相　反相键合相色谱中，采用和反相液-液分配色谱相似的流动相，流动相的主体成分为水。为改善分离的选择性，常加入的优选溶剂为质子接受体甲醇、质子给予体乙腈和偶极溶剂四氢呋喃等。

实际使用中，一般采用甲醇-水体系已能满足多数样品的分离要求。由于甲醇的毒性比乙腈小且价格便宜，因此，反相键合相色谱中应用最广泛的流动相是甲醇。

除上述三种流动相外，反相键合色谱中也经常采用乙醇、丙醇及二氯甲烷等作为流动相，其洗脱强度的强弱顺序依次为：

（最弱）水＜甲醇＜乙腈＜乙醇＜四氢呋喃＜丙醇＜二氯甲烷（最强）

虽然实际上采用适当比例的二元混合溶剂就可以适应不同类型的样品分析，但有时为了获得最佳分离，也可以采用三元甚至四元混合溶剂作流动相。

4. 应用

（1）正相键合相色谱法的应用　正相键合相色谱用于分离各类极性化合物，如染料、炸药、甾体激素、多巴胺、氨基酸和药物等。

（2）反相键合相色谱法的应用　反相键合相色谱系统由于操作简单、稳定性和重复性好，已成为一种通用型液相色谱分析方法。极性与非极性；水溶性与油溶性；离子性与非离子性、小分子与大分子化合物以及具有官能团差别或分子量差别的同系物，均可采用反相液相色谱技术实现分离。

① 在生物化学和生物工程中的应用。在生命科学和生物工程研究中，经常涉及对氨基酸、多肽、蛋白质及核碱、核苷、核苷酸、核酸等生物分子的分离分析，反相键合相色谱法正是这类样品的主要分析手段。图 8-1 显示了用 Spherisorb ODS 色谱柱分离氨基酸标准物的分离谱图，仪器测定条件如下。

色谱柱：Spherisorb ODS，15cm×4.6nm（内径），5μm。

流动相：A. NaNO$_3$ 处理的 0.01mol/L，二氢正磷酸盐，离子强度为 0.08mol/L，1% 四氢呋喃；B. 甲醇。

检测器：荧光检测（$\lambda=340$nm，$\lambda_{em}=425$nm）。

② 在医药研究中的应用。人工合成药物的纯化及成分的定性、定量测定，中药有效成分的分离、制备及纯度测定，临床医药研究中人体血液和体液中药物浓度、药物代谢物的测定以及新型高效手性药物中手性对映体含量的测定等，都可以用反相键合相色谱予以解决。

③ 在食品分析中的应用。反相键合相色谱法在食品分析中的应用主要包括三个方面：

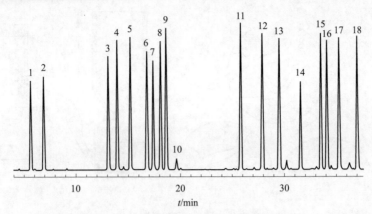

图 8-1　氨基酸标准物的分离谱图

1—Asp（天冬氨酸）；2—Glu（谷氨酸）；3—Ser（丝氨酸）；4—Gly（甘氨酸）；
5—His（组氨酸）；6—Arg（精氨酸）；7—Thr（苏氨酸）；8—Ala（丙氨酸）；
9—Pro（脯氨酸）；10—Tyr（酪氨酸）；11—Val（缬氨酸）；12—Met（甲硫氨酸）；
13—Cys-Cys（胱氨酸）；14—Lle（异亮氨酸）；15—Leu（亮氨酸）；16—Phe（苯丙氨酸）；
17—Trp（色氨酸）；18—Lys（赖氨酸）

第一，食品本身组成，尤其是营养成分的分析，如维生素、脂肪酸、香料、有机酸、矿物质等；第二，人工加入食品添加剂的分析，如甜味剂、防腐剂、人工合成色素、抗氧化剂等；第三，在食品加工、储运、保存过程中由周围环境引起的污染物的分析，如农药残留、霉菌毒素、病原微生物等。

④ 在环境污染分析中的应用。反相键合相色谱方法可适用于对环境中存在的高沸点有机污染物的分析，如大气、水、土壤和食品中存在的多环芳烃、多氯联苯、有机氯农药、有机磷农药、氨基甲酸酯农药、含氮除草剂、苯氧基酸除草剂、酚类、胺类、黄曲霉毒素、亚硝胺等。

四、凝胶色谱法

凝胶色谱法是 20 世纪 60 年代初发展起来的一种快速而又简单的分离分析技术，该法设备简单、操作方便且不需要有机溶剂，对高分子物质有很好的分离效果。凝胶色谱法主要用于高聚物的分子量分级分析以及分子量分布测试。

1. 分离原理

凝胶色谱法又称分子排阻色谱法，它是按分子尺寸大小顺序进行分离的一种色谱方法。凝胶色谱法的固定相凝胶是一种多孔性的聚合材料，有一定的形状和稳定性。如图 8-2，当被分离的混合物随流动相通过凝胶色谱柱时，尺寸大的组分不发生渗透作用，沿凝胶颗粒间孔隙随流动相流动，流程短、流动速度快，先流出色谱柱；尺寸小的组分则渗入凝胶颗粒内，流程长、流动速度慢，后流出色谱柱。

2. 固定相

凝胶色谱法以凝胶作为固定相，凝胶是指含有大量液体（一般是水）的柔软而富有弹性的物质，它是一种经过交联而具有立体网状结构的多聚体，如多孔凝胶、交联聚苯乙烯、多孔玻璃及多孔硅胶等。固定相种类很多，一般可分三类。

① 软质凝胶。如葡聚糖凝胶、琼脂凝胶等多孔网状结构；以水为流动相，适用于常压排阻分离。

② 半硬质凝胶。如苯乙烯-二乙烯基苯交联共聚物，属于有机凝胶，应以非极性有机溶

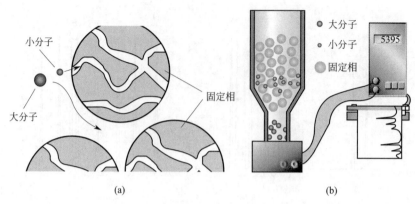

图 8-2　凝胶色谱分离的过程

剂为流动相，不能用丙酮、乙醇等极性溶剂。

③ 硬质凝胶。如多孔硅胶、多孔玻璃珠等，化学稳定性、热稳定性好，机械强度大，流动相性质影响小，可在较高流速下使用可控孔径玻璃微球，具有恒定孔径、窄粒度分布。

根据分离的对象是水溶性化合物还是有机溶剂可溶物，可分为两类：凝胶过滤色谱（GFC）和凝胶渗透色谱（GPC）。凝胶过滤色谱一般用于分离水溶性的大分子，如多糖类化合物。凝胶的代表是葡萄糖系列，洗脱溶剂主要是水。凝胶渗透色谱法主要用于有机溶剂中可溶的高聚物的分子量分布分析及分离，如聚苯乙烯、聚氯已烯、聚乙烯、聚甲基丙烯酸甲酯等。常用的凝胶为交联聚苯乙烯凝胶，洗脱溶剂为四氢呋喃等有机溶剂。

3. 应用

凝胶色谱法主要用来分析高分子物质的分子量和分子量分布，以此来鉴定高分子聚合物。同时根据所用凝胶填料不同，可分离油溶性和水溶性物质，分离分子量的范围从几百万到 100 以下。由于聚合物的分子量及其分布与其性能有着密切的关系，因此凝胶色谱的结果可用于研究聚合机理，选择聚合工艺及条件，并考察聚合材料在加工和使用过程中分子量的变化等。在未知物的剖析中，凝胶色谱作为一个预分离手段，再配合其他分离方法，能有效地解决各种复杂的分离问题。

近年来，凝胶色谱也广泛用于分离小分子化合物。目前已经被生物化学、分子生物学、生物工程学、分子免疫学以及医学等有关领域广泛采用，不但应用于科学实验研究，而且已经大规模地用于工业生产。化学结构不同但分子量相近的物质，不可能通过凝胶色谱法达到完全的分离纯化的目的。

五、高效液相色谱法分离类型的选择

高效液相色谱法的各种分离方法都有各自的特点及应用范围，在解决某一试样的分析任务时，选择高效液相色谱分离方法应考虑各种因素，主要根据样品的性质，如分子量的大小、在水中与有机溶剂中的溶解度、极性和稳定程度等的物理性质与化学性质来选择合适的分离分析方法。选择方法如图 8-3 所示，可作为选择分离类型的参考。

六、流动相选择与处理

1. 流动相分类和特性

流动相按流动相组成分为单组分和多组分；按极性分为极性、弱极性、非极性；按使用方式分为固定组成淋洗和梯度淋洗。常用溶剂：己烷、四氯化碳、甲苯、乙酸乙酯、乙醇、乙腈、水。采用二元或多元组合溶剂作为流动相可以灵活调节流动相的极性或增加其选择性，以改进分离效果或调整出峰时间。

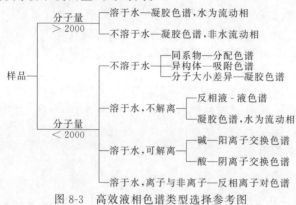

图 8-3　高效液相色谱类型选择参考图

码 8-3　流动
相在线洗脱
原理

流动相具有以下特性：

① 流动相组成改变，其极性也随之改变，可显著改变组分分离状况。

② 亲水性固定液常采用疏水性流动相，即流动相的极性小于固定相的极性。正相极性柱也称正相柱。

③ 若流动相的极性大于固定液的极性，则称为反相液-液色谱，非极性柱也称为反相柱。组分在两种类型分离柱上的出峰顺序相反。

2. 流动相选择

在选择溶剂时，溶剂的极性是选择的重要依据。采用正相液-液分配分离时，首先选择中等极性溶剂，若组分的保留时间太短，降低溶剂极性，反之增加。也可在低极性溶剂中，逐渐增加其中的极性溶剂，使保留时间缩短。

常用溶剂的极性顺序：水（最大）＞甲酰胺＞乙腈＞甲醇＞乙醇＞丙醇＞丙酮＞二氧六环＞四氢呋喃＞甲乙酮＞正丁醇＞乙酸乙酯＞乙醚＞异丙醚＞二氯甲烷＞氯仿＞溴乙烷＞苯＞四氯化碳＞二硫化碳＞环己烷＞己烷＞煤油（最小）。

选择流动相时应注意的几个问题：

① 尽量使用高纯度试剂作流动相，防止微量杂质长期累积损坏色谱柱和使检测器噪声增加。

② 避免流动相与固定相发生作用而使柱效下降或柱子损坏。如使固定液溶解流失、酸性溶剂破坏氧化铝固定相等。

③ 试样在流动相中应有适宜的溶解度，防止产生沉淀并在柱中沉积。

④ 流动相同时还应满足检测器的要求。当使用紫外检测器时，流动相不应有紫外吸收。

3. 流动相处理

流动相溶液中往往因溶解有氧气或混入了空气而形成气泡，气泡进入检测器后会引起检测信号的突然变化，在色谱图上出现尖锐的噪声峰。小气泡慢慢聚集后会变成大气泡，大气泡进入流路或色谱柱中会使流动相的流速变慢或不稳定，致使基线起伏。溶解氧常和一些溶剂结合生成有紫外吸收的化合物，在荧光检测中，溶解氧还会使荧光猝灭。溶解气体也有可能引起某些样品的氧化降解或溶解，从而导致 pH 值发生变化。凡此种种，都会给分离带来负面的影响。因此，液相色谱实际分析过程中，必须先对流动相进行脱气处理。

（1）流动相的脱气　目前，液相色谱流动相脱气使用较多的方法有超声波振荡脱气、惰性气体（氮气）鼓泡吹扫脱气以及在线真空脱气三种。

① 超声波振荡脱气的方法是将配制好的流动相连同容器一起放入超声波水槽中，脱气 10～20min 即可。该法操作简单，又基本能满足日常分析的要求，因此，目前仍被广泛

采用。

②惰性气体（氮气）鼓泡吹扫脱气的效果好，其方法是将钢瓶中的氮气缓慢而均匀地通入储液器中的流动相中，氮气分子将其他气体分子置换出去，流动相中只含有氮气。因氮气本身在流动相中溶解度很小，而微量氮气所形成的小气泡对检测没有影响，从而达到脱气的目的。

③在线真空脱气装置的原理是将流动相通过一段由多孔性合成树脂构成的输液管，该输液管外部有真空容器。真空泵工作时，膜外侧被减压，分子量小的氧气、氮气、二氧化碳就会从膜内进入膜外而被排除。图8-4（a）是单流路真空脱气装置的原理图。在线真空脱气装置的优点是可同时对多个流动相溶剂进行脱气，见图8-4（b）。

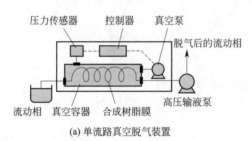

(a) 单流路真空脱气装置

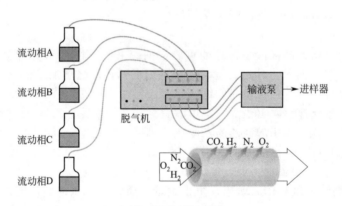

(b) 多个流动相真空脱气装置

图 8-4 在线真空脱气装置原理图

（2）流动相的过滤 过滤是为了防止不溶物堵塞流路或色谱柱入口处的微孔垫片。流动相过滤常使用 G_4 微孔玻璃漏斗，可除去 $3\sim4\mu m$ 以上的固态杂质。严格地讲，流动相都应该采用特殊的流动相过滤器（图8-5显示了实验室最常用的全玻璃流动相过滤器），用 $0.45\mu m$ 以下微孔滤膜进行过滤后才能使用。滤膜分有机溶剂和水溶液专用两种。

任务三 认识高效液相色谱仪

🔔 任务要求

1. 了解仪器工作流程。

2. 掌握高效液相色谱仪的构造。

高效液相色谱仪是实现液相色谱分析的仪器设备，自1967年问世以来，由于使用了高压输液泵、全多孔微粒填充柱和高灵敏度检测器，实现了对样品的高速、高效和高灵敏度的

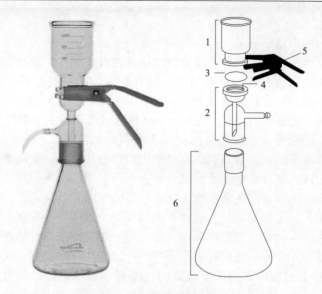

图 8-5　全玻璃流动相过滤器
1—滤杯；2—滤头；3—膜片（不含）；4—砂芯；5—夹子；6—三角瓶

分离测定。20 世纪 70～80 年代，高效液相色谱仪获得了快速发展，由于吸取了气相色谱仪的研制经验，并引入了微处理技术，仪器的自动化水平和分析精度有了极大的提高。

一、仪器工作流程

高效液相色谱仪现在多做成一个个单元组件，然后根据分析要求将各所需单元组件组合起来，最基本的组件是高压输液系统、进样器、色谱柱、检测器和色谱工作站（数据处理系统），见图 8-6。此外，还可根据需要配置自动进样系统、预柱、流动相在线脱气和自动控制系统等装置。

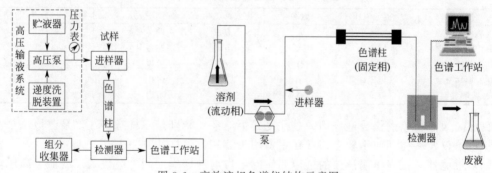

图 8-6　高效液相色谱仪结构示意图

高效液相色谱仪的工作流程为：高压输液系统将贮液器中的流动相以稳定的流速（或压力）输送至分析体系，在色谱柱之前通过进样器将样品导入，流动相将样品依次带入预柱、色谱柱，在色谱柱中各组分被分离，并依次随流动相流至检测器，检测到的信号送至色谱工作站记录、处理并保存。

二、仪器基本结构

1. 高压输液系统

高压输液系统一般包括贮液器、高压输液泵、过滤器、梯度洗脱装置等。

(1) 贮液器

贮液器主要用来提供足够数量的符合要求的流动相以完成分析工作，对于贮液器的要求是：第一，必须有足够的容积，以备重复分析时保证供液；第二，脱气方便；第三，能耐一定的压力；第四，所选用的材质对所使用的溶质都是惰性的。储液器一般是以不锈钢、玻璃、聚四氟乙烯或特种塑料聚醚醚酮（PEEK）衬里为材料，容积一般以 0.5～2L 为宜。

所有溶剂在放入贮液器之前必须经过 $0.45\mu m$ 滤膜过滤，除去溶剂中的机械杂质，以防输液管道或进样阀产生阻塞现象。所有溶剂在使用前必须脱气。因为色谱柱是带压力操作的，而检测器是在常压下工作。若不除去流动相中所含有的空气，则流动相通过柱子时，其中的气泡受到压力而被压缩，流出柱子后到检测器时因常压而将气泡释放出来，造成检测器噪声增大、基线不稳、仪器不能正常工作，这在梯度洗脱时尤其突出。

(2) 高压输液泵　高压输液泵是高效液相色谱仪的关键部件，其作用是将流动相以稳定的流速或压力输送到色谱分离系统。对于带有在线脱气装置的色谱仪，流动相先经过脱气装置后再输送到色谱柱。

码 8-4　四元泵工作原理

① 高压输液泵的要求。由于高压输液泵的性能直接影响到分离分析结果的好坏，因此，实际分析过程中为了保证良好的分离分析结果，要求高压输液泵必须满足以下几点要求：第一，泵体材料能耐化学腐蚀；第二，能在高压（30～50MPa）下连续工作；第三，输出流量稳定（±1%）、无脉冲、重复性高（±0.5%），而且输出流量范围宽；第四，适用于梯度洗脱。

② 高压输液泵类型。高压输液泵一般可分为恒压泵和恒流泵两大类。恒流泵在一定操作条件下可输出恒定体积流量的流动相。目前常用的恒流泵有往复型泵和注射型泵，其特点是泵的内体积小，用于梯度洗脱尤为理想。恒压泵又称气动放大泵，是输出恒定压力的泵，其流量随色谱系统阻力的变化而变化。这类泵的优点是输出无脉动，对检测器的噪声低，通过改变气源压力即可改变流速。缺点是流速不够稳定，随溶剂黏度不同而改变。表 8-6 列出了几种高压输液泵的基本性能。

表 8-6　几种高压输液泵的基本性能

名称	恒流或恒压	脉冲	更换流动相	梯度洗脱	再循环	价格
气动放大泵	恒压	无	不方便	需两台泵	不可以	高
螺旋传动注射泵	恒流	无	不方便	需两台泵	不可以	中等
单柱塞型往复泵	恒流	有	方便	可以	可以	较低
双柱塞型往复泵	恒流	小	方便	可以	可以	高
往复式隔膜泵	恒流	有	方便	可以	可以	中等

目前高效液相色谱仪普遍采用的是往复式恒流泵，特别是双柱塞型往复泵。恒压泵在高效液相色谱仪发展初期使用较多，现在主要用于液相色谱柱的制备。

(3) 过滤器　在高压输液泵的进口和它的出口与进样阀之间，应设置过滤器。高压输液泵的活塞和进样阀阀芯的机械加工精度非常高，微小的机械杂质进入流动相，会导致上述部件的损坏；同时机械杂质在柱头的积累会造成柱压升高，使色谱柱不能正常工作。因此管道过滤器的安装是十分必要的。

常见的几种过滤器结构见图 8-7。

过滤器的滤芯是用不锈钢烧结构材料制造的，孔径为 2～3μm，耐有机溶剂的侵蚀。若发现过滤器堵塞（发生流量减少的现象），可将其浸入 HNO_3 溶液中，在超声波清洗器中用超声波振荡 10～15min，即可将堵塞的固体杂质洗出。若清洗后仍不能达到要求，则应更换滤芯。

(4) 梯度洗脱装置　在进行多组分的复杂样品的分离时，经常会碰到一些问题，如前面

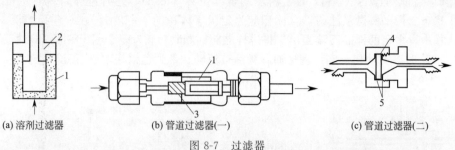

图 8-7　过滤器

1—过滤芯；2—连接管接头；3—弹簧；4—过滤片；5—密封垫

的组分分离不完全，而后面的一些组分分离度太大，且出峰很晚和峰形较差。为了使保留值相差很大的多种组分在合理的时间内全部洗脱并达到相互分离，往往要用到梯度洗脱技术。

在液相色谱中常用的梯度洗脱技术是指流动相梯度，即在分离过程中改变流动相的组成（溶剂极性、离子强度、pH 等）或改变流动相的浓度，以调节它的极性，使每个流出的组分都有合适的容量因子 k'，并使样品中的所有组分可在最短的分析时间内，以适宜的分离度获得好的选择性的分离。梯度洗脱技术可以提高柱效、缩短分析时间，并可改善检测器的灵敏度。此技术与气相色谱中使用的程序升温技术相似，现已在高效液相色谱法中获得了广泛的应用。

梯度洗脱装置依据梯度装置所能提供的流路个数可分为二元梯度、三元梯度等，依据溶液的混合方式又可分为高压梯度和低压梯度。

高压梯度一般只用于二元梯度，即用两个高压泵分别按设定比例输送两种不同溶液至混合器，在高压状态下将两种溶液进行混合，然后以一定的流量输出。其主要特点是，只要通过梯度程序控制器控制每台泵的输出，就能获得任意形式的梯度曲线，而且精度很高，易于实现自动化控制。其主要缺点是必须使用两台高压输液泵，因此仪器价格比较昂贵，故障率也相对较高。

低压梯度是将两种溶剂或四种溶剂按一定比例输入泵前的一个比例阀中，混合均匀后以一定的流量输出。其主要优点是只需一个高压输液泵且成本低廉、使用方便。实际过程中多元梯度泵的流路是可以部分空置的，如四元梯度泵也可以进行二元梯度操作。

高效液相色谱仪是用一台双柱塞往复式串联泵和一个高速比例阀构成的四元低压梯度系统，如图 8-8 所示。来自于四种溶液瓶的四根输液管分别与真空脱气装置的四条流路相接，经脱气后的四种溶液进入比例阀，混合后从一根输出管进入泵体。多元梯度泵的流路可以部分空置。

目前，大多数高效液相色谱仪皆配有高压梯度装置，如图 8-9，它是用两台高压输液泵将强度不同的两种溶剂输入混合室，进行混合后再进入色谱柱。两种溶剂进入混合室的比例可由溶剂程序控制器或计算机来调节。

2. 进样

进样器是将样品溶液准确送入色谱柱的装置，要求密封性好、死体积小、重复性好，进样引起色谱分离系统的压力和流量波动要很小。常用的进样器有以下两种。

（1）六通阀进样器　现在的液相色谱仪所采用的手动进样器几乎都是耐高压、重复性好、操作方便的阀进样器，手动进样器装在钢制固定杆上（如图 8-10），并能装在色谱仪两侧。六通阀进样器是最常用的，其进样体积由定量管确定，常规高效液相色谱仪中通常使用的是体积为 $10\mu L$ 和 $20\mu L$ 的定量管。六通阀进样器的结构如图 8-11 所示。

码 8-5　六通阀进样过程

操作时先将阀柄置于图 8-11（a）所示的进样位置（load），这时进样口只与定量管接通，处于常压状态。用平头微量注射器（体积应为定量管体积的 4～5 倍）注入样品溶液，样品停留在定量管中，多余的样品溶液溢出。将进样器阀柄顺时针转动 60°至图 8-11（b）所示的分析位置（inject）时，流动相与定量管接通，样品被流动相带到色谱柱中进行分离分析。

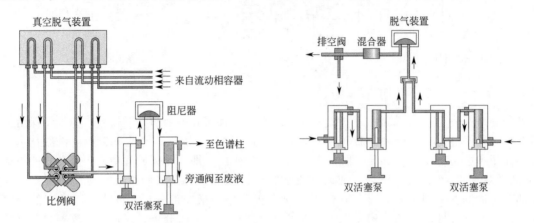

图 8-8   四元低压梯度系统示意图　　　　　　　图 8-9   高压梯度装置示意图

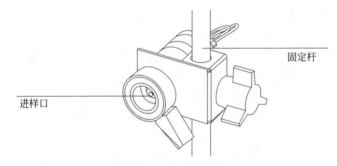

图 8-10   手动进样器

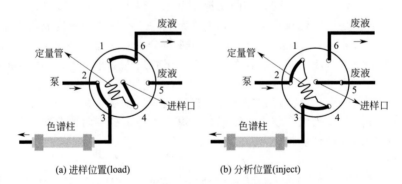

(a) 进样位置(load)　　　　　　(b) 分析位置(inject)

图 8-11   高效液相色谱仪六通阀进样器

　　（2）自动进样器　　自动进样器是由计算机自动控制定量阀，按预先编制的注射样品操作程序进行工作。取样、进样、复位、样品管路清洗和样品盘的转动，全部按预定程序自动进行，一次可进行几十个或上百个样品的分析，如图 8-12。

　　自动进样器的进样量可连续调节，进样重复性高，适合于大量样品的分析，节省人力，可实现自动化操作。但此装置一次性投资很高，目前在国内尚未得到广泛应用。

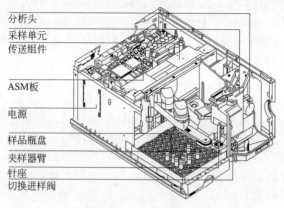

　　分析头
　　采样单元
　　传送组件

　　ASM板

　　电源

　　样品瓶盘
　　夹样器臂
　　针座
　　切换进样阀

图 8-12　自动进样器

3. 色谱柱

色谱是一种分离分析手段，担负分离任务的色谱柱是色谱仪的心脏，柱效高、选择性好、分析速度快是对色谱柱的一般要求。

（1）色谱柱的结构　色谱柱管为内部抛光的不锈钢柱管或塑料柱管，其结构如图 8-13 所示。

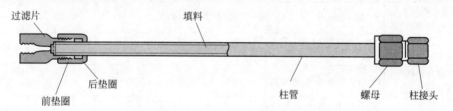

　过滤片　　　　　　　　　　填料

　　　　　后垫圈
　前垫圈　　　　　　　　　柱管　　　　螺母　　柱接头

图 8-13　色谱柱结构示意图

通过柱两端的接头与其他部件（如前连进样器，后接检测器）连接。通过螺母将柱管和柱接头牢固地连成一体。从一端柱接头的剖面图可以看出，为了使柱管与柱接头牢固而严密地连接，通常使用一套两个不锈钢垫圈，呈细环状的后垫圈固定在主管端头合适位置，呈圆锥形的前垫圈再从柱管端头套出，正好与接头的倒锥形相吻合。用连接管将各部件连接时的接头也都采用类似的方法。另外，在色谱柱的两端还需各放置一块由多孔不锈钢材料烧结而成的过滤片，出口端的过滤片起挡住填料的作用，入口端的过滤片既可防止填料倒出，又可保护填充床在进样时不被损坏。

此外，色谱柱在装填料之前是没有方向性的，但填充完毕的色谱柱是有方向的，即流动相的方向应与柱的填充方向（装柱时填充液的流向）一致。色谱柱的管外都以箭头显著地标示了该柱的使用方向（而不像气相色谱那样，色谱柱两头标明接检测器或进样器），安装和更换色谱柱时一定要使流动相能按箭头所指的方向流动。

（2）色谱柱的种类　市售的用于 HPLC 的各种微粒填料，如硅胶以及以硅胶为基质的键合相、氧化铝、有机聚合物微粒（包括离子交换树脂），其粒度一般为 $3\mu m$、$5\mu m$、$7\mu m$、$10\mu m$ 等，其柱效的理论值可达 5000～6000 理论塔板数/m。对于一般的分析任务，只需要 500 理论塔板数即可，对于较难分离的物质，可采用高达 20000 理论塔板数柱效的柱子。因此，实际过程中一般用 100～300mm 的柱长就能满足复杂混合物分析的需要。

常用的液相色谱柱的内径有 4.6mm 或 3.9mm 两种规格，国内有内径为 4mm 和 5mm 的规格。随着柱技术的发展，细内径柱受到了人们的重视，内径为 2mm 柱已作为常用柱。

细内径柱可获得与粗内径柱基本相同的柱效，而溶剂的消耗量却大为下降，这在一定程度上除减少了实验成本以外，也降低了废弃流动相对环境的污染和流动相溶剂对操作人员健康的损害。目前，1mm甚至更细内径的高效填充柱都有商品出售，特别是在与质谱联用时，为减少溶剂用量，常采用内径为0.5mm以下的毛细管柱。

细内径柱与常规柱相比，具有如下优点：若注射相同量的试样到细内径柱上，则产生较窄的峰宽，从而使峰高增大（色谱柱不应过载），峰高的增大又使检测器的灵敏度提高。这种增强效应对痕量分析非常重要，因为在痕量分析中试样总量受到限制。

实际过程中用作半制备或制备目的的液相色谱柱的内径一般在6mm以上。

（3）色谱柱的评价　一支色谱柱的好坏要用一定的指标来进行评价。一个合格的色谱柱评价报告应给出色谱柱的基本参数，如柱长、内径、填充载体的种类、粒度、柱效等。评价液相色谱柱的仪器系统应满足相当高的要求，一是液相色谱仪器系统的死体积应尽可能小，二是采用的样品及操作条件应当合理，在此合理的条件下，评析色谱柱的样品可以完全分离并有适当的保留时间。表8-7列出了评价各种液相色谱柱的样品及操作条件。

表 8-7　评价各种液相色谱柱的样品及操作条件[①]

柱	样品	流动相（体积比）	进样量/μg	检测器
烷基键合相柱（C_8、C_{18}）	苯、萘、联苯、菲	甲醇-水（83：17）	10	UV254nm
苯基键合相柱	苯、萘、联苯、菲	甲醇-水（57：43）	10	UV254nm
氰基键合相柱	三苯甲醇、苯乙醇、苯甲醇	正庚烷-异丙醇（93：7）	10	UV254nm
氨基键合相柱（极性固定相）	苯、萘、联苯、菲	正庚烷-异丙醇（93：7）	10	UV254nm
氨基键合相柱（弱阴离子交换剂）	核糖、鼠李糖、木糖、果糖、葡萄糖	水-乙腈（98.5：1.5）	10	示差折光检测
SO_3H键合相柱（强阳离子交换剂）	阿司匹林、咖啡因、非那西汀	0.05mol/L甲酸胺-乙醇（90：10）	10	UV254nm
R_4NCl键合相柱（强阴离子交剂）	尿苷、胞苷、脱氧胸腺苷、腺苷、脱氧腺苷	0.1mol/L硼酸盐溶液（加KCl）（pH 9.2）	10	UV254nm
硅胶柱	苯、萘、联苯、菲	正己烷	10	UV254nm

① 线速度为1mm/s，对柱内径为5.0mm的色谱柱最大流量约为1mL/min。

（4）保护柱　所谓保护柱，即在分析柱的入口端装有与分析柱相同固定相的短柱（5～30mm长），可以经常而且方便地更换，起到保护并延长分析柱寿命的作用。虽然采用保护柱会使分析柱损失一定的柱效，但更换一根分析柱不仅浪费（柱子失效往往只在柱端部分），而且又费事，况且保护柱色谱系统的影响基本上可以忽略不计，所以，即使损失一定的柱效也是可取的。

（5）色谱柱恒温　提高柱温有利于降低溶剂黏度和提高样品的溶解度，从而改变分离度。提高柱温也是保留值重复稳定的必要条件，特别是对需要高精度地测定保留体积的样品分析尤为重要。高效液相色谱仪中常用的色谱柱恒温装置有水浴式、电加热式和恒温箱式三种。实际恒温过程中要求最高温度不超过100℃，否则流动相汽化会使分析工作无法进行。

4. 检测器

检测器、泵与色谱柱是组成HPLC的三大部件。HPLC检测器是用于连续监测被色谱系统分离后的柱流出物组成和含量变化的装置，其作用是将柱流出物中样品组成和含量的变化转化为可供检测的信号，完成定性定量分析的任务。

（1）HPLC检测器的要求　理想的HPLC检测器应满足下列要求：第一，具有高灵敏度和可预测的响应；第二，对样品所有组分都有响应，或具有可预测的特异性，适用范围广；第三，温度和流动相流速的变化对响应没有影响；第四，响应与流动相的组成无关，可作梯度洗脱；第五，不造成柱外谱带扩展；第六，使用方便、可靠、耐用，易清洗和检修；第七，响应值随样品组分量的增加而线性增加，线性范围宽；第八，不破坏样品组分；第九，能对被检测的峰提供定性和定量信息；第十，响应时间足够快。实际过程中很难找到满足上述全部要求的 HPLC 检测器，但可以根据不同的分离目的对这些要求予以取舍，选择合适的检测器。

（2）HPLC 检测器的分类　　HPLC 检测器一般分为两类，通用型检测器和专用型检测器。

通用型检测器可连续测量色谱柱流出物（包括流动相和样品组分）的全部特性变化，通常采用差分测量法。这类检测器包括示差折光检测器、电导检测器和蒸发光散射检测器等。通用型检测器适用范围广，但由于对流动相有响应，因此易受温度变化、流动相流速和组成变化的影响，噪声和漂移都较大，灵敏度较低，不能用于梯度洗脱。

专用型检测器用于测量被分离样品组分某种特性的变化，这类检测器对样品中组分的某种物理或化学性质敏感，而这一性质是流动相所不具备的，或至少在操作条件下不显示。这类检测器包括紫外检测器、荧光检测器、安培检测器等。

专用型检测器灵敏度高，受操作条件变化和外界环境影响小，并且可用于梯度洗脱操作。但与通用型检测器相比，应用范围受到了一定的限制。

（3）检测器的性能指标　　常见检测器的性能指标如表 8-8 所示。

表 8-8　检测器性能指标

性能	可变波长紫外吸收检测器	示差折光检测器	荧光检测器	电导检测器
测量参数	吸光度（AU）	折射率（RIU）	荧光强度（AU）	电导率/(μS/cm)
池体积/μL	1～10	3～10	3～20	1～3
类型	选择性	通用型	选择性	选择性
线性范围	10^5	10^4	10^3	10^4
最小检出浓度/（g/mL）	10^{-10}	10^{-7}	10^{-11}	10^{-3}
最小检出量	约 1ng	约 1μg	约 1pg	约 1mg
噪声（测量参数）	10^{-4}	10^{-7}	10^{-3}	10^{-3}
用于梯度洗脱	可以	不可以	可以	不可以
对流量敏感性	不敏感	敏感	不敏感	敏感
对温度敏感性	低	10^{-4}/℃	低	2%/℃

（4）几种常见的检测器　　高效液相色谱检测器要求具有灵敏度高、噪声低、线性范围宽、响应快、死体积小等特点，且对温度和流量的变化不敏感。用于液相色谱的检测器大约有三四十种，还没有一种像气相色谱那样高灵敏度的通用型检测器。因此应当根据试样的性能来选用相适应的检测器。目前，液相色谱常用的检测器有紫外-可见光检测器、示差折光检测器、荧光检测器以及近年来出现的蒸发光散射检测器。

① 紫外-可见光检测器。紫外-可见光检测器（UV-Vis），又称紫外-可见吸收检测器、紫外吸收检测器，或直接称为紫外检测器，是目前液相色谱中应用最广泛的检测器。在各种检测器中，其使用率占 70% 左右，对占物质总数约 80% 的有紫外吸收的物质均有响应，既可检测 190～350mm 范围（紫外区）的光吸收变化，也可向可见光范围 350～700nm 延伸。几乎所有的液相色谱装置都配有紫外-可见光检测器。

由朗伯-比尔定律可知，吸光度与吸光系数、溶液浓度和光路长度呈直线关系，也就是说对于给定的检测池，在固定波长下，紫外-可见光检测器可输出一个与样品浓度成正比的光吸收信号——吸光度（A），这就是紫外-可见光检测器的工作原理。

紫外-可见光检测器的基本结构与一般紫外-可见分光光度计是相通的，均包括光源、分光系统、试样室和检测系统四大部分，分为固定波长检测器和可变波长检测器，如图8-14、图8-15所示。

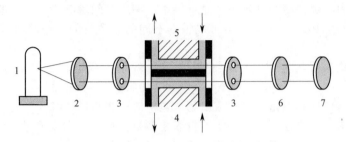

图 8-14 固定波长紫外检测器结构示意图

1—低压汞灯；2—透镜；3—滤光片；4—测量池；5—参比池；6—紫外滤光片；7—双紫外光敏电阻

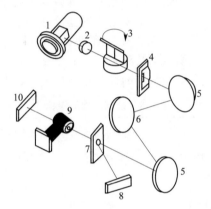

图 8-15 可变波长紫外检测器光学系统

1—光源；2—聚光透镜；3—滤光片；4—入口狭缝；5—平面反射镜；
6—光栅；7—光分束器；8—参比光电二极管；9—流通池；10—样品光电二极管

图 8-15 中，光源 1（氘灯）发射的光经聚光透镜 2 聚焦，由可旋转组合滤光片 3 滤去杂散光，再通过入口狭缝 4 至平面反射镜 5，经反射后到达光栅 6，光栅将光衍射色散成不同波长的单色光。当某一波长的单色光经平面反射镜 5 反射至光分束器 7 时，透过光分束器的光通过样品流通池，最终到达检测样品的测量光电二极管；被光分束器反射的光到达检测基线波动的参比光电二极管；比较可以获得测量和参比光电二极管的信号差，此即为样品的检测信息。这种可变波长紫外吸收检测器的设计，使它在某一时刻只能采集某一特定的单色波长的吸收信号。光栅的偏转可由预先编制的采集信号程序加以控制，以便于采集某一特定波长的吸收信号，并可使色谱分离过程洗脱出的每个组分峰都获得最灵敏的检测。

在紫外-可见光检测器中，与普通紫外-可见光分光光度计完全不同的部件是流通池。一般标准流通池体积为 $5\sim8\mu L$，光程长为 $5\sim10mm$，内径小于 1mm，结构常采用 H 形，如图 8-16 所示。

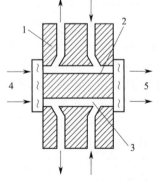

图 8-16 紫外检测器流通池

1—流通池；2—测量臂；3—参比池；4—入射光；5—出射光

② 示差折光检测器。示差折光检测器，又称折光指数检测器（RID），是一种通用型检测器。它是通过连续监测参比池和测量池中溶液的光折射率之差来测定试样浓度的检测器。溶液的光折射率是溶剂（流动相）和溶质各自的光折射率乘以其物质的量浓度之和，溶有样品的流动相和流动相本身之间光折射率之差即表示样品在流动相中的浓度。原则上凡是与流动相光折射率有差别的样品都可用 RID 来测定，其检测限可达 $10^{-6} \sim 10^{-7} \text{g/mL}$。表 8-9 列出了常用溶剂在 20℃时的折射率。

表 8-9　常用溶剂在 20℃时的折射率

溶剂	折射率	溶剂	折射率	溶剂	折射率
水	1.333	异辛烷	1.404	乙醚	1.353
乙醇	1.362	甲基异丁酮	1.394	甲醇	1.329
丙酮	1.358	氯代丙烷	1.389	乙酸	1.329
四氢呋喃	1.404	甲乙酮	1.381	苯胺	1.586
乙二醇	1.427	苯	1.501	氯代苯	1.525
四氯化碳	1.463	甲苯	1.496	二甲苯	1.500
氯仿	1.446	己烷	1.375	二乙胺	1.387
乙酸乙酯	1.370	环己烷	1.462	溴乙烷	1.424
乙腈	1.343	庚烷	1.388		

示差折光检测器一般可按物理原理分成四种不同的设计：反射式、偏转式、干涉式和克里斯琴效应示差折光检测器。偏转式折光检测器一般只在制备色谱和凝胶渗透色谱中使用。通常 HPLC 都使用反射式，因其池体积很小（一般为 5L）且灵敏度较高。

③ 荧光检测器。许多化合物特别是芳香族化合物、生化物质，如有机胺、维生素、激素、酶等被入射光照射后，能吸收一定波长的光，使原子中的某些电子从基态中的最低振动能级跃迁到较高电子能态的某些振动能级之后，由于电子在分子中的碰撞，消耗一定的能量而下降到第一电子激发态的最低振动能级，再跃迁回到基态中的某些不同振动能级，同时发射出比原来所吸收的光频率较低、波长较长的光，即荧光，被这些物质吸收的光称为激发光（λ_{ex}）。荧光的强度与入射光的强度、样品浓度成正比。

荧光检测器（FD）就是利用某些溶质在受到紫外线激发后，根据能发射可见光（荧光）的性质来进行检测的。它是一种具有高灵敏度和高选择性的浓度型检测器。对不发射荧光的物质，可使其与荧光试剂反应，制成可发射荧光的衍生物后再进行测定。

荧光检测器的灵敏度比紫外检测器要高 100 倍，当要对痕量组分进行选择性检测时，它是一种强有力的检测工具。但它的线性范围较窄，不宜作为一般的检测器来使用。荧光检测器也可用于梯度洗脱。

④ 蒸发光散射检测器。蒸发光散射检测器（ELSD）是近年来新出现的高灵敏度、通用型检测器（如图 8-17）。自从 1985 年第一台商品化的 ELSD 问世以来，已有多家厂商可以提供这种检测器。ELSD 是一种质量型的检测器，因它可以用来检测任何不挥发性化合物，包括氨基酸、脂肪酸、糖类、表面活性剂等，尤其对于一些较难分析的样品，如磷脂、皂苷、生物碱、甾族化合物等无紫外吸收或紫外末端吸收的化合物，更具有其他 HPLC 检测器无法比拟的优越性。此外，ELSD 对流动相的组成不敏感，可以用于梯度洗脱。ELSD 的检测灵敏度要高于低波长紫外检测器和示差折光检测器，检测限可低至 10^{-10} 级。

蒸发光散射检测器与 RI 和 UV 比较，它消除了溶剂的干扰和因温度变化而引起的基线漂移，即使用梯度洗脱也不会产生基线漂移。它还具有死体积小、灵敏度高等优点。所以，

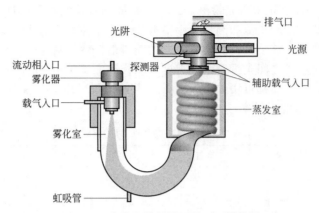

图 8-17   蒸发光散射检测器原理结构图

ELSD 犹如气相色谱分析中的 FID 一样，必将获得更加广泛的应用。

（5）检测器的选择   不同的分离目的对检测器的要求不同，如测单一组分，理想的检测器应仅对所测成分响应，而其他任何成分均不出峰。另外，如目的是定性分析或是制备色谱，则最好用通用型检测器，以便能检测到混合物中的各种成分。仅对分析而言，检测器灵敏度越高越好。最低检出量越小越好。如目的是用作制备分离，则检验器的灵敏度没必要很高。

应尽量使用紫外检测器（UV），因为目前一般的 HPLC 都配有这类检测器，它方便且受外界影响小。如被测化合物没有足够的紫外生色团，则应考虑使用其他检测手段，如示差折光检测器、荧光检测器、电化学检测器等。如果实在找不到合适的检测器，才可以考虑将样品衍生化为有紫外吸收或有荧光的产物，然后再用紫外或荧光检测。

5. 色谱工作站

高效液相色谱的分析结果除可用记录仪绘制谱图外，现已广泛使用色谱数据处理机和色谱工作站来记录和处理色谱分析的数据。下面简单介绍一下色谱工作站的特点。色谱工作站多采用 16 位或 32 位高档微型计算机，其主要功能如下：

（1）自行诊断功能   可对色谱仪的工作状态进行自我诊断，并能用模拟图形显示诊断结果，可帮助色谱工作者及时判断仪器故障并予以排除。

（2）全部操作参数控制功能   色谱仪的操作参数，如柱温、流动相流量、梯度洗脱程序、检测器灵敏度、最大吸收波长、自动进样器的操作程序、分析工作日程等，全部可以预先设定，并实现自动控制。

（3）智能化数据处理和谱图处理功能   可由色谱分析获得色谱图，打印出各个色谱峰的保留时间、峰面积、峰高、半峰宽，并可按归一化法、内标法、外标法等进行数据处理，打印出分析结果。谱图处理功能包括谱图的放大、缩小，峰的合并、删除、多重峰的叠加等。

（4）进行计量认证的功能   工作站储存有对色谱仪器性能进行计量认证的专用程序，可对色谱柱控温精度、流动相流量精度、氘灯和氚灯的光强度及使用时间、检测器噪声等进行监测，并可判断是否符合计量认证标准。

此外，该工作站还具有控制多台仪器的自动化操作功能、网络运行功能，还可运行多种色谱分离优化软件、多维色谱系统操作参数控制软件等，详细情况可参阅有关专著。

不同型号的色谱工作站与上述介绍的色谱工作站相比，基本功能大致相仿。

总的来说，色谱工作站的出现，不仅大大提高了色谱分析的速度，也为色谱分析工作者进行理论研究、开拓新型分析方法创造了有利的条件。可以预料随着电子计算机的迅速发展，色谱工作站的功能也会日益完善。

任务四　高效液相色谱定性定量方法

任务要求

1. 理解高效液相色谱法定性分析的方法。
2. 理解高效液相色谱法定量分析的方法。

高效液相色谱法与气相色谱法在许多方面有相似之处，如各种溶剂的分离原理、溶质在固定相上的保留规律、溶质在色谱柱中的峰形扩散过程等。液相色谱法作为一种重要的分离分析手段，具有能通过色谱柱分离复杂样品中不同组分的能力，这种能力是任何其他分析方法所无法比拟的。对色谱柱分离后的组分进行定性及定量鉴定，是色谱工作者完成分析工作的一个重要环节。尽管液相色谱法包括多种模式，但无论采用何种模式，对样品进行定性及定量分析都是基于通过检测器得到的谱图信息。

一、液相色谱定性分析

液相色谱过程中影响溶质迁移的因素较多，同一组分在不同色谱条件下的保留值可能相差很大。即便在相同的操作条件下，同一组分在不同色谱柱上的保留值也可能有很大差别。在同根色谱柱上的分离，有时甚至会因为流动相组成的改变而出现出峰次序颠倒的现象。显然，与气相色谱相比，液相色谱法定性的难度更大。常用的定性方法有以下几种。

1. 利用已知标准样品定性

在有已知标准物质的情况下，利用标准样品对未知化合物定性是最常用的液相色谱定性方法，这也是唯一在任何条件下都有效的方法。当无标准物时，其他定性方法才被推荐采用。

利用已知标准样品定性的依据是：在相同的色谱操作条件下（包括柱长、固定相、流动相等），组分有固定的色谱保留值，即在同一根色谱柱上，用相同的色谱操作条件分析未知物与标准物，通过比较它们的色谱图，对未知物进行比较鉴别。当未知峰的保留值与某已知标准物完全相同时，可以初步判断未知峰与该标准物是同一物质；在色谱柱改变或流动相组成经多次改变后，被测物的保留值与已知标准物的保留值仍能一致，能够进一步证明被测物与标准物是同一物质。如图8-18所示，可初步判定未知物2、3、4、7、9分别为A、B、C、D、E五种标准物。

也可以利用文献保留值数据进行比对定性。但由于液相色谱柱填柱技术复杂，重现性差，受仪器、色谱柱、试剂等因素影响，难以得到相同色谱条件。所以文献报道的保留数据一般只作为定性参考，可根据文献数据对照品选用已知标准物，再用已知标准物进行定性。

该方法操作过程简单，但是需要有纯样，适用于已知物的定性。并且操作条件要稳定，不适用于不同仪器上获得的色谱数据之间的对比。

2. 利用检测器的选择性定性

各种不同的液相色谱检测器均有其独特的性能。在相同色谱条件下，同一样品在不同检测器上有不同的响应信号，可结合几种选择性检测器的测试结果对其定性。当某一被测化合物同时被两种或两种以上检测器检测时，各检测器对被测化合物检测的灵敏度比值与被测化合物的性质是密切相关的，可以用来对被测化合物进行定性分析，这就是双检测器定性体系的基本原理。

双检测器体系的连接一般有串联连接和并联连接两种方式。当两种检测器中的一种是非破坏型的，则可采用简单的串联连接方式，方法是将非破坏型检测器串接在破坏型检测器之前。若两种检测器都是破坏型的，则需采用并联方式，方法是在色谱柱的出口端连接一个三通，分别连接到两个检测器上。在液相色谱中最常用于定性鉴定工作的双检测体系是紫外检测器（UV）和荧光检测器（FD）。图 8-19 是 UV 和 FD 串联检测食物中有毒胺类化合物（1，5，12-吡啶并咪唑、2，4-咪唑并喹啉、3，6，7，8-咪唑氧杂喹啉和 9，10，11，13，14-吡啶并吲哚）色谱图。仪器检测条件见图注。

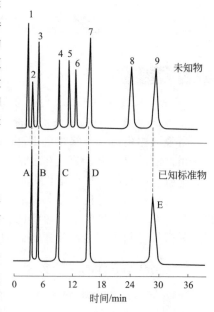

图 8-18　醇溶液定性分析色谱图
A—甲醇；B—乙醇；C—正丙醇；
D—正丁醇；E—正戊醇

3. 利用 DAD 三维谱图检测定性

如果 HPLC 配备了光电二极管阵列检测器（DAD），利用二极管阵列检测器得到的包括有色谱信号、时间、波长的三维色谱图，除了比较未知组分与已知标准物保留时间外，还可比较两者的立体构型，即紫外光谱图。其定性结果与传统方法相比具有更大的优势。如果保留时间一样，紫外光谱图也完全一样，则可基本上认定两者是同一物质；若保留时间虽一样，但两者的紫外光谱图有较大差别，则为不同物质。

传统的方法是：在色谱图上某组分的色谱峰出现极大值，即最高浓度时，通过停泵等手段，使组分在检测池中滞留，然后对检测池中的组分进行全波长扫描，得到该组分的紫外-可见光谱图；再取可能的标准样品按同样方法处理。对比两者光谱图即能鉴别出该组分与标准样品是否相同。对于某些有特殊紫外光谱图的化合物，也可以通过对照标准谱图的方法来识别化合物（如图 8-20）。利用三维谱图比较对照的方法大大提高了保留值比较定性方法的准确性。

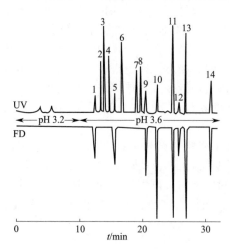

图 8-19　UV 和 FD 串联检测食物
中的有毒胺化合物色谱图
色谱柱：TSK gel ODS80，250mm×4.6mm，
5μm；流动相：0.01mol/L 三乙胺水溶液
（pH 3.2 或 pH 3.6）和乙腈

4. 利用已知物增加峰高法定性

将已知标准物质加入试样中，观察各组分色谱峰的相对变化。在相同的色谱条件下，分别测得未知样品的色谱图和加入标准物质的未知样品色谱图，对比两张色谱图，若某一峰高增高，且改变色谱柱或流动相组成后仍能使该峰增高，则可基本认定该峰与标准物质为同一物质，如图 8-21。

该法可避免载气流速的微小变化对保留时间的影响而影响定性分析的结果，又可避免色谱图图形复杂时准确测定保留时间的困难，是确认某一复杂样品中是否含有某一组分的最好方法。

二、定量方法

高效液相色谱图的定量方法与气相色谱定量方法类似，是根据检测器对溶质产生的响应信号与溶质的量成正比的原理，通过色谱图上的峰面积或峰高计算样品中溶质的含量。峰高和峰面积测量仅是对检测信号的一种响应，该响应需同组分的浓度或

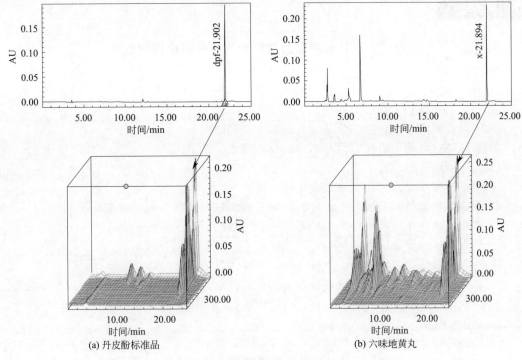

图 8-20　丹皮酚标准品和六味地黄丸的三维色谱图

者质量结合方可完成定量方法。无论在相同的还是不同的色谱条件下进行的试验，均要采取一定的手段加以校正，才可能得到准确的定量结果。HPLC 定量分析中常用的校正方法有：峰面积归一化法、外标法、内标法及标准加入法。

1. 归一化法

归一化法要求所有组分都能分离并有响应，其基本方法与气相色谱中的归一化法类似。由于液相色谱所用检测器为选择性检测器，对很多组分没有响应，因此液相色谱法较少使用归一化法。

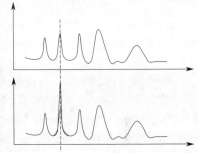

图 8-21　加入标准物质后增加峰高

2. 外标法

外标法即标准曲线法，是在与被测样品相同的色谱条件下单独测定标准物质，把得到的标准物色谱峰面积与被测组分的色谱峰面积进行比较求得被测组分的含量。外标法可分为标准曲线法和直接比较法。具体方法可参阅气相色谱的外标法定量。

3. 内标法

当色谱柱不能使所有的组分都流出来，或检测器不能对所有组分都给出相应的色谱峰，或者有的组分在样品中含量过大（得不到完整的峰）或者过小时，都可以采用内标法进行定量分析。它是将已知量的内标物加到标准溶液和样品溶液中，在进行色谱测定之后，根据标样待测组分及内标物的峰值，进而求出待测组分的含量。内标法是比较精确的一种定量方法，是一种相对法，不要求全出峰，但是要有内标物和标样，两次称重，操作过程相对烦琐。具体方法亦可参阅气相色谱的外标法定量。

任务实施

操作 8 高效液相色谱法测定饮料中咖啡因的含量

一、目的要求

（1）实训目的

① 掌握高效液相色谱仪的操作。

② 了解高效液相色谱法测定咖啡因的基本原理。

③ 掌握高效液相色谱法定性基本方法及标准曲线定量法。

（2）素质要求

① 严格遵守实训岗位安全守则和工作纪律。

② 服从指导教师的安排，按照分析检验人员的基本素质要求完成实训任务。

③ 实训前认真预习，了解操作原理，熟悉仪器使用方法及操作要点。

④ 实训中严格操作规程和规范，独立完成实训任务。

⑤ 对原始数据应实事求是，严肃认真，不得随意记录、编造、篡改。

⑥ 实训结束后，正确关闭仪器设备，恢复实训室的卫生，检查水、电、门窗等设施。

⑦ 按照格式要求完成实训报告，正确处理数据，结论严谨规范。

（3）操作要求

① 仪器操作：正确使用高效液相色谱仪，规范使用六通阀，正确操作色谱工作站。

② 仪器维护：正确进行流动相脱气、过滤器的清洗、保护柱的更换等。

③ 测量条件：正确选择流动相、微量进样器、色谱柱的种类、检测器的类型、定量方法，正确设置流动相压力、流速、色谱柱温度等。

④ 定性定量：利用保留值正确定性，利用标准曲线法正确定量。

⑤ 数据记录与处理：原始数据记录真实、规范，数据处理严谨、正确。

二、方法原理

咖啡因又称咖啡碱，属黄嘌呤衍生物，是从茶叶或咖啡中提取而得的一种生物碱，化学名称为1,3,7-三甲基黄嘌呤。咖啡因能兴奋大脑皮层，使人精神兴奋。咖啡中含咖啡因为 $1.2\%\sim1.8\%$，茶叶中含咖啡因为 $2.0\%\sim4.7\%$。可乐饮料、APC 药片等中均含咖啡因。其分子式为 $C_8H_{10}O_2N_4$，结构式如图 8-22 所示。

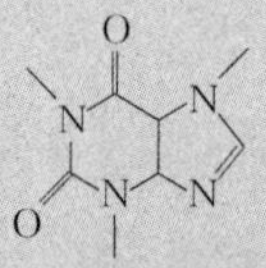

图 8-22 咖啡因结构式

用反相高效液相色谱法将饮料中的咖啡因与其他组分（如鞣酸、咖啡酸、蔗糖等）分离后，使已配制的浓度不同的咖啡因标准溶液进入色谱系统，如流动相流速和泵的压力在整个实验过程中是恒定的，测定它们在色谱咖啡因图上的保留时间 t_R 和峰面积 A 后，可直接用 R 定性，用峰面积 A 定量，采用工作曲线法测定饮料中的咖啡因含量。

三、仪器与试剂

（1）仪器：高效液相色谱仪（带紫外检测器）；

$25\mu L$ 平头微量进样器。

（2）试剂：咖啡因、可乐、茶叶、速溶咖啡等饮料；

咖啡因标准储备溶液（100μg/mL）：将咖啡因在 110℃下烘干 1h。准确称取 0.1000g 咖啡因，超纯水溶解，定量转移至 100mL 容量瓶中，并稀释至刻度。

四、测定步骤

（1）色谱条件：色谱柱 C_{18} ODS 柱，柱温 25℃，检测波长 275nm，进样量 20μL。流动相：甲醇：水＝50：50，流动相流量 1.0mL/min。

（2）标准溶液的配制：准确移取标准储备液 1.00mL、2.00mL、3.00mL、4.00mL、5.00mL 到 50mL 容量瓶中，超纯水定容，得到质量浓度分别为 20μg/mL、40μg/mL、60μg/mL、80μg/mL、100μg/mL 的标准系列溶液。

（3）样品处理

① 将约 25mL 可口可乐置于 100mL 洁净、干燥的烧杯中，剧烈搅拌 30min 或用超声波脱气 10min 以赶尽可乐中的二氧化碳。转移至 50mL 容量瓶中，并定容至刻度。

② 准确称取 0.04g 速溶咖啡，用 90℃蒸馏水溶解，冷却后过滤，定容至 50mL 容量瓶中。

③ 准确称取 0.04g 茶叶，用 20mL 蒸馏水煮沸 10min，冷却后，过滤取上层清液，并按此步骤再重复一次。转移至 50mL 容量瓶中，并定容至刻度。

上述样品溶液分别进行干过滤（即用干漏斗、干滤纸过滤），弃去前过滤液，取后面的过滤液，用 0.45μm 的过滤膜过滤，备用。

（4）绘制工作曲线：仪器基线稳定后，进咖啡因标准样，浓度由低到高。每个样品重复 3 次，要求 3 次所得的咖啡因色谱峰面积基本一致，记下峰面积与保留时间。

（5）样品测定：分别注入样品溶液 20μL，根据保留时间确定样品中咖啡因色谱峰的位置，记录咖啡因色谱峰峰面积，计算样品中咖啡因的含量。

五、数据记录与处理

标准系列号	1	2	3	4	5	试样
咖啡因的浓度/(μg/mL)	20.0	40.0	60.0	80.0	100.0	ρ_x
咖啡因峰面积/mV·s						

（1）测定不同浓度的标准溶液，记录咖啡因色谱峰的保留时间及峰面积，绘制峰面积与咖啡因浓度关系的工作曲线。

（2）确定未知样中咖啡因的出峰时间及峰面积，从工作曲线上查找并计算出试样中咖啡因的含量。

六、操作注意事项

（1）不同的可乐、茶叶、咖啡中咖啡因含量不大相同，称取的样品量可酌量增减。

（2）若样品和标准溶液需保存，应置于冰箱中。

（3）为获得良好结果，标准和样品的进样量要严格保持一致。

七、思考题

（1）用标准曲线法定量的优缺点是什么？

（2）根据结构式，咖啡因能用离子交换色谱法分析吗？为什么？

（3）在样品干过滤时，为什么要弃去前过滤液？这样做会不会影响实验结果？为什么？

【任务评价】

序号	评价项目	分值	评价标准							评价记录	得分
1	准确度	20	相对误差≤(%)	1.0	2.0	3.0	4.0	5.0	6.0		
			扣分标准(分)	0	4	8	12	16	20		
2	精密度	10	相对偏差≤(%)	1.0	2.0	3.0	4.0	5.0	6.0		
			扣分标准(分)	0	2	4	6	8	10		
3	职业素养	5	态度端正、操作规范、精益求精、数据真实、结论严谨,1分/项								
4	完成时间	5	超时≤(min)	0		5		10	20		
			扣分标准(分)	0		1		2	5		
5	操作规范	40	1. 每个不规范操作,扣1分 2. 色谱仪开机顺序错误,扣3分 3. 平头微量注射器选择错误,扣2分 4. 损坏微量注射器或其他玻璃仪器,扣5分/件 5. 重复进样,扣3分/次 6. 操作条件设置错误,扣2分/个 7. 分离不完全,扣5分								
6	原始记录	5	1. 未及时记录原始数据,扣2分 2. 原始记录未记录在实验报告,扣5分 3. 非正规修改记录,扣1分/处 4. 原始记录空项,扣1分/处								
7	数据处理	10	1. 计算错误,扣5分(不重复扣分) 2. 数据中有效数字位数修约错误,扣1分/处 3. 有计算过程,未给出最终结果,扣5分								
8	结束工作	5	1. 操作结束仪器未清洗或清洗不洁,扣5分 2. 操作结束仪器摆放不整齐,扣2分 3. 操作结束仪器未关闭,扣5分								
9	重大失误	0	1. 原始数据未经认可擅自涂改,计0分 2. 编造数据,计0分 3. 损坏色谱仪,根据实际损坏情况赔偿								

思考与交流

1. 用标准曲线法定量的优缺点是什么?
2. 根据结构式,咖啡因能用离子交换色谱法分析吗? 为什么?
3. 在样品干过滤时,为什么要弃去前过滤液? 这样做会不会影响实验结果? 为什么?

操作9 高效液相色谱法测定食品中苯甲酸和山梨酸的含量

一、目的要求

(1) 实训目的

① 学习高效液相色谱仪的工作原理和操作要点。

② 了解高效液相色谱仪工作条件的选择方法。

③ 学会根据保留时间和峰面积进行定性和定量的方法。

④ 掌握流动相 pH 值对酸性化合物保留因子的影响。

(2) 素质要求

① 严格遵守实训岗位安全守则和工作纪律。

② 服从指导教师的安排,按照分析检验人员的基本素质要求完成实训任务。

③ 实训前认真预习,了解操作原理,熟悉仪器使用方法及操作要点。

④ 实训中严格操作规程和规范，独立完成实训任务。

⑤ 对原始数据应实事求是，严肃认真，不得随意记录、编造、篡改。

⑥ 实训结束后，正确关闭仪器设备、恢复实训室的卫生，检查水、电、门窗等设施。

⑦ 按照格式要求完成实训报告，正确处理数据，结论严谨规范。

（3）操作要求

① 仪器操作：正确使用高效液相色谱仪，规范使用六通阀，正确操作色谱工作站。

② 仪器维护：正确进行流动相脱气、过滤器的清洗、保护柱的更换等。

③ 测量条件：正确选择流动相、微量进样器、色谱柱的种类、检测器的类型、定量方法，正确设置流动相压力、流速、色谱柱温度等。

④ 定性定量：利用保留值正确定性，利用标准曲线法正确定量。

⑤ 数据记录与处理：原始数据记录真实、规范，数据处理严谨、正确。

二、方法原理

食品添加剂是在食品生产中加入的用于防腐或调节味道、颜色的化合物，为了保证食品的食用安全，必须对添加剂的种类和加入量进行控制。高效液相色谱法是分析和检测食品添加剂的有效手段。

本实验以 C_{18} 键合的多孔硅胶微球作为固定相，甲醇-磷酸盐缓冲溶液（体积比为 50：50）的混合溶液作流动相的反相液相色谱分离苯甲酸和山梨酸。两种化合物由于分子结构不同，在固定相和流动相中的分配比不同，在分析过程中经多次分配便逐渐分离，依次流出色谱柱。经紫外-可见检测器进行色谱峰检测。

苯甲酸和山梨酸为含有羧基的有机酸，流动相的 pH 值影响它们的解离程度，因此也影响其在两相（固定相和流动相）中的分配系数，本实验将通过测定不同流动相的 pH 值条件下苯甲酸和山梨酸保留时间的变化，了解液相色谱中流动相 pH 值对于有机酸分离的影响。

三、仪器与试剂

（1）仪器：高效液相色谱仪（含紫外检测器）；

$25\mu L$ 平头微量进样器。

（2）试剂：甲醇（色谱纯）；超纯水（或二次蒸馏水）；1mol/L NaOH 溶液；氯仿、NaCl、Na_2SO_4、苯甲酸、山梨酸等均为分析纯。

可口可乐（1.25L 瓶装）。

$1000\mu g/mL$ 苯甲酸、山梨酸标准储备溶液：将苯甲酸、山梨酸在 110℃下烘干 1h，准确称取 0.1000 苯甲酸、山梨酸，用流动相溶解，定量转移至 100mL 容量瓶中并定容。

$50.00\mu g/mL$ 苯甲酸、山梨酸标准溶液：吸取 $1000\mu g/mL$ 苯甲酸、山梨酸标准储备溶液 2.50mL 于 50mL 容量瓶中，用流动相稀释至刻度。

四、测定步骤

（1）设置色谱条件：色谱柱 C_{18} ODS柱，柱温 25℃，检测波长 223nm、252nm，进样量 $20\mu L$。

流动相：甲醇：水＝60：40（$0.45\mu m$ 滤膜过滤），流动相流速 1.0mL/min。

（2）标准溶液配制

① 苯甲酸标准系列溶液的配制：分别用吸量管吸取 2.00mL、4.00mL、6.00mL、8.00mL、10.00mL 苯甲酸标准溶液（$50.00\mu g/mL$）于五只 25mL 容量瓶中，用流动相定容至刻度，浓度分别为 $4.00\mu g/mL$、$8.00\mu g/mL$、$12.00\mu g/mL$、$16.00\mu g/mL$、$20.00\mu g/mL$。

②　山梨酸标准系列溶液的配制：分别用吸量管吸取 1.00mL、2.00mL、3.00mL、4.00mL、5.00mL 山梨酸标准溶液（50.00μg/mL）于五只 25mL 容量瓶中，用流动相定容至刻度，浓度分别为 2.00μg/mL、4.00μg/mL、6.00μg/mL、8.00μg/mL、10.00μg/mL。

（3）样品处理：将约 100mL 可口可乐置于 250mL 洁净、干燥的烧杯中，剧烈搅拌 30min 或用超声波脱气 5min，以赶尽可口可乐中的二氧化碳。将样品溶液分别进行干过（即用漏斗、干滤纸过滤），弃去前过滤液，取后面的过滤液。吸取样品滤液 25.00mL 于 125mL 分液漏斗中，加入 1.0mL 饱和 NaCl 溶液、1mL 1mol/L NaOH 溶液，然后用 20mL 氯仿分三次萃取（10mL、5mL、5mL）。将氯仿提取液分离后经过装有无水硫酸钠的小漏斗（在小漏斗的颈部放一团脱脂棉，上面铺一层无水硫酸钠）脱水过滤于 25mL 容量瓶中，最后用少量氯仿多次洗涤无水硫酸钠小漏斗，将洗涤液合并至容量瓶中，定容至刻度。

取上述溶液若干毫升（通过实验确定）于 25mL 容量瓶中，用流动相定容至刻度。取该溶液 20μL，重复两次，要求两次所得的苯甲酸、山梨酸色谱峰面积基本一致，否则继续进样，直至每次进样色谱峰面积基本一致。

（4）绘制工作曲线：先用流动相平衡仪器，待液相色谱仪基线平直后，分别注入苯甲酸、山梨酸标准系列液 20μL，重复两次，要求两次所得的苯甲酸、山梨酸色谱峰面积基本一致，否则继续进样，直至每次进样色谱峰面积基本一致。

五、数据记录与处理

标准系列号	1	2	3	4	5	试样
苯甲酸的浓度/(μg/mL)	4.00	8.00	12.00	16.00	20.00	ρ_x
苯甲酸峰面积/mV·s						

标准系列号	1	2	3	4	5	试样
山梨酸的浓度/(μg/mL)	2.00	4.00	6.00	8.00	10.00	ρ_x
山梨酸峰面积/mV·s						

（1）记录苯甲酸和山梨酸色谱峰的保留时间及峰面积，分别绘制峰面积和苯甲酸浓度及山梨酸浓度的标准曲线。

（2）确定未知样中苯甲酸和山梨酸的出峰时间及峰面积，从工作曲线上查找并计算出试样中苯甲酸和山梨酸的含量。

六、操作注意事项

（1）实验条件特别是流动相配比，可以根据具体情况进行调整。

（2）需教师亲自配制苯甲酸、山梨酸试样。

七、思考题

（1）如何根据色谱图中的保留值进行定性分析？

（2）调整流动相的配比对色谱图有何影响？是否影响测定结果？

【任务评价】

序号	评价项目	分值	评价标准							评价记录	得分
1	准确度	20	相对误差≤(%)	1.0	2.0	3.0	4.0	5.0	6.0		
			扣分标准(分)	0	4	8	12	16	20		
2	精密度	10	相对偏差≤(%)	1.0	2.0	3.0	4.0	5.0	6.0		
			扣分标准(分)	0	2	4	6	8	10		
3	职业素养	5	态度端正、操作规范、精益求精、数据真实、结论严谨，1分/项								

续表

序号	评价项目	分值	评价标准					评价记录	得分
4	完成时间	5	超时≤(min)	0	5	10	20		
			扣分标准(分)	0	1	2	5		
5	操作规范	40	1. 每个不规范操作,扣1分 2. 色谱仪开机顺序错误,扣3分 3. 平头微量注射器选择错误,扣2分 4. 损坏微量注射器或其他玻璃仪器,扣5分/件 5. 重复进样,扣3分/次 6. 操作条件设置错误,扣2分/个 7. 分离不完全,扣5分						
6	原始记录	5	1. 未及时记录原始数据,扣2分 2. 原始记录未记录在实验报告,扣5分 3. 非正规修改记录,扣1分/处 4. 原始记录空项,扣1分/处						
7	数据处理	10	1. 计算错误,扣5分(不重复扣分) 2. 数据中有效数字位数修约错误,扣1分/处 3. 有计算过程,未给出最终结果,扣5分						
8	结束工作	5	1. 操作结束仪器未清洗或清洗不洁,扣5分 2. 操作结束仪器摆放不整齐,扣2分 3. 操作结束仪器未关闭,扣5分						
9	重大失误	0	1. 原始数据未经认可擅自涂改,计0分 2. 编造数据,计0分 3. 损坏色谱仪,根据实际损坏情况赔偿						

思考与交流

1. 如何根据色谱图中的保留值进行定性分析?
2. 调整流动相的配比对色谱图有何影响? 是否影响测定结果?

操作10　布洛芬胶囊中主成分含量的测定

一、目的要求

(1) 实训目的

① 学会胶囊类样品预处理的方法。

② 掌握流动相 pH 值的调节方法。

③ 能用外标法对样品中主成分进行定性定量检测。

④ 了解 HPLC 在药物分析中的应用。

(2) 素质要求

① 严格遵守实训岗位安全守则和工作纪律。

② 服从指导教师的安排,按照分析检验人员的基本素质要求完成实训任务。

③ 实训前认真预习,了解操作原理,熟悉仪器使用方法及操作要点。

④ 实训中严格操作规程和规范,独立完成实训任务。

⑤ 对原始数据应实事求是,严肃认真,不得随意记录、编造、篡改。

⑥ 实训结束后,正确关闭仪器设备、恢复实训室的卫生,检查水、电、门窗等设施。

⑦ 按照格式要求完成实训报告,正确处理数据,结论严谨规范。

(3) 操作要求

① 仪器操作：正确使用高效液相色谱仪，规范使用六通阀，正确操作色谱工作站。

② 仪器维护：正确进行流动相脱气、过滤器的清洗、保护柱的更换等。

③ 测量条件：正确选择流动相、微量进样器、色谱柱的种类、检测器的类型、定量方法，正确设置流动相压力、流速、色谱柱温度等。

④ 定性定量：利用保留值正确定性，利用外标法正确定量。

⑤ 数据记录与处理：原始数据记录真实、规范，数据处理严谨、正确。

二、方法原理

高效液相色谱法是目前应用较广的药物检测技术。其基本方法是将具有一定极性的单一溶剂或不同比例的混合溶液作为流动相，用泵将流动相注入装有填充剂的色谱柱，注入的供试品被流动相带入柱内进行分离后，各成分先后进入检测器，用记录仪或数据处理装置记录色谱图或进行数据处理，得到测定结果。由于应用了各种特性的微粒填料和加压的液体流动相，本法具有分离性能高、分析速度快的特点。

三、仪器与试剂

（1）仪器：高效液相色谱仪（带紫外检测器）；

$100\mu L$ 平头微量注射器。

（2）试剂：布洛芬对照品；布洛芬胶囊；

乙腈（色谱纯）；超纯水；

乙酸钠缓冲液（取乙酸钠 6.13g，加水 750mL，振摇使溶解，用乙酸调节 pH＝2.5）。

四、测定步骤

（1）设置色谱条件

① 色谱柱：C_{18} 反相键合色谱柱（$5\mu m$，4.6mm×150mm），柱温 30～40℃，检测波长 263nm，进样量 $100\mu L$。

② 流动相：乙酸钠缓冲液-乙腈（40：60），用 $0.45\mu m$ 有机相滤膜减压过滤，脱气；流动相流速 1.0mL/min。

（2）对照品溶液的配制：准确称取 0.1g 布洛芬（精确至 0.1mg），置于 200mL 容量瓶中，加甲醇 100mL 溶解，振摇 30min，加水稀释至刻度，摇匀，过滤。

（3）试样的处理与制备：取一定量市售布洛芬胶囊，打开胶囊，倒出里面的粉末，用研钵研细并混合均匀后，准确称取适量样品粉末（约相当于布洛芬 0.1g）置于 200mL 容量瓶中，加甲醇 100mL 溶解，振摇 30min，加水稀释至刻度，摇匀，过滤。

（4）布洛芬对照品溶液的分析测定：待仪器基线稳定后，用 $100\mu L$ 平头微量注射器分别注射布洛芬对照品溶液 $100\mu L$（实际进样量以定量管体积计），记录下各样品对应的文件名。平行测定 3 次。

（5）试样分析：用 $100\mu L$ 平头微量注射器分别注射布洛芬胶囊样品溶液 $100\mu L$（实际进样量以定量管体积计），记录下各样品对应的文件名。平行测定 3 次。

五、数据记录与处理

将布洛芬胶囊样品溶液的分离色谱图与布洛芬对照品溶液的分离色谱图进行保留时间的比较，即可确认布洛芬胶囊样品的主成分色谱峰的位置。

记录色谱操作条件并参照下表记录布洛芬胶囊测定的相关实验数据，计算布洛芬胶囊中主成分的百分含量或质量分数。

成分	测定次数	保留时间/min	峰面积	平均值	$c/(mg/L)$（或质量分数/%）
对照品	1				
	2				
	3				
布洛芬试样	1				
	2				
	3				

六、操作注意事项

（1）由于流动相为含缓冲液的流动相，所以在运行前应先用蒸馏水平衡色谱柱，然后再走流动相，且流速应逐步升到 1.0mL/min。

（2）实验完毕后，应再用纯水冲洗色谱柱 30min 以上，然后用甲醇-水（85∶15）或用 100% 的乙腈溶液冲洗色谱柱。

【任务评价】

序号	评价项目	分值	评价标准							评价记录	得分
1	准确度	20	相对误差≤(%)	1.0	2.0	3.0	4.0	5.0	6.0		
			扣分标准(分)	0	4	8	12	16	20		
2	精密度	10	相对偏差≤(%)	1.0	2.0	3.0	4.0	5.0	6.0		
			扣分标准(分)	0	2	4	6	8	10		
3	职业素养	5	态度端正、操作规范、精益求精、数据真实、结论严谨,1分/项								
4	完成时间	5	超时≤(min)	0		5	10		20		
			扣分标准(分)	0		1	2		5		
5	操作规范	40	1. 每个不规范操作,扣1分 2. 色谱仪开机顺序错误,扣3分 3. 平头微量注射器选择错误,扣2分 4. 损坏微量注射器或其他玻璃仪器,扣5分/件 5. 重复进样,扣3分/次 6. 操作条件设置错误,扣2分/个 7. 分离不完全,扣5分								
6	原始记录	5	1. 未及时记录原始数据,扣2分 2. 原始记录未记录在实验报告,扣5分 3. 非正规修改记录,扣1分/处 4. 原始记录空项,扣1分/处								
7	数据处理	10	1. 计算错误,扣5分(不重复扣分) 2. 数据中有效数字位数修约错误,扣1分/处 3. 有计算过程,未给出最终结果,扣5分								
8	结束工作	5	1. 操作结束仪器未清洗或清洗不洁,扣5分 2. 操作结束仪器摆放不整齐,扣2分 3. 操作结束仪器未关闭,扣5分								
9	重大失误	0	1. 原始数据未经认可擅自涂改,计0分 2. 编造数据,计0分 3. 损坏色谱仪,根据实际损坏情况赔偿								

💡 思考与交流

（1）布洛芬胶囊含量的测定还有哪些方法？

（2）布洛芬胶囊还可以采用哪些方法进行样品的预处理？请设计至少一种样品预处理方法。

💡 知识拓展

原子发射光谱分析技术的进展

原子发射光谱分析技术从 20 世纪 50 年代至今，经历了仪器化、光电直读化、微机化、智能化、数字化几个阶段。同分析化学的总体发展趋势一样，原子发射光谱技术也是向高灵敏度、高选择性、快速、仪器简便和实用发展。进入 21 世纪，原子光谱分析技术的突破主要体现在以下几个方面：

首先，高动态范围光电倍增管检测器（HDD）的开发，大大提高了检测灵敏度和线性范围，以火花光谱仪为代表，提出的峰值积分法（PIM）、峰辨别分析（PDA）、单火花评估分析（SSE）、单火花激发评估分析（SEE）和原位分布分析技术（OPA），不但提高了复杂样品的分析灵敏度和准确度，而且还在解决部分状态分析的问题上发挥了作用，其测定范围已扩展至远紫外区，可测金属材料中的气体成分、超低碳和其他非金属，测定氮、氧含量检测限已经达到 $10\mu g/g$ 以下，碳含量可低至 $1\mu g/g$，分析精度接近常规分析法的要求。

其次，利用辉光放电（GD）技术发光效应及稳压效应等特点制做的氦氖激光器，应用于原子发射光谱的激发光源，尤其适用于对薄层样品的分析。近年来，辉光放电在污水处理、灭菌消毒、聚合物材料表面改性、分析仪器离子源等方面也多有应用。此外，辉光放电还可作为气体分析和难激发元素分析的激发光源。

最后为电感耦合等离子体发射光谱（ICP-AES）技术，在仪器制造方面，中阶梯光栅交叉色散和固体检测器（CID、CCD）等新技术在电感耦合等离子体（ICP）直读仪器上得到推广应用，推出了全谱型直读光谱仪，即可根据需求来选择分析谱线。特别是可以利用一个元素有多条特征谱线的原理，针对某个元素选用多个分析谱线来做分析。相比传统的通道式（PMT 光电倍增管）要灵活，无需改变仪器硬件，即可通过添加相应程序，来实现多元素分析需求。同时，由于具有溶液进样的优点，使发射光谱分析不仅可在冶金、地质、机械制造等传统行业中作为定性和定量分析的工具，而且可扩大到农业、食品工业、生物学、医学、核能以及环境保护等领域中作为化学成分的监测技术，扩展了发射光谱分析的应用范围，将发射光谱分析推向了新的发展阶段。

💡 项目小结

1. 名词术语：高效液相色谱、吸附色谱、分配色谱、正相键合相色谱、反相键合相色谱、凝胶色谱、六通阀、低压梯度系统、六通阀进样、紫外检测器、折射率检测器、荧光检测器、蒸发光散射检测器。

2. 基本概念及原理：HPLC 的基本概念、HPLC 和 GC 的区别与联系、吸附色谱的分离原理、正相与反相键合相色谱法的分离原理；凝胶色谱法的分离原理，影响范氏方程的因素；六通阀进样、UVD、DAD、RID、FD、ELSD 的工作原理，分离操作条件的选择。

💡 练一练测一测

1. 高效液相色谱仪最基本的组件有哪些？各部分的主要功能是什么？

2. 在高效液相色谱中，影响色谱峰形展宽的因素有哪些？与气相色谱相比有哪些区别？

3. 简述液-液色谱、液-固色谱、键合相色谱与凝胶色谱的分离原理及其适宜分离物质各是什么？

4. 什么是正相色谱与反相色谱？分别适用于分离哪些物质？它们各自的出峰顺序如何？

5. 指出下列物质在正相液-液色谱中的出峰顺序，并简述其理由：

（1）乙酸乙酯、乙醚及硝基丁烷

（2）乙醚、苯及正己烷

6. 试述紫外-可见光检测器、示差折光检测器、荧光检测器的检测原理及其各适用于分离检测哪些化合物？

7. 高压输液泵按工作方式的不同，可分为哪两类？

8. 梯度洗脱装置溶液混合的方式可分为哪两类？

9. 高效液相色谱仪中，常用的进样器有哪两种？

10. 简述六通阀进样器的工作原理。

11. 高效液相色谱的流动相为什么要过滤与脱气？

12. 高效液相色谱柱一般可以在室温下，有时也实行恒温进行分离，而气相色谱柱的分离则必须在恒温下进行，为什么？

项目九
其他仪器分析法简介

項目引导

任务一 了解原子发射光谱法及其应用

一、原子发射光谱法的基本原理

1. 原子发射光谱法的概念

原子发射光谱法（AES），是根据待测物质的气态原子或离子在热激发或电激发下，所发射的特征线状光谱的波长或其强度，进行物质元素组成或含量测定的一种分析方法，也是光谱学各个分支中最为古老的一种。值得一提的是，采用电感耦合等离子体（ICP）为光源的原子发射光谱法已成为被公认的具有权威性的现代仪器分析方法之一。

原子发射光谱的分析过程主要分为三步。首先，利用激发光源使试样蒸发，解离成原子，或进一步解离成离子，进而使原子或离子得到激发，产生特征辐射；其次，利用光谱仪将产生的辐射按波长展开，形成光谱；最后，利用检测系统记录并测量谱线波长、强度，再根据谱线波长进行定性分析，根据谱线强度进行定量分析。

2. 原子发射光谱法的特点

与其他分析方法相比，原子发射光谱法具有的优点包括：灵敏度高、检出限低；分析速度快、选择性好；用 ICP 光源时的准确度高、样品消耗少；可实现多元素同时检测。

原子发射光谱法存在的缺点是：应用受限，一般只能用于元素分析，而不能确定元素在样品中存在的化合物状态，且大多数非金属元素难以得到灵敏的谱线，只限于大部分金属和少数非金属元素的分析；适用于微量或痕量组分的分析，而对于常量组分，测定的准确度较差；测定的基体效应较大，必须采用与分析样品相似组成的参比标样；原子发射光谱仪价格昂贵，在一定程度上限制了其使用普及。

3. 原子发射光谱法的基本理论

（1）原子发射光谱的产生　物质是由各种元素的原子组成的，正常情况下，原子核外层电子处于最低能量水平，即基态。如果提供给原子足够的外界能量（热、光、电），原子外层价电子将会跃迁到较高能级状态，即激发态，这个过程叫激发。处在激发态的原子极不稳定，在极短的时间（10^{-8} s）内，外层电子便跃迁回基态或其他较低的能级，从而释放出多余的能量。如果以一定波长的电磁辐射的形式释放出能量，即产生发射光谱。其释放的能量与电磁辐射的波长（或频率）之间满足以下能量定律：

$$\Delta E = E_2 - E_1 = h\nu = h\frac{c}{\lambda}$$

式中，E_2 及 E_1 分别是发生电子跃迁相应的高能态与低能态的能量；ν、λ 分别为电磁辐射的频率、波长；c 为光速；h 为普朗克常数。

由上式可见，原子外层价电子发生跃迁的两个能级之差也不相同，而这个能级差与发射谱线的频率成正比，与波长成反比。由于组成物质的各元素的原子结构不同，其电子跃迁对应的能级差不同，产生的谱线也就不同。即每一种元素的原子都具有其特征谱线，可据此进行光谱定性分析。同时，在一定情况下，其特征谱线的强弱又与对应的元素的含量有关，可据此进行元素定量分析。

（2）谱线的强度　由原子吸收光谱分析法基本原理可知，试样原子被激发而形成的局部热力学平衡体系中，基态和激发态原子的数目由玻尔兹曼公式决定：

$$\frac{N_j}{N_0} = \frac{P_j}{P_0} e^{-\frac{\Delta E}{KT}}$$

据此可推出谱线强度的计算公式：

$$I = \frac{P_j}{P_0} A h\nu N_0 e^{-\frac{\Delta E}{KT}}$$

式中，I 为产生的谱线的强度；A 为跃迁概率。

由上式可见，谱线强度与基态原子数 N_0 成正比，而在一定条件下，N_0 又与试样中待测元素的浓度 c 成正比，但是由于光源的自吸现象，使谱线强度与元素浓度之间的关系变得复杂，而并非简单的正比关系。赛伯-罗马金公式就是描述这一关系的一个半经验公式：

$$I = ac^b$$

式中，I 为谱线强度；a 称为发射系数，是与试样组成及试样的蒸发、激发有关的参数，一定条件下可视为常数；b 为谱线的自吸系数，当元素含量在一定范围时，自吸对谱线强度的影响基本恒定，b 也可视为常数。因此，在一定条件下，谱线强度只与试样中原子浓度有关，这是原子发射光谱法定量的基础。

影响谱线强度的主要因素包括激发电位、跃迁概率、统计权重、激发温度、基态原子数等。

（3）谱线的自吸和自蚀　试样中的待测元素产生发射谱线，首先必须让试样蒸发为气体。

在高温激发源的激发下，气体处在高度电离状态，所形成的空间电荷密度大体相等，使得整个气体呈现电中性，这种气体在物理学中称为等离子体。在光谱学中，等离子体是指包含有分子、原子、离子、电子等各种粒子电中性的集合体。

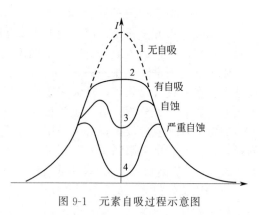

图 9-1　元素自吸过程示意图

等离子体能导电，且温度分布不均匀，中心部位温度高，边缘部位温度低。中心区域激发态原子多，边缘区域基态原子、低能态原子比较多。这样，元素原子从中心发射一定波长的电磁辐射时，必须通过有一定厚度的原子蒸气，在边缘区域，同元素的基态原子或低能态原子将会对此辐射产生吸收，此过程称为元素的自吸过程，见图 9-1。

当元素浓度较低时，自吸现象不明显，而随着浓度的增加，自吸越严重，当达到一定值时，谱线中心完全吸收，如同出现两条线，这种现象称为自蚀。在光谱定量分析中，谱线强度与被测元素浓度成正比，而自吸现象严重影响谱线强度。所以，必须注意自吸现象。

二、原子发射光谱仪

原子发射光谱仪一般都是由激发光源、分光系统、光谱记录及检测系统三部分组成。本书主要介绍激发光源与光谱记录及检测系统。

1. 激发光源

光源的作用是提供使试样蒸发、解离并激发所需的能量。光源的特性在很大程度上影响分析方法的灵敏度及准确度。理想的光源应满足高灵敏度、高稳定性、光谱背景小、线性范围宽、结构简单、操作方便、使用安全等要求。目前可用的激发光源有直流电弧、交流电弧、高压电火花、等离子体发射光源、辉光光源、激光光源等。

（1）直流电弧　直流电弧（DCA）是光谱分析中常用的光源。直流电弧通常用石墨或金作为电极材料。直流电弧的点燃一般采用接触法，即用带有绝缘把的石墨棒等把上下电极短路再拉开而引燃电弧，称为点弧和拉弧，也可以用高频引燃装置来引燃。

测定时样品进入电弧，电弧在燃烧过程中温度可达到 $4000 \sim 7000\text{K}$，待测元素在高温下分解为原子或离子，激发后产生发射光谱。

直流电弧的主要优点是电极温度高、蒸发能力强、绝对灵敏度高、检出限低、设备简单安全，适用于易激发、熔点较高的元素的定性分析。但由于弧光不稳，影响放电稳定性，造成重现性差；且电极头温度较高、电极易变形、消耗试样多；产生的谱线容易发生自吸和自蚀，故不适于高含量元素的分析。

（2）交流电弧　交流电弧（ACA）有高压交流电弧和低压交流电弧两种。前者因为操作危险性较大，现已极少使用，在光谱分析中，常使用低压交流电弧。低压交流电弧不能像直流电弧那样点燃后可持续放电，需要利用高频引燃装置，借助高频高压电流，不断击穿电极间的气体，造成电离，引燃电弧。

交流电弧的弧温较高，激发能力较强，甚至可产生一些离子线。但交流电弧电流具有脉冲性，间歇性放电使电极温度比直流电弧略低，因而蒸发能力较差，灵敏度不如直流电弧。由于交流电弧的电极上温度分布较均匀，蒸发和激发的稳定性比直流电弧好，重现性好，分析的精密度较高，适用于光谱定性和定量分析。

（3）高压电火花　高压电火花是在 1000V 以上的高压交流电，通过电极间隙放电而产生的电火花。由于瞬间通过电极间隙的电流密度很大,因此火花瞬间温度高达 10000K 以上,激发能力很强,可产生离子线。但由于放电时间短、停熄时间长,所以电极温度低、蒸发能力差、背景大。因此火花适于测定激发电位较高、低熔点、易挥发的高含量样品,不适于微量元素分析。由于稳定性比电弧高,故分析结果的重现性较好,可用于元素定量分析。

（4）等离子体发射光源　原子发射光谱应用较多的是电感耦合高频等离子体（ICP）。电感耦合高频等离子体是由高频发生器、等离子炬管（三层同心石英玻璃管）和雾化器三部分组成。ICP-AES 结构如图 9-2 所示。

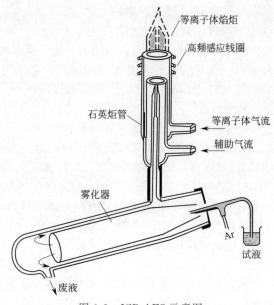

图 9-2　ICP-AES 示意图

高频发生器产生 30～40MHz 的高频磁场,供给等离子体能量。等离子矩管中三层石英管均通以氩气,用电火花引燃气体后,会产生气体电离,当电离产生的电子和离子足够多时,会产生一股垂直于管轴方向的环形涡电流,使气体温度高达 10000K,在管口形成火炬状的等离子矩焰,其能量供给试样气溶胶,产生特征光谱。

ICP 光源温度高,原子化条件好,利于难熔化合物的分解和元素激发,灵敏度高,稳定性好;自吸现象小,线性范围宽（可达 4～5 个数量级）;电子密度大,由碱金属电离造成的影响小;氩气产生的背景干扰小;不使用电极,无电极污染等,可用于高含量元素的分析。但是,ICP 光源对非金属测定的灵敏度低、仪器昂贵、操作费用高。

2. 光谱记录及检测系统

光谱记录及检测系统的作用是接受、记录并测定光谱。常用的记录及检测方法有摄谱法和光电直读法。

（1）摄谱法　摄谱法用感光板记录光谱。将感光板置于摄谱仪焦面上,再将从光学系统输出的不同波长的辐射能在感光板上转化为黑的影像,然后通过映谱仪和测微光度计来进行定性、定量分析,是早期常用的记录和显示光谱的方法。摄谱仪就是利用摄谱法来进行分析的光谱仪。

（2）光电直读法　光电直读法是利用光电测量的方法测定谱线波长和强度。目前常用的光电转换元件是光电倍增管。光电倍增管是利用次级电子发射原理放大光电流的光电管,使用光电倍增管的光电直读摄谱仪具有分析速度快、准确度高、适用于较宽的波长范围、可用同一分析条件对样品中多种含量范围差别很大的元素同时进行测定、线性范围宽等优点,但灵活性较差,而且实验条件要求严格、仪器昂贵,因此,其普及使用受到了限制。

三、原子发射光谱的应用

1. 原子发射光谱定性分析

对于不同元素的原子,由于它们的结构不同,其能级的能量也不同,因此发射谱线的波长也不同,可根据元素原子所发出的特征谱线的波长来确认某一元素的存在,这就是光谱定性分析。

光谱定性分析中经常会用到以下概念:

① 灵敏线。元素的一条或几条信号很强的谱线。

② 共振线。电子由激发态跃迁至基态所发射的谱线。

③ 第一共振线。电子从第一激发态跃迁至基态发出的谱线。通常也是最灵敏线、最后线。

④ 分析线。用来判断某种元素是否存在及其含量的谱线。常采用最灵敏线作为分析线。

⑤ 最后线。当被测元素浓度逐渐降低时,其谱线强度逐渐减小,最后仍然存在的谱线称为最后线。最后线一般也是灵敏线。

光谱定性分析的方法主要有标准试样比较法和铁光谱比较法。

(1) 标准试样比较法 将试样与待测元素的纯物质在相同条件下并列摄谱于同一感光板上,显影、定影之后,对照比较试样与纯物质的两列光谱,若试样光谱中出现了与纯物质相同的特征谱线,表明试样中存在待测物质元素。该法适用于指定的少数几种元素的定性分析。

(2) 铁光谱比较法 适用范围:测定复杂组分及进行光谱全分析。

以铁元素的光谱作为标准波长标尺,在一张放大 20 倍后的不同波段的铁光谱图上,将68 种元素的灵敏线按波长位置标插在铁光谱的相应位置上,制作"标准光谱图"(见图 9-3),再逐一检查待测元素的谱线是否在相应的位置出现。在实际分析时,将试样与纯铁在完全相同条件下并列紧挨着摄谱。摄得的谱片置于映谱仪上放大,再与标准光谱图比较。当两个谱图上的铁光谱完全对准重叠后,检查元素谱线,如果试样中的某谱线也与标准谱图中标绘的某元素谱线对准重叠,则为该元素的谱线。铁光谱比较法可同时进行多元素定性鉴定。

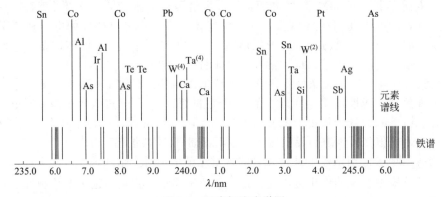

图 9-3 元素标准光谱图

2. 定量分析方法

发射光谱定量分析是根据样品中被测元素的谱线强度来确定该元素的含量。其基本依据是塞伯-罗马金经验公式:

$$I = ac^b$$
$$\lg I = b\lg c + \lg a$$

式中,I 为谱线强度;c 为被测元素浓度;a 和 b 为常数。

常用的光谱定量分析方法有标准曲线法、标准加入法和内标法。

(1) 标准曲线法 又称三标准试样法。是指在分析时,配制一系列被测元素的标准样品

（不少于三个），将标准样品和试样在相同的实验条件下，在同一感光板上摄谱，感光板经处理后，测量标准样品的分析线对的黑度值差 ΔS，将 ΔS 与其含量的对数值 $\lg c$ 绘制标准曲线。再由试样的分析线对的黑度值差，从标准曲线上查出试样中被测元素的含量。

（2）标准加入法　又称增量法。在测定微量元素时，若不易找到不含被分析元素的物质作为配制标准样品的基体时，可以在试样中加入不同已知量的被分析元素来测定试样中的未知元素的含量，这种方法称为标准加入法。

（3）内标法　由于影响谱线强度的因素较多，直接测定谱线绝对强度难以获得准确结果，实际工作多采用内标法。即在被测元素的光谱中选择一条作为分析线（强度 I），再选择内标物的一条谱线（强度 I_0），组成分析线对。则：

$$I = ac^b$$
$$I_0 = a_0 c_0^{b_0}$$

两条线的相对强度 R：

$$R = \frac{I}{I_0} = \frac{ac^b}{a_0 c_0^{b_0}} = Ac^b$$

$$\lg R = b \lg c + \lg A$$

内标法中，内标元素与分析线对的选择应注意以下几点：

① 内标元素可以选择基体元素，或另外加入，但含量要固定。

② 内标元素与待测元素应该具有相近的蒸发特性。

③ 分析线应对应匹配，同为原子线或离子线，且激发电位相近（谱线靠近），形成"均匀线对"。

④ 两条谱线的波长尽可能接近。

⑤ 强度相差不大，无相邻谱线干扰，无自吸或自吸很小。

⑥ 分析元素与内标元素的挥发率相近，包括沸点、化学活性、原子量等。

3. 半定量分析方法

光谱半定量分析方法可用于初步估计试样中元素大概含量，其误差范围可允许在 30%～200%之间。常用的半定量方法有谱线强度比较法、谱线呈现法和均称线对法等。下面主要介绍谱线强度比较法与谱线呈现法。

（1）谱线强度比较法　待测元素的含量越高，则谱线的黑度越强。采用谱线强度比较法进行半定量分析时，将待测试样与被测元素的标准系列在相同条件下并列摄谱，在映谱仪上用目视法比较待测试样与标准物质的分析线的黑度，黑度相同时含量也相等，据此可估测待测物质的含量。该方法只有在标准样品与试样组成相似时，才能获得较准确的结果。

（2）谱线呈现法　当试样中某种元素的含量逐渐增加时，谱线强度也随之增加，当含量增加到一定程度时，一些弱线也相继出现。因此，可以将一系列已知含量的标准样品摄谱，确定某些谱线刚出现时对应的浓度，制成谱线呈现表，据此来测定待测试样中元素的含量。该方法不需要采用标准样品，测定速度快，但方法受试样组成变化影响较大。

任务二　了解原子荧光光谱法

原子荧光光谱法（AFS）是通过测量待测元素的原子蒸气在辐射能激发下所产生的荧光发射强度来测定待测元素含量的一种发射光谱分析方法。原子荧光光谱法具有谱线简单、灵敏度高、检测限低、谱线干扰少等优点，特别适用于痕量元素的分析。

一、原子荧光光谱法基本原理

当含待测元素的溶液通过原子化装置时，试液中待测金属元素转变为基态原子蒸气，吸收从激发光源发出的特征波长的辐射，从而跃迁至激发态，当激发态的原子向低能态跃迁时，发射出一定波长的辐射，即原子荧光。原子荧光根据跃迁型式的不同可分为多种类型。常用于分析测定的主要有以下三种类型。

（1）共振荧光　原子外层电子吸收一定波长的电磁辐射跃迁至激发态，再由激发态跃迁回低能态时发射出相同波长的辐射，由此产生的荧光即共振荧光。如图 9-4(a) 所示。

（2）直跃线荧光　原子外层电子吸收一定波长的电磁辐射由基态跃迁至激发态，再由激发态跃迁回高于基态的另一激发态时，所发射出的一定波长的荧光，即直跃线荧光。如图 9-4(b) 所示。

（3）阶跃线荧光　原子外层电子吸收一定波长的电磁辐射由基态跃迁至激发态，先通过无辐射的去活化作用跃迁至另一激发态，再跃迁回基态而产生的荧光，即阶跃线荧光。如图 9-4(c) 所示。

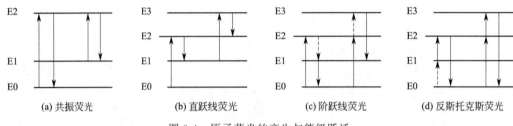

图 9-4　原子荧光的产生与能级跃迁

除以上三种常见的荧光外，还有热助荧光（反斯托克斯荧光）、敏化荧光等荧光型式。

原子荧光分析定量的依据仍是 Lambert-Beer 定律。即在一定条件下，当待测原子浓度很低时，发射的荧光强度与元素的含量成正比。可采用标准曲线法求得待测元素的含量。

原子荧光法与原子吸收法一样，也存在物理干扰、化学干扰、电离干扰和光谱干扰。此外还存在荧光淬灭和自吸干扰等现象，影响测定的结果。荧光淬灭是指受激发的原子与其他粒子碰撞后，以无辐射跃迁损失能量，使荧光效率降低的干扰。荧光淬灭可通过减低产生干扰的粒子的浓度来减免。自吸干扰是当待测元素浓度过高时，基态原子密度过大而产生的自吸收现象，使荧光强度与待测元素的浓度偏离了线性关系的情况。

二、原子荧光分光光度计

原子荧光分析仪器按照分光系统不同，主要可以分为色散型和非色散型两类。色散型仪器多采用光栅分光，容易进行谱线选择，且光谱干扰小，杂散光少，信噪比高，尤其适用于多元素的同时测定；非色散型仪器一般使用滤光器和日盲光电倍增管完成分光，此类仪器结构简单，操作方便，照射立体角大，光谱通带宽，荧光信号强，检出限低，但光谱干扰较大。

原子荧光分光光度计的组成与原子吸收分析所用的仪器基本相同，主要由激发光源、原子化器、分光系统、检测系统等部分组成。

（1）激发光源　与原子吸收光谱仪不同的是原子荧光光谱仪必须采用强光源，如高强度的空心阴极灯、无极放电灯、激光等。可以采用锐线光源或连续光源。要求光源发光强度大、无自吸效应、稳定性好、噪声小、重现性好、操作简便、寿命长，可实现多元素的同时分析。

（2）原子化器　与原子吸收光谱仪基本相同。要求原子化效率高、淬灭性低、背景辐射弱、稳定性好、操作简单。

（3）分光系统　原子荧光分析由于光谱简单、谱线干扰小，对单色器的分辨率要求不高，但必须要有较大的集光本领。常用的色散元件是光栅，非色散型仪器使用滤光器分光，需注意散射光的干扰。

（4）检测系统　原子荧光光谱仪中常用的检测器是光电倍增管。在非色散型仪器中，为消除日光的影响，通常采用日盲光电倍增管，其光谱响应范围为 160～320nm。为实现多元素同时分析，也可使用光导摄像管、析像管等作为检测器。

三、原子荧光光谱法应用

在低浓度范围，原子荧光法校正曲线的线性范围一般为 3～5 个数量级，测量范围宽。对于吸收线低于 300nm 的 20 多种元素，其检测限优于原子吸收法和原子发射法，如 Zn、Cd 等元素。原子荧光法特别适用于痕量元素的分析，在地质、冶金、生物、医药、环境监测等领域，被广泛应用。

任务三　了解库仑分析法

一、库仑分析法原理

1. 法拉第电解定律

法拉第电解定律是电化学中的重要定律，它阐述了在电极上发生的电解反应与溶液中通过的电量之间的关系，其内容为：

① 当电流通过电解质溶液时，在电极上发生化学反应物质的质量与通过电解液的电量成正比。

② 通入相同的电量时，电极上析出的各物质的质量与该物质的 M/n（摩尔质量/电子转移数）成正比。即：

$$m = \frac{MQ}{nF} = \frac{M}{n} \times \frac{it}{F}$$

式中　m——电解时在电极上析出物质的质量，g；

M——电极上析出物质的摩尔质量，g/mol；

Q——通过电极的电量，C；

n——电解反应电子转移数；

i——电解时的电流强度，A；

t——电解时间，s；

F——法拉第常数，96485 C/mol。

2. 库仑分析法

库仑分析法是在电解基础上发展起来的一种电化学分析法。是通过测定电解过程中通过电解池的电量，再按照法拉第电解定律求出待测物质含量的分析方法。利用电解反应来进行分析，既可以测量在电极上析出物质的质量，又可以测量电解时通过的电量，由此计算反应物质的质量。前者称为电重量分析法，后者即为库仑分析法。

与电重量分析法相比，库仑分析法是根据电解反应消耗的电量来获得分析结果的，节省了重量分析的洗涤、干燥、称量等烦琐操作。此外，由于可以实现对电量的精确测量，故可以获得准确度很高的分析结果，并适用于微量组分的分析。总的来说，库仑分析法灵敏度高，检测限可达 $10^{-10} \sim 10^{-12} \, mol/L$；准确度高，测定的相对误差约为 1%，优于其他的仪器分析法；无需标准物质和标准溶液，是绝对测量法，是一种可作分析测定用的基准方法；应用广泛，可用于有机物测定、钢铁快速分析和环境监测，尤其是对一些易挥发或不稳定的物质，如卤素、Cu^+ 等也可利用电生滴定剂进行电容量分析，拓展了容量分析的范围。

库仑分析法要获得准确的测定结果，要求在电解时工作电极上只发生单纯的待测物质的电极反应，不发生其他物质的反应，且必须按照 100% 电流效率进行，这是库仑分析法的先决条件。但是在实际测定中由于副反应等因素的存在，很难实现 100% 的电流效率。影响电流效率的主要因素有：

① 溶剂的电解反应。电解及库仑分析一般都是在水溶液中进行的，在一定的酸度和电极电位下，水会发生电解，若阴极为工作电极，则会在电极上发生还原反应，析出氢气，其反应为：

$$2H^+ + 2e^- \longrightarrow H_2$$

若工作电极为阳极，会发生氧化反应而析出氧气，其反应为：

$$2H_2O \longrightarrow O_2 + 4H^+ + 4e^-$$

这些电极反应的发生必然会消耗电量，使电流效率下降，因此需要严格控制电极电位和溶液的 pH。

② 共存杂质的电解反应。电解质溶液体系中存在的微量氧化或还原性的物质在电极上发生电解反应，会使电流效率降低。可以采用空白校正的方法消除，也可以用比选定的阴极电位小 $0.3 \sim 0.4V$ 的电位对试剂进行预电解，以消除杂质的影响。

③ 溶解氧的还原。溶液中的溶解氧在阴极上可还原为 H_2O_2 或 H_2O，使电流效率降低，其反应为：

$$2H^+ + O_2 \longrightarrow H_2O_2$$
$$4H^+ + 4e^- + O_2 \longrightarrow 2H_2O$$

可预先通入惰性气体（如氮气）以驱赶溶解氧，也可以在惰性气氛下进行电解。

④ 电极材质的电解反应。库仑分析中使用的铂阳极在 Cl^- 或其他配位剂存在时会发生氧化反应，降低电流效率，可以改用惰性电极或其他材质的电极进行电解。

⑤ 电解产物的反应。电解时在两电极上的电解产物之间的相互作用或电解产物在另一电极上发生反应，都会降低电流效率。消除的方法有：选用合适的电极和电解液；采用隔膜套分割阳极与阴极，或将辅助电极置于另一容器，再用盐桥相连。

按照电解和电量的测量方式的不同，库仑分析法可以分为控制电位库仑分析法（直接库仑法）和恒电流库仑分析法（库仑滴定法）两种。

二、控制电位库仑分析法

1. 方法原理

控制电位库仑分析法是通过测定电解过程中消耗的电量，来确定被测物质含量的方法。测定时，先将工作电极的电位设定在某一恒定值（待测组分的析出电位）上，使待测组分以 100% 电流效率进行电解，电解过程的电流逐渐减小，待电解电流接近于"0"时，表明待测物质已经电解完全，停止电解，精确测量整个电解过程消耗的电量，再根据法拉第电解定律求出待测组分的含量。

控制电位库仑分析法装置如图 9-5。

综上所述，控制电位库仑分析法测定关键有两点，一是电极反应的电流效率要达到100%，这就要求防止电极副反应的发生，上已阐述；二是电解过程消耗的电量要精确测量，采用精密库仑计可以达到测量要求。

2. 电量的测量

控制电位库仑分析法测量电量是利用库仑计进行的。库仑计的种类有银库仑计（重量库仑计）、氢-氧库仑计（气体库仑计）、滴定库仑计（化学库仑计）、电流积分库仑计等。常用氢-氧库仑计进行测定。

氢-氧库仑计的构造如图 9-6 所示，它由电解管、量气管和温度计三部分组成，使用时与控制电位电解装置连接，通过测量水电解时产生的 H_2 和 O_2 混合气体的体积，求得电解消耗的电量。根据水电解时的电极反应和法拉第定律，在标准状况下，每库仑电量将析出 0.1739mL 的 H_2 和 O_2 混合气体，假设库仑计测得 H_2 和 O_2 混合气体的总体积为 $V(mL)$，则根据法拉第定律，被测物质的质量应为：

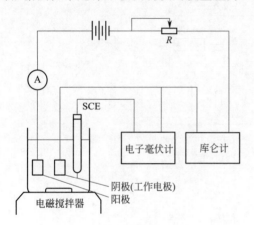

图 9-5　控制电位库仑分析法基本装置图　　　　图 9-6　氢-氧库仑计

$$m = \frac{MQ}{nF} = \frac{M}{n \times 96485} \times \frac{V}{0.1739} = \frac{MV}{16779n}(g)$$

气体库仑计具有一系列的优点，测量的准确度高，对于 10C 以上的电量，测量的相对误差可达 ±0.1%，结构简单、操作简便，是库仑分析法最常用的一种电量计。尤其是改进后的氢-氧库仑计，在低电流密度情况下，测量的相对误差仍可以小于 1%，可用于微量分析。

3. 方法的特点应用

控制电位库仑分析法具有准确、灵敏、选择性好的优点，尤其适合于混合物的测定。可用于 50 余种元素及其化合物的测定，如氢、氧、卤素等非金属，锂、钠、钙、镁、铜、银、金、铁、锌、铅、铂族等金属，锔、锫、锎、稀土元素以及铀、钍等放射性元素。还可用于多种有机化合物的测定，例如三氯乙酸的测定、血清中尿酸的测定。也可应用在生化物质合成，如多肽合成和加氢二聚作用等方面。此外，控制电位库仑分析法也是研究电极过程反应机理的有效方法，还可以在未知电极面积和扩散系数的前提下测定电极反应的转移电子数。

三、恒电流库仑分析法

1. 方法原理

恒电流库仑分析法是通过控制电流来完成电解过程的，又称为控制电流库仑滴定法或库仑滴定法。与普通的容量分析法不同，库仑滴定法的滴定剂是由恒电流电解试液产生的，称为电生滴定剂。当滴定剂与被测物质反应完全后，用指示剂或电化学方法确定终点，停止电解，测量电解开始至反应完全的时间，再结合电解时恒定的电流强度，利用法拉第定律即可求出被测组分的质量。

【例1】 库仑滴定法测定水中的酚，取 50mL 水样，酸化后加入 KBr，在恒定的电流

$25.0mA$ 下进行电解，经过 $10min10s$ 到达终点，求水中酚的含量（mg/L）。

解：
$$\rho = \frac{m}{V_{样}} = \frac{MQ}{nFV_{样}} = \frac{94 \times 0.025 \times 610 \times 10^3}{6 \times 96485 \times 0.050} mg/L = 49.5 mg/L$$

2. 库仑滴定装置

库仑滴定装置如图 9-7 所示。它一般由发生系统和指示系统两部分组成。发生系统由恒流源、电解池、计时器等主要部件组成，负责提供恒定的电流产生滴定剂（称为电生滴定剂），并准确记录电解时间。指示系统指示滴定终点并控制电解结束，具体装置由终点指示的方法而定。图 9-7 是利用电位法确定终点的指示系统。

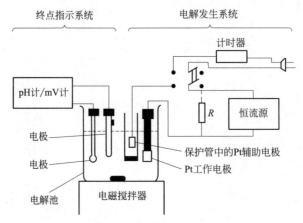

图 9-7　库仑滴定装置（电位法指示终点）

3. 终点指示的方法

（1）电位法　利用电位滴定的原理，随着滴定的进行，电解质溶液中待测组分的浓度逐渐减小，引起指示电极的电位相应的变化，以 pH 计或 mV 计记录滴定达到化学计量点前后，指示电极电位的突跃，由此作图或计算得出终点体积。例如库仑滴定法测定溶液的酸度，用 Na_2SO_4 溶液为电解质溶液，以 pH 玻璃电极与饱和甘汞电极组成指示电极对指示滴定终点，以 Pt 阴极为工作电极、Ag 阳极为辅助电极进行电解，其电解反应为

工作电极：
$$2H_2O + 2e^- \longrightarrow H_2 + 2OH^-$$

辅助电极：
$$H_2O - 2e^- \longrightarrow \frac{1}{2}O_2 + 2H^+$$

工作电极上产生的 OH^- 滴定溶液中的 H^+。但辅助电极上的电极反应产生的 H^+ 会干扰测定，可以采用半透膜套与电解液分隔，记录 pH 计的突跃来确定滴定终点。

（2）指示剂法　与化学分析中的普通容量分析法一致，是利用所加入指示剂的颜色变化来确定滴定终点的方法。例如，库仑滴定法测定 S^{2-} 时，加入 KBr 辅助电解质，以甲基橙为指示剂，电极反应为

阳极：
$$2Br^- - 2e^- \longrightarrow Br_2（电生滴定剂）$$

阴极：
$$2H_2O + 2e^- \longrightarrow H_2 + 2OH^-$$

滴定反应：
$$Br_2 + S^{2-} \longrightarrow 2Br^- + S\downarrow$$

化学计量点后，稍过量的 Br_2 使甲基橙褪色，指示滴定终点到达。该法不如电位法准确。

（3）永停终点法　永停终点法是将两支相同的铂电极（面积约为 $0.1\sim1cm^2$）插入库仑池中，在两电极间外加一低电压（$10\sim200mV$），并串联一个检流计，然后进行滴定。测量加入不同滴定剂时的电流强度，以电流强度对滴定剂体积作图或直接观察滴定过程中通过两

个电极间的电流突变来确定滴定终点。例如，库仑滴定法测定 AsO_3^{3-}，在 Na_2SO_4 介质中，以 KI 溶液为辅助电解质，利用电解产生的 I_2 对 AsO_3^{3-} 进行滴定，电极反应为

阳极：$$2I^- - 2e^- \longrightarrow I_2$$

阴极：$$2H_2O + 2e^- \longrightarrow H_2 + 2OH^-$$

滴定反应：$$I_2 + AsO_3^{3-} + OH^- \longrightarrow 2I^- + AsO_4^{3-} + H^+$$

在化学计量点之前，溶液中只有 I^-，而没有 I_2，无法构成可逆电对，指示电极上无反应，检流计指针不发生偏转，不可逆电对 As(Ⅲ)/As(Ⅴ) 的电极反应缓慢，不会在指示电极上起作用。当 As(Ⅲ) 作用完毕后，溶液中出现剩余的 I_2，与 I^- 构成可逆电对 I_2/I^-，在两 Pt 电极上发生电极反应

阳极：$$2I^- - 2e^- \longrightarrow I_2$$

阴极：$$I_2 + 2e^- \longrightarrow 2I^-$$

使指示系统的检流计上指针发生偏转，从而指示终点的到达。

4. 方法的应用及特点

库仑滴定法应用范围广，几乎可以用于滴定分析中的各种类型。凡是电解时产生的试剂能迅速与被测物反应的物质，都可设计为库仑滴定。表 9-1 列举了库仑滴定法的应用实例。

表 9-1　库仑滴定法应用实例

被测物质	电生滴定剂	工作电极反应	工作电极极性
碱类	H^+	$2H_2O \longrightarrow 4H^+ + O_2 + 4e^-$	阳
酸类	OH^-	$2H_2O + 2e^- \longrightarrow 2OH^- + H_2$	阴
Cl^-、Br^-、I^-、SCN^-、硫醇	Ag^+	$Ag \longrightarrow Ag^+ + e^-$	阳
Cl^-、Br^-、I^-、S^{2-} 等	Hg_2^{2+}	$2Hg \longrightarrow Hg_2^{2+} + 2e^-$	阳
Ca^{2+}、Cu^{2+}、Zn^{2+}、Pb^{2+} 等	HY^{3-}	$[HgNH_3Y]^{2-} + NH_4^+ + 2e^- \longrightarrow Hg + 2NH_3 + HY^{3-}$	阴
As(Ⅲ)、I^-、SO_3^{2-}、Fe^{2+} 不饱和脂肪酸等	Cl_2	$2Cl^- \longrightarrow Cl_2 + 2e^-$	阳
As(Ⅲ)、Sb(Ⅲ)、U(Ⅳ)、Tl^+、Cu^+、I^-、H_2S、SCN^-、N_2H_2、NH_2OH、NH_3 硫代乙醇酸、8-羟基喹啉、苯胺、酚、芥子气、水杨酸等	Br_2	$2Br^- \longrightarrow Br_2 + 2e^-$	阳
As(Ⅲ)、Sb(Ⅲ)、S_2、O_3^{2-}、S^{2-} 水分(费休法测水)等	I_2	$2I^- \longrightarrow I_2 + 2e^-$	阳
As(Ⅲ)、Ti(Ⅲ)、U(Ⅳ)、Fe^{2+}、I^-、$Fe(CN)_6^{4-}$、氢醌等	Ce^{4+}	$Ce^{3+} \longrightarrow Ce^{4+} + e^-$	阳
As(Ⅲ)、Fe^{2+}、$C_2O_4^{2-}$ 等	Mn^{3+}	$Mn^{2+} \longrightarrow Mn^{3+} + e^-$	阳
MnO_4^-、VO_3^-、CrO_4^{2-}、Br_2、Cl_2、Ce^{4+} 等	Fe^{2+}	$Fe^{3+} + e^- \longrightarrow Fe^{2+}$	阴
Fe^{3+}、V(Ⅴ)、Ce(Ⅳ)、U(Ⅳ) 偶氮染料等	Ti^{3+}	$TiO^{2+} + 2H^+ + e^- \longrightarrow Ti^{3+} + H_2O$	阴
Ce^{4+}、CrO_4^{2-} 等	U^{4+}	$UO_2^{2+} + 4H^+ + 2e^- \longrightarrow U^{4+} + 2H_2O$	阴
V(Ⅴ)、CrO_4^{2-}、IO_3^- 等	$CuCl_3^-$	$Cu^{2+} + 3Cl^- + e^- \longrightarrow CuCl_3^{2-}$	阴
Zn^{2+} 等	$Fe(CN)_6^{4-}$	$Fe(CN)_6^{3-} + e^- \longrightarrow Fe(CN)_6^{4-}$	阴

库仑滴定法的广泛应用，是因为它具有以下优点。

① 无需基准物质。由于测定结果的准确度取决于恒流源和计时器，使得该法的准确度很高，相对误差一般可达 0.2%，甚至 0.01%，可用于标准方法或仲裁法。

② 测定的灵敏度高。该法的检测限可达 10^{-7} mol/L，不但可以测定常量组分，甚至可测定痕量物质。

③ 便于实现自动化、数字化，并可进行遥控测定。

④ 仪器简单，操作方便。

库仑滴定法的缺点是选择性较差，对于复杂组分的分析并不适宜。

任务四　了解离子色谱法

一、离子色谱法基本原理

离子色谱法是高效液相色谱法的一种，故又称高效离子色谱法（HPIC）。是专门用于分析阴、阳离子的一种液相色谱法。

离子色谱法的分离原理是基于在离子交换树脂上发生的离解离子与流动相中具有相同电荷的溶质离子之间的可逆交换，利用分析物溶质对离子交换剂亲和力的差别而完成分离。常见的分离方式一般有三种，分别是高效离子交换色谱（HPIC）、离子对色谱（MPIC）和离子排斥色谱（HPIEC）。三种离子色谱分离方式虽略有不同，但是，它们在色谱柱内填料的树脂骨架几乎都是苯乙烯-二乙烯基苯的共聚物，只是树脂的离子交换容量不同。高效离子交换色谱采用低容量的离子交换树脂，离子排斥色谱用高容量的树脂，离子对色谱用不含离子交换基团的多孔性树脂。三种分离方式的分离机理不同，高效离子交换色谱主要依靠离子交换原理；离子对色谱主要基于吸附作用和离子对的形成；离子排斥色谱基于离子的排斥作用。

1. 离子交换色谱

（1）分离原理　离子交换色谱法是基于固定相中可离解的离子与流动相中具有相同电荷的溶质离子之间进行的可逆交换，依据待分离的离子对离子交换剂亲和力的不同而进行分离。离子交换是离子色谱主要的分离方式，适用于亲水性阴、阳离子的分离。

离子交换色谱的固定相具有固定电荷的功能基，在阴离子交换色谱中，其固定相的功能基一般是季铵基；阳离子交换色谱的固定相一般采用磺酸基为功能基。在离子交换过程中，流动相淋洗液连续提供与固定相离子交换位置的平衡离子相同电荷的离子，这种离子与固定相离子交换位置，带相反电荷的离子之间以库仑力相结合，并保持电荷平衡。而待分离的各种离子与固定相电荷之间的库仑力不同，即亲和力的差异，造成各种离子被固定相的保留程度不同，则其流出色谱柱的速度不同，从而实现各种离子的分离。例如利用离子色谱法进行亚硝酸盐的分析，首先用 NaOH 淋洗液平衡阴离子交换分离柱，待样品溶液进入分离柱之后，NO_2^- 等阴离子从阴离子交换树脂的离子交换位置上置换 OH^- 而进行离子交换，NO_2^- 等待分离的阴离子即被暂时留在固定相上，与此同时，这些阴离子又被淋洗液中的 OH^- 置换而从柱上被洗脱下来。根据待分离离子对离子交换树脂亲和力的强弱顺序依次被洗脱，亲和力弱的待分离离子先被洗脱，如 F^-、Cl^-，然后是 NO_2^-、NO_3^-，从而完成了分离过程。

现代离子交换色谱法采用低容量高柱效的离子交换树脂，进样体积小，实现了在线自动连续检测，并利用电导检测器进行信号检测。大多数电离物质在溶液中会发生电离，产生电导，通过对电导的检测，就可以对其电离程度进行分析。由于在稀溶液中大多数电离物质都会完全电离，因此可以通过测定电导值来检测被测物质的含量。

（2）影响离子保留的一般因素　离子色谱法中影响溶质保留行为的因素有流动相的流速、分离柱的长度、流动相的组成、流动相的浓度和 pH、固定相的性质、柱温等。

① 流动相的流速。由 Van Deemter 曲线可知，理论板高仅在较低的流速区随流速增大而增加。当流速超过 1.5mL/min 后达平衡状态，变化不明显。因此，在几乎不影响分离效率的前提下，可以通过增加流速来改变保留时间。但在实际工作中，流速的增加受分离柱最大操作压力的限制，不能将流速设置的过大。一般情况下，流速设为 1～2mL/min 为宜。

② 分离柱的长度。柱长决定柱效，理论上分离柱越长，理论塔板数越大，分离效率越高，但同时保留时间也会增加。实际工作中，分离多组分样品或弱保留离子时，一般选用较长的色谱柱；另外，分离柱的长度也决定了柱子的交换容量。当样品中待分离离子的浓度远小于共存离子浓度时，宜选用较长的分离柱而获得较大的交换容量。

③ 流动相的 pH。流动相的 pH 影响离子交换功能基、流动相和溶质离子的存在形式，从而影响保留时间。这种影响在阴离子的分离中较为明显，特别是在非抑制型离子色谱分离阴离子的过程中，若以弱酸或弱酸盐为流动相，则流动相的 pH 必然会影响酸的离解，进而影响其电荷和洗脱溶质银离子的能力。特别是 F^-、PO_4^{3-}、SiO_3^{2-}、CN^-、羧酸和大多数胺类受流动相 pH 影响较为明显，在上述离子存在时需严格控制流动相 pH。用弱碱性流动相分离阳离子时，也会有相同的影响。但是强酸阴离子和强碱阳离子受 pH 影响较小。

2. 离子对色谱

离子对色谱是在流动相中加入与待分离的溶质离子电荷相反的离子，使其与溶质离子形成疏水性离子对化合物，而在两相之间进行分配。离子对色谱用高交联度、高比表面积的中性无离子交换功能基的聚苯乙烯树脂为柱填料，可分离多种大分子量的阴阳离子，特别是局部带电荷的大分子（如表面活性剂）及疏水性的阴、阳离子。

离子交换分离的选择性主要受固定相的影响，而离子对分离的选择性却主要由流动相所决定。其流动相包含离子对试剂和有机溶剂两部分，改变二者的类型或浓度即可达到不同的分离要求。

离子对色谱的固定相一般为非极性的疏水固定相，即 C_{18} 或 C_8 柱，流动相为含有对离子 Y^+ 的甲醇-水或乙腈-水，待分离离子 X^- 进入流动相后，生成疏水性离子对 Y^+X^- 后，在两相之间进行分配。一般分离阴离子的离子对试剂有季铵碱或季铵盐，例如氢氧化四丁铵（TBAOH）；分离阳离子的离子对试剂有烷基磺酸或烷基磺酸盐，例如庚烷磺酸钠。

离子对色谱的保留机理尚未完全清楚，目前主要有三种理论：

（1）离子对形成　即待测离子与离子对试剂形成中性"离子对"，分布在固定相和流动相之间，与经典反相色谱相似，可利用改变流动相中有机溶剂的浓度来控制保留值。

（2）动态离子交换　离子对试剂的疏水部分吸附于固定相形成动态的离子交换表面，被分离的离子保留在此面上，而流动相有机试剂用于阻止离子对试剂与固定相的作用。其分离机理类似于离子交换。

（3）离子相互作用　非极性固定相与极性流动相之间具有很大的表面张力，因此，固定相对流动相中能减少这种表面张力的分子（极性有机溶剂、表面活性剂、季铵碱等）有较高的亲和力。这种离子相互作用的情况产生了固定相表面的双电层。

3. 离子排斥色谱

离子排斥色谱主要用于无机弱酸和有机酸的分离，也可以用于醇、醛、氨基酸和糖类的分离。其分离机理是基于 Donnan 排斥、空间排阻和吸附过程。Donnan 排斥是指 Donnan 膜的负电荷排斥完全离解的粒子性化合物，仅允许未离解的化合物通过；空间排阻作用与有机酸的分子量大小及离子交换树脂的交联度有关；吸附作用表明保留时间与有机酸的烷基键的长度有关，通常烷基键越长，其保留时间也越长。图 9-8 表示在离子排斥柱上发生的分离过程。

键合在固定相离子交换树脂表面上的磺酸基（$-SO_3^-$），当纯水通过分离柱时，会围绕磺酸基形成一水合壳层。与流动相中的水分子相比，水合壳层的水分子排列为较好的有序状态。在这种保留方式中，一方面，类似 Donnan 膜的负电荷层表征了水合壳层和流动相之间界面的特性，这个壳层只允许未离解的化合物通过；而完全离解的盐酸淋洗液不能通过这个壳层，因为 Cl^- 带负电荷而被排斥，不能接近或进入固定相，其保留体积称为排斥体积。另一方面，中性的水分子可以进入树脂的孔隙中并回到流动相，水分子的保留体积称为总渗透体积。当有机弱酸（如乙酸）进入排斥柱之后，通过调整流动相的 pH，使解其处于部分未离解的形式，因而不受 Donnan 排斥的影响。这种一元脂肪族羧酸的分离机理包括了 Donnan 排斥和吸附两种形式。保留时间随酸的烷基键的增长而增加。向流动相中加入有机溶剂乙腈或丙醇后，脂肪族一元羧酸的保留时间缩短，这说明有机溶剂分子阻塞了固定相的吸附位置，同时增加了有机酸在流动相中的溶解度。多元羧酸（如草酸或柠檬酸）在排斥和总渗透之间洗脱。除 Donnan 排斥外，空间排阻也起到了主要的分离作用，其保留时间与样品分子大小有关。又

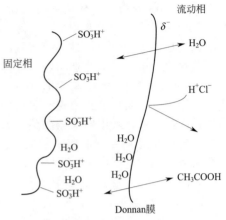

图 9-8　离子排斥柱上的分离过程

因为树脂的孔隙体积是由树脂交联度决定的，所以改变固定相树脂的交联度也是改善分离度的一种方式。

离子排斥色谱的固定相多数采用聚合物基质，也有的以硅胶为基质。聚合物基质的固定相主要有聚苯乙烯基质的强酸性阳离子交换树脂和聚丙烯酸基质的羧酸型阳离子交换树脂两类。目前最为普遍的离子排斥色谱的固定相是以苯乙烯为基体、二乙烯基苯为交联剂的 H^+ 型阳离子交换树脂。二乙烯基苯的质量分数，即树脂的交联度对有机酸的保留时间十分关键，它决定了有机酸扩散进入固定相的大小程度，进而影响保留时间。据研究表明，高交联度（12%）的树脂适宜弱离解有机酸的分离，低交联度（2%）的树脂适宜强离解酸的分离。与聚合物基质相比，硅胶阳离子交换树脂因为缺乏 pH 稳定性而使用较少。

离子排斥色谱中流动相的主要作用是改变溶液 pH，控制有机酸的离解，这与离子交换色谱明显不同。常用的淋洗液有去离子水、无机酸（如硫酸、盐酸）、有机酸（烷基磺酸类和全氟羧酸类）、糖类、醇（如正丁醇、聚乙烯醇），还可以在以上试剂中加入乙腈、甲醇等有机溶剂作为流动相。

4. 离子抑制色谱

离子交换色谱和离子排斥色谱法可以分离无机离子和离解能力很强的有机离子，不适合大分子或离解能力较弱的有机离子的分离。由酸碱平衡理论可知，若改变流动相的 pH，可以使酸（或碱）性离子化合物充分离解，而保持离子状态，就可以利用离子色谱法进行分析测定了。这就是离子抑制色谱法的基本原理。

离子色谱分离的关键问题是不仅被测离子具有导电性，而且一般淋洗液本身也是一种电离物质，具有很强的电离度。所以，在离子色谱柱后端，加入相反电荷的离子交换树脂填料，如阴离子色谱柱后端加入氢型的阳离子交换树脂填料，阳离子色谱柱后端加入氢氧根型的阴离子交换树脂填料，由分离柱流出的携带待测离子的洗脱液，在这里发生两个反应：一个是将淋洗液转变为低电导组分，以降低来自淋洗液的背景电导；另一个是将样品离子转变成其相应的酸或碱，以增加其电导。这种在分离柱和检测器之间能降低背景电导值而提高检测灵敏度的装置，称为抑制柱（抑制器）。图 9-9 是电化学抑制器的工作原理示意图。

二、离子色谱仪

离子色谱仪与普通高效液相色谱仪一样，一般也是先做成一个个单元组件，然后根据分析要求将各所需单元组件组合起来。分为单柱型的非抑制型离子色谱仪和双柱型的抑制型离子色谱仪。两类仪器的结构示意如图 9-10 和图 9-11 所示。

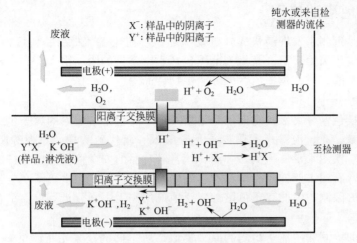

图 9-9　电化学抑制器的工作原理（阴离子）

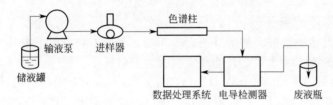

图 9-10　单柱型的非抑制型离子色谱仪结构示意图

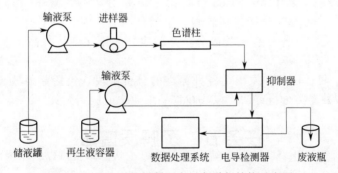

图 9-11　双柱型的抑制型离子色谱仪结构示意图

　　离子色谱仪最基本的组件是流动相容器、高压输液泵、进样器、色谱柱、检测器和数据处理系统。此外，还可根据需要配置流动相在线脱气装置、自动进样系统、流动相抑制系统、柱后反应系统和全自动控制系统等。

　　典型离子色谱仪的工作过程是：输液泵将流动相以稳定的流速（或压力）输送至分析体系，在色谱柱之前通过进样器将样品导入，流动相将样品带入色谱柱，在色谱柱中各组分被分离，并依次随流动相流至检测器。抑制型离子色谱仪则在电导检测器之前增加一个抑制系统，即用另一个高压输液泵将再生液输送到抑制器，在抑制器中，流动相的背景电导被降低，然后将流出物导入电导检测池，检测到的信号送至数据系统记录、处理或保存。非抑制型离子色谱仪不用抑制器和输送再生液的高压泵，因此仪器的结构相对要简单得多，价格也要便宜很多。

三、离子色谱法应用

离子色谱法是近年来发展最快的分析技术之一，在化工、食品、环境检测、石油化工、水文地质等领域应用极为广泛。其检测范围包括水中常见的阴、阳离子和有机酸，甚至极性有机物、糖、氨基酸、肽、蛋白质等大分子生物样品等。

1. 无机阴离子的分析

利用离子交换色谱分离无机阴离子，是发展最早、也是最成熟的离子色谱检测方法，包括水相样品中的氟、氯、溴等卤素阴离子和硫酸根、硫代硫酸根、氰根等阴离子的分离分析。可广泛应用于饮用水水质检测，啤酒、饮料等食品的安全检测，废水排放达标检测，冶金工艺水样检测，石油工业样品等工业制品的质量控制。由于卤素离子在电子工业中的残留受到越来越严格的限制，因此离子色谱被广泛地应用到无卤素分析等重要工艺控制部门。

2. 无机阳离子的检测

无机阳离子的检测和阴离子检测的原理类似，所不同的是采用了磺酸基阳离子交换柱，如 Metrosep C1、C2-150 等，常用的淋洗液系统，如酒石酸-二甲基吡啶酸系统，可有效分析水相样品中的 Li^+、Na^+、NH_4^+、K^+、Ca^{2+}、Mg^{2+} 等。

3. 有机阴离子和阳离子分析

随着离子色谱技术的发展，新的分析设备和分离手段不断出现，逐渐发展到了分析生物样品中的某些复杂的离子的水平，目前较成熟的应用包括：

① 生物胺的检测。采用 Metrosep C1 分离柱；2.5mmol/L 硝酸/10％丙酮淋洗液；$3\mu L$ 进样，可有效分析腐胺、组胺、尸胺等成分，现已经成为刑事侦查系统和法医学的重要检测手段。

② 有机酸的检测。采用 Metrosep Organic Acids 分离柱，MSM 抑制器；0.5mmol/L H_2SO_4 作为淋洗液，可有效分析包括乳酸、甲酸、乙酸、丙酸、丁酸、异丁酸、戊酸、异戊酸、苹果酸、柠檬酸等各种有机酸成分，是微生物发酵工业、食品工业简便有效的分析方法。

③ 糖类分析。目前已经开发出了各种糖类的分析手段，包括葡萄糖、乳糖、木糖、阿拉伯糖、蔗糖等多种糖类分析方法。该法在食品工业中的应用尤其广泛。

任务五　了解质谱法

一、质谱法原理

1. 质谱法原理

质谱法即用电场和磁场将运动的离子（带电荷的原子、分子或分子碎片，有分子离子、同位素离子、碎片离子、重排离子、多电荷离子、亚稳离子、负离子和离子-分子相互作用产生的离子）按它们的质荷比分离，通过检测其质量和强度进行成分和结构分析的一种分析方法。

被汽化的分子，受到高能电子流（约 70eV）的轰击，失去一个电子，变成带正电荷的分子离子。这些分子离子在极短的时间内，又碎裂成各种不同质量的碎片离子、中性分子或自由基。其在离子化室又被电子流轰击而生成各种正离子，这些离子受到电场的加速，获得一定的动能，该动能与加速电压之间的关系为：

$$\frac{1}{2}mv^2 = zU$$

式中，m 为正离子质量；v 为正离子速度；z 为正离子电荷；U 为加速电压。

加速后的离子在质量分析器中，受到磁场力的作用作圆周运动时，运动轨迹发生偏转。而圆周运动的离心力等于磁场力：

$$Hzv = \frac{mv^2}{R}$$

式中，H 为磁场强度；R 为离子偏转半径。

经整理，得

$$\frac{m}{z} = \frac{H^2R^2}{2U}$$

此式即为磁场质谱的基本方程。式中 m/z 为质荷比，当离子带一个正电荷时，它的质荷比就是质量数。

$$R = \sqrt{\frac{2U}{H^2} \times \frac{m}{z}}$$

在上式，依次改变磁场强度 H 或加速电压 U，就可以使具有不同质荷比 m/z 的离子按次序沿半径为 R 的轨迹飞向检测器，从而得到按 m/z 大小依次排列的谱图，即质谱。

2. 质谱的表示

质谱的表示方式很多，除用紫外记录器记录的原始质谱图外，常见的是经过计算机处理后的棒图及质谱表。此外，还有八峰值及元素表（高分辨质谱）等表示方式。

（1）棒图 以横坐标表示质荷比（m/z），其数值一般由定标器或内参比物确定。纵坐标表示离子丰度，即离子数目的多少。表示离子丰度的方法有两种，即相对丰度和绝对丰度。相对丰度，又称相对强度，是将质谱中最强峰的高度定为 100%，并将此峰称为基峰，然后，其他各峰的高度除以此峰的高度所得的分数即为其他离子的相对丰度。

图 9-12 为甲烷的质谱图：

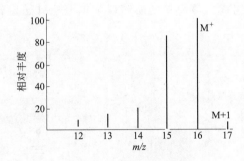

图 9-12 甲烷的质谱图

（2）质谱表 把原始质谱图数据加以归纳，列成以质荷比为序的表格形式。例如，甲烷的质谱表如表 9-2 所示。

表 9-2 甲烷质谱表

m/z	2	12	13	14	15	16	17
相对强度/%	1.36	3.65	9.71	18.82	90.35	100.00	1.14

（3）八峰值 从化合物质谱表中选出八个相对强峰，以相对峰强为序编成八峰值，作为该化合物的质谱特征，用于定性鉴别未知物，可利用八峰值查找八峰值索引定性。用八峰值定性时应注意，由于质谱受实验条件影响较大，同一化合物质谱八峰值可能有明显差异。

（4）元素表 高分辨质谱仪可测得分子离子及其他各离子的精密质量，经计算机运算、对比，可给出分子式及其他各种离子的可能化学组成。质谱表中，具有这些内容时称为元素表。

通过质谱图可以获得丰富的质谱信息：各种碎片离子元素的组成，根据亚稳离子确定分子离子与碎片离子、碎片离子与碎片离子、分子裂解方式与分子结构之间的关系等。通过m/z峰及其强度，可以进行有机化合物的分子量的测定，确定化合物的化学式、结构式，并进行定量分析。

3. 质谱法的特点

质谱是定性鉴定与研究分子结构的有效方法。主要特点是：

(1) 灵敏度高，样品用量少　目前有机质谱仪的绝对灵敏度可达 5pg（1pg 为 10^{-12} g），有微克级的样品即可得到分析结果。

(2) 分析速度快　扫描 1～1000u（u 为原子质量单位，1u＝$1.6605655 \times 10^{-27}$ kg）一般仅需 1s 到几秒，最快可达 1/1000s，可实现色谱-质谱在线连接。

(3) 测定对象广　不仅可测气体、液体，凡是在室温下具有 10^{-7} Pa 蒸气压的固体，如低熔点金属（如锌等）及高分子化合物（如多肽等）都可用该法进行测定。低分辨率的质谱仪可以测定分子量，高分辨率的质谱仪不仅可以测得准确的分子量（准确到小数点后 3～4位），而且还可以确定分子式。此外，质谱法还能根据各类化合物分子离子断裂成碎片的规律，提供丰富的分子碎片信息，用于结构分析。

尤其是近年来，计算机在质谱上的应用，质谱与其他分析方法的联用，如气相色谱-质谱联用、液相色谱-质谱联用等技术的发展，使得质谱的应用更为广泛，使它在生命科学、环境科学、药物检测等领域中已成为必不可少的分析手段。

二、质谱仪

化合物的质谱是由质谱仪测得的，质谱仪一般由进样系统、离子源、质量分析器、离子检测器及真空系统五部分组成。最简单的质谱仪为单聚焦（磁偏转）质谱仪。它的结构如图 9-13。

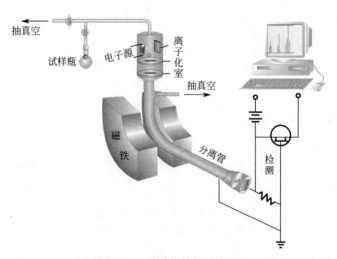

图 9-13　质谱仪结构示意图

1. 进样系统

一般有三种进样方式，对于气体或挥发性液体，可利用气体扩散的方式进样；对于有一定挥发性的固体或高沸点液体试样，可使用插入式直接进样杆进样；对于色质联用的仪器可以采用色谱的进样装置作为进样装置。质谱仪进样系统如图 9-14 所示。

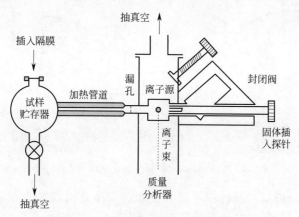

图 9-14 质谱仪进样系统示意图

2. 离子源

离子源的功能是提供能量将待分析试样电离成由不同质荷比（m/z）离子组成的离子束。质谱仪的离子源种类很多，其原理和用途各不相同，离子源的选择对样品测定的成败至关重要，尤其当分子离子不易出峰时，选择适当的离子源，就能得到响应较好的质谱信息。常用的几种离子源有：

（1）电子流轰击源（EI） 由离子化区和离子加速区组成。在外电场的作用下，用 $8\sim100\text{eV}$ 的热电子流去轰击样品，产生各种离子，然后在加速区加速后进入质量分析器。这是一种最常用的离子化方法。

（2）化学电离源（CI） 这是一种软离子化技术。与 EI 不同的是，样品是与试剂离子碰撞发生离子化，并不是通过电子碰撞而进行的。样品放在样品探头顶端的毛细管中，通过隔离子阀进入离子源。反应气体经过压强控制与测量后导入反应室。反应室中，反应气首先被电离成离子，然后反应气的离子和样品分子通过离子-分子反应，产生样品离子。

除以上两种常用的离子源外，还有等离子解吸离子源（PDMS）、快速原子轰击源（FAB）、场解吸离子源（FD）、场致电离源（FI）等其他类型的离子源。随着分析仪器的不断更新，出现了一些新型离子源，如二次离子源、激光解吸离子源、电喷雾离子源等，扩展了质谱法应用范围。

3. 质量分析器

质量分析器的作用是将离子源产生的离子按 m/z 顺序分离，相当于光谱仪器上的单色器。用于有机质谱仪的质量分析器很多，有双聚焦分析器、四极杆分析器、离子阱分析器、飞行时间分析器、回旋共振分析器等。此处仅介绍常见的磁偏转质量分析器和四极杆质量分析器。

（1）磁偏转质量分析器

① 单聚焦质量分析器。由离子源生成的离子被加速后，在质量分析器中受到磁场力的作用，轨迹发生偏转，其偏转半径由 U、H 和 m/z 三者决定。图 9-15(a) 为单聚焦质量分析器示意图。

②双聚焦质量分析器。是在磁偏转分析器的前面加一个由一对金属板电极组成的静电器。在测定时，静电器只允许特定能量的离子通过。然后通过狭缝进入磁偏转分析器，这样的设计可避免单聚焦质量分析器由于离子束中各离子具有不同的能量而造成同种离子飞行半径偏转的不同，从而引起质量记录的偏差，使分辨率大大提高。图 9-15 (b) 为双聚焦质量分析器示意图。

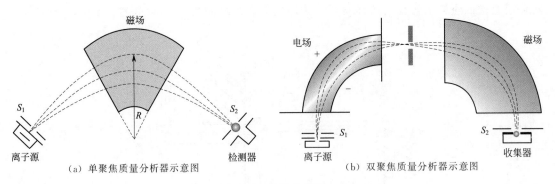

（a）单聚焦质量分析器示意图 　　　　　　　（b）双聚焦质量分析器示意图

图 9-15　质量分析器

（2）四极杆质量分析器　四极杆质量分析器的主体是由四根平行的金属杆（圆柱形电极）组成。离子的质量分离在电极形成的四极场中完成。将四根电极分为四组，分别加上直流电压和具有一定振幅和频率的交流电压。当一定能量的正离子沿金属杆间的轴线飞行时，将受到金属杆的交、直流叠加电压作用而波动前进。这时只有少数离子（满足 m/z 与四极杆电压和频率间固定关系的离子）可以顺利通过电场区到达收集极。其他离子与金属杆相撞、放电，然后被真空系统抽走。如果依次改变加在四极杆上的电压或频率，就可在离子收集器上依次得到不同 m/z 的离子信号。四极杆质量分析器具有扫描速度快、结构简单、价格较低、易于控制等特点。图 9-16 为四极杆质量分析器的示意图。

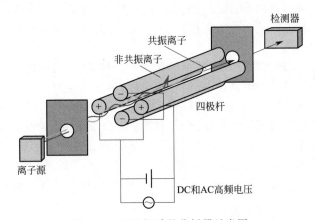

图 9-16　四极杆质量分析器示意图

4. 离子检测器和记录器

离子检测器的作用是接收从质量分析器射出的强度很小的离子流，并放大后输送到显示记录系统。一般使用电子倍增器放大响应信号，其工作原理是当一定能量的离子打到电极表面后，产生二次电子，二次电子又受到多极倍增放大，然后输出到放大器，放大后的信号供记录器记录。电子倍增器常有 $10 \sim 20$ 级，电流放大倍数为 $10^5 \sim 10^8$ 倍。电子通过电子倍增器时间很短，利用电子倍增器可实现高灵敏度和快速测定。

5. 真空系统

质谱仪需要在高真空下工作，离子源的真空度一般在 $10^{-3} \sim 10^{-5}$ Pa，质量分析器的真空度在 10^{-6} Pa。若不能达到此要求，空气中的大量氧气会烧坏离子源的灯丝；用作加速离子的几千伏高压会引起放电；引起额外的离子-分子反应，改变裂解模型，使谱图复杂化。

三、质谱法的应用

1. 离子的主要类型

在质谱中出现的离子有分子离子、同位素离子、碎片离子、重排离子、亚稳离子、复合离子及多电荷离子（后两种离子较少出现）。每种离子形成相应的质谱峰，它们在质谱解析中各有用途。

（1）分子离子 分子失去一个电子所形成的离子为分子离子。常用符号 $M^{+} \cdot$ 表示。

$$M + e^{-} \longrightarrow M^{+} \cdot + 2e^{-}$$

分子失去一个电子形成带奇数电子的正离子。表示分子离子时，尽量把正电荷位置标清楚，以便判断分子进一步裂解的方位。

（2）碎片离子 分子在电离室获得的能量超过分子离子化所需的能量时，过剩的能量会切断分子中某些化学键而产生碎片离子。碎片离子再受电子流的轰击，又会进一步裂解产生更小的碎片离子。

（3）重排离子 分子离子在裂解过程中，通过断裂两个或两个以上的键，结构重新排列而形成的离子被称为重排离子。多数重排是有规律的，它包括分子内氢原子的迁移和键的两次断裂，生成稳定的重排离子。这种类型的重排对化合物结构的推测是很有用的。例如麦氏重排、逆 Diels-Alder 重排、亲核性重排等对预测化合物结构是非常有帮助的。

重排离子峰可以从离子的质量数与它相应的分子离子来识别。通常不发生重排的简单裂解，质量为偶数的分子离子裂解得到质量为奇数的碎片离子；质量为奇数的分子裂解为偶数或奇数的碎片离子。若不符合此规律，则可能发生了重排。

（4）同位素离子 大多数元素都是由具有一定自由丰度的同位素组成的。在质谱图中，会出现含有这些同位素的离子峰。这些含有同位素的离子称为同位素离子。有机化合物一般由 C、H、O、N、S、Cl 及 Br 等元素组成，它们的同位素丰度比如表 9-3 所示。

表 9-3 同位素的丰度比

同位素	$^{13}C/^{12}C$	$^{2}H/^{1}H$	$^{17}O/^{16}O$	$^{18}O/^{16}O$	$^{15}N/^{14}N$	$^{33}S/^{32}S$	$^{34}S/^{32}S$	$^{37}Cl/^{35}Cl$	$^{81}Br/^{79}Br$
丰度比	1.12	0.015	0.040	0.20	0.36	0.80	4.44	31.98	97.28

表 9-3 中，丰度比是以丰度最大的轻质同位素为 100% 计算而得。^{2}H 及 ^{17}O 的丰度比太小，可忽略不计。^{34}S、^{37}Cl 及 ^{81}Br 的丰度比很大，因而可以利用同位素峰强比推断分子中是否含有 S、Cl、Br 以及其原子的数目。

2. 质谱的应用

在质谱分析中，分子离子峰的确定是测定分子量与分子式的重要依据，因而首先要确认分子离子峰。

（1）分子离子峰的确认 一般来说，质谱图上最右侧出现的质谱峰为分子离子峰。同位素峰虽比分子离子峰的质荷比大，但由于同位素峰与分子离子峰峰强比有一定关系，因而不难辨认。但有些化合物的分子离子极不稳定，在质谱上没有记录，在这种情况下，质谱上最右侧的质谱峰不是分子离子峰。因此，在识别分子离子峰时，需掌握下述几点：

① 分子离子稳定性的一般规律。分子离子的稳定性有如下顺序：芳香族化合物＞共轭链烯＞脂环化合物＞直链烷烃＞硫醇＞酮＞胺＞酯＞醚＞酸＞分支烷烃＞醇。当分子离子峰为基峰时，该化合物一般都是芳香族化合物。

② 分子离子含奇数个电子。含偶数个电子的离子（EE^{+}）不是分子离子。

③ 分子离子的质量数服从氮律。只含 C、H、O 的化合物，分子离子峰的质量数是偶数。由 C、H、O、N 组成的化合物，含奇数个氮，分子离子峰的质量数是奇数；含偶数

个氮，分子离子峰的质量数是偶数。这一规律为氮律，凡不符合氮律者，就不是分子离子峰。

④ 所假定的分子离子峰与相邻的质谱峰间的质量数差是否有意义。如果在比该峰小 3～14 个质量数间出现峰，则该峰不是分子离子峰。因为一个分子离子直接失去一个亚甲基（CH_2，m/z 14）一般是不可能的。同时失去 3～5 个氢，需要很高的能量，也不可能。

⑤ M－1 峰。有些化合物的质谱图上质荷比最大的峰是 M－1 峰，而无分子离子峰。腈类化合物易出现这种情况，但有时也有分子离子峰，强度小于 M－1 峰。

（2）分子量测定 一般来说，分子离子峰的质荷比即分子量。严格说略有差别。这是因为质荷比是由丰度最大同位素的质量计算而得；分子量是由原子量计算而得，而原子量是同位素质量的加权平均值。在分子量很大时，二者可差一个质量单位。在绝大多数情况 m/z 与分子量的整数部分相等。

（3）分子式的确定 常用同位素峰强比法及精密质量法两种方法确定分子式。

① 同位素峰强比法。分为计算法及查表法（见表 9-4）。以下仅介绍计算法。该法针对只含 C、H、O 的未知物，可直接计算碳原子及氧原子数。

表 9-4 原子量与同位素质量对比

元素	原子量	同位素	相对质量	丰度/%
氢	1.00797	^{1}H	1.007825	99.985
		^{2}H	2.01410	0.015
碳	12.01115	^{12}C	12.00000	98.89
		^{13}C	13.00336	1.11
氮	14.0067	^{14}N	14.00307	99.64
		^{15}N	15.00011	0.36
氧	15.9994	^{16}O	15.99491	99.76
		^{17}O	16.9991	0.04
		^{18}O	17.9992	0.20
氟	18.9984	^{19}F	18.99840	100
硅	28.086	^{28}Si	27.97693	92.23
		^{29}Si	28.97649	4.67
		^{30}Si	29.97376	3.10
磷	30.974	^{31}P	30.97376	100
硫	32.064	^{32}S	31.97207	95.02
		^{33}S	32.97146	0.76
		^{34}S	33.96786	4.22
氯	35.453	^{35}Cl	34.96885	75.77
		^{37}Cl	36.9659	24.23
溴	79.909	^{79}Br	78.9183	50.69
		^{81}Br	80.9163	49.31
碘	126.904	^{127}I	126.9044	100

【例 2】 某有机未知物，由质谱给出的同位素峰强比如下，求分子式。

m/z	相对峰强/%
150（M）	100
151（M＋1）	9.9
152（M＋2）	0.9

解：（1）（M＋2）峰相对峰强为 0.9%，说明未知物不含 S、Cl、Br。

（2）M 为偶数，说明不含 N 或偶数个 N。

（3）先以不含 N，只含 C、H、O 计算分子式，若结果不合理再修正。

① 含碳数：
$$n_C = \frac{9.9}{1.1} = 9$$

② 含氧数：
$$n_O = \frac{0.9 - 0.006 \times 9^2}{0.20} = 2.1$$

③ 含氢数：　　$n_H = M - (12n_C + 16n_O) = 150 - (12 \times 9 + 16 \times 2) = 10$

④ 可能分子式为 $C_9H_{10}O_2$。它的验证可通过质谱解析或其他方法。

② 精密质量法。用高分辨质谱计，精确测定分子离子质量（质荷比），利用表计算或查精密质量表求分子式。

【例 3】　用高分辨质谱计测得某有机物 $M^{\dot{+}}$ 的精密质量为 166.06299，试确定分子式。

查以下精密质量表 9-5。表中只列出分子量接近的分子式 14 个。质量接近 166.06299 的有三个，其中 $C_7H_8N_3O_2$ 不服从氮律，应否定。$C_8H_{10}N_2O_2$ 的质量与未知物相差超过 0.005%，应否定。因此，分子式可能是 $C_9H_{10}O_3$（166.062994）。

表 9-5　m/z 166 精密质量表

分子量	分子式	分子量	分子式
166.004478	$C_{11}H_2O_2$	166.062994	$C_9H_{10}O_3$
166.012031	$C_7H_4NO_4$	166.074228	$C_8H_{10}N_2O_2$
166.023264	$C_6H_4N_3O_3$	166.078252	$C_{13}H_{10}$
166.026946	$C_9H_2N_4$	166.093357	$C_5H_{14}N_2O_4$
166.038864	$C_{12}H_6O$	166.097038	$C_8H_{12}N_3O$
166.046074	$C_6H_6N_4O_2$	166.108614	$C_9H_{14}N_2O$
166.057650	$C_7H_8N_3O_2$	166.120190	$C_{10}H_{16}NO$

任务六　了解核磁共振波谱法

核磁共振是指用一定频率的射频电磁波（约 $4 \sim 800MHz$）照射强磁场中的自旋原子核，吸收能量后，发生原子核能级的跃迁，同时产生核磁共振信号的现象。通过测定核磁共振信号进行分析的方法称为核磁共振波谱分析法（NMR）。该法被广泛用于有机化合物的结构分析中，经常研究的是 ^1H 核和 ^{13}C 核的共振吸收谱。本章将主要介绍 ^1H 核磁共振谱。核磁共振波谱法在化学、生物、医学、临床等研究工作中得到了广泛的应用。

一、核磁共振波谱法原理

1. 原子核的自旋

原子核是由带正电荷的原子和中子组成，存在自旋现象。原子核大都围绕着某个轴作旋转运动，各种不同的原子核，自旋情况各不相同。有自旋现象的原子核，应具有自旋角动量 P。由于原子核是带正电的粒子，故在自旋时产生磁矩 μ，且磁矩与角动量成正比：

$$\mu = \gamma P$$

式中，γ 为磁旋比。不同的原子核具有不同的磁旋比。

原子核的自旋角动量，可用自旋量子数 I 表示。P 与 I 的关系如下：

$$P = \frac{h}{2\pi}\sqrt{I(I+1)}$$

实验证明，自旋量子数 I 与原子的质量数 A 及原子序数 Z 有关，如表 9-6 所示。

表 9-6　自旋量子数 I 与原子的质量数 A 及原子序数 Z 的关系

质量数 A	原子序数 Z	自旋量子数 I	NMR 信号	原子核
偶数	偶数	0	无	$^{12}_{6}C, ^{16}_{8}O, ^{32}_{16}S,$
奇数	奇或偶数	$\dfrac{1}{2}$	有	$^{1}_{1}H, ^{13}_{6}C, ^{19}_{9}F, ^{15}_{7}N, ^{31}_{15}P$
奇数	奇或偶数	$\dfrac{3}{2}, \dfrac{5}{2}, \cdots$	有	$^{17}_{8}O, ^{32}_{16}S,$
偶数	奇数	$1, 2, 3$	有	$^{1}_{1}H, ^{14}_{7}N,$

从表 9-6 可以看出，质量数和原子序数均为偶数的核，自旋量子数 $I=0$，即没有自旋现象；当 $I \geq 1$ 时，虽然会产生核自旋，但是共振吸收较为复杂，不便于研究；而当自旋量子数 $I=\dfrac{1}{2}$ 时，核电荷呈球形分布于核表面，它们的核磁共振现象较为简单，是目前研究的主要对象。属于这一类的主要原子核有 $^{1}_{1}H$、$^{13}_{6}C$、$^{15}_{7}N$、$^{19}_{9}F$、$^{31}_{15}P$。其中研究最多、应用最广的是 ^{1}H 和 ^{13}C 核磁共振谱。

2. 核磁共振现象

以射频照射处于外磁场 H_0 中的原子核，且射频频率 ν 恰好满足以下关系时：

$$h\nu = \Delta E \quad \text{或} \quad \nu = \mu\beta\frac{H_0}{Ih}$$

处于低能态的核将吸收射频能量而跃迁至高能态。这种现象称为核磁共振现象。式中，β 表示核磁子（$\beta = 5.049 \times 10^{-27} J/T$）；$\mu$ 是以核磁子为单位表示的核磁矩，质子的磁矩为 2.7927β。

由上式可知，影响共振频率的因素有核磁矩与外加磁场强度。可概括为以下几种情况。

对自旋量子数 $I=\dfrac{1}{2}$ 的同一核来说，因磁矩 μ 为一定值，β 和 h 又为常数，所以发生共振时，照射频率 ν 的大小取决于外磁场强度 H_0 的大小。在外磁场强度增加时，为使核发生共振，照射频率也应相应增加；反之，则减小。例如，若将 ^{1}H 核放在磁场强度为 1.4092T 的磁场中，发生核磁共振时的照射频率应为：

$$\nu_{共振} = \frac{2.79 \times 5.05 \times 10^{-27} \times 1.4092}{\dfrac{1}{2} \times 6.6 \times 10^{-34}} \approx 60 \times 10^{6} Hz = 60MHz$$

同理，如果将 ^{1}H 放入场强为 4.69T 的磁场中，其共振频率 $\nu_{共振}$ 应为 200MHz。

对自旋量子数 $I=\dfrac{1}{2}$ 的不同核来说，若同时放入一固定磁场强度的磁场中，则共振频率 $\nu_{共振}$ 取决于核本身的磁矩 μ 的大小。μ 大的核，发生共振时所需的照射频率也大；反之，则小。例如，^{1}H 核、^{19}F 核和 ^{13}C 核的磁矩分别为 2.79、2.63、0.70 核磁子，在场强为 1T 的磁场中，其共振时的频率分别为 42.6MHz、40.1MHz、10.7MHz。

表 9-7 列出了常见原子核的某些磁性质。

表 9-7　几种常见原子核的某些磁性质

核	同位素丰度/%	1.4092T 磁场中 NMR 频率/MHz	磁矩/核磁子	自旋(I)	相对灵敏度
^{1}H	99.98	60.0	2.7927	1/2	1.000
^{13}C	1.11	15.08	0.7021	1/2	0.016
^{19}F	100	56.5	2.6273	1/2	0.834
^{31}P	100	24.29	1.1305	1/2	0.064

3. 弛豫过程

在外磁场作用下，^{1}H核能级裂分为$=(m=+\frac{1}{2}$和$m=-\frac{1}{2})$，若二者的核数相等则不能观测到核磁共振现象。根据玻尔兹曼分布公式：

$$\frac{N_j}{N_0}=e^{-[\Delta E/(kT)]}$$

式中，N_j和N_0分别代表处于高能态和低能态的氢核数。若将10^6个质子放入温度为25℃、磁场强度为4.69T的磁场中，则处于高能态与低能态的核数的比为：

$$\frac{N_j}{N_0}=e^{-\left[\frac{2\times279K\times(5.05\times10^{-27})J/T\times4.69T}{1.38\times10^{-23}J/K\times293K}\right]}=e^{-3.27\times10^{-5}}=0.999967$$

则处于高、低能级的核数分别为：$N_j\approx499992$、$N_0\approx500008$，即处于低能级的核比处于高能级的核只多16个，即每一百万个氢核中低能氢核数仅多约10个，故产生的净吸收是很容易饱和的，饱和后就观测不到磁共振现象，为此，被激发到高能态的核必须通过适当的途径将其获得的能量释放到周围环境中去，使核从高能态降回到原来的低能态，事实上高能态核回到低能态是通过非辐射途径，这个过程称为弛豫过程。在NMR中有以下两种重要的弛豫过程：

（1）自旋-晶格弛豫，又称纵向弛豫　自旋核都是处在所谓晶格包围之中。晶格中的各种类型磁性质点对应于共振核作不规则的热运动，所形成的波动磁场中存在与共振频率相同的频率成分，高能态的核可通过电磁波的形式将自身能量传递给周围的运动频率与之相等的磁性粒子（晶格），故称为自旋-晶格弛豫。

（2）自旋-自旋弛豫，又称横向弛豫　是指处于高能态的核自旋体将能量传递给邻近低能态同类磁性核的过程。这种过程只是同类磁性核自旋状态能量交换，不引起核磁总能量的改变。

4. 化学位移

（1）化学位移的产生　由上述可知，质子的共振频率由外部磁场强度H_0和核的磁矩μ决定，但这只是理想化状态。事实上由于原子核外层存在核外电子云，且原子核周围存在着其他原子，等等这些化学环境因素都会对核磁共振产生影响。

处于外磁场中的原子核，其核外电子运动会产生感应磁场，其方向与外加磁场相反，抵消了一部分外磁场对原子核的作用，这种现象称屏蔽作用。由于屏蔽作用的影响，原子核共振频率将出现在未发生屏蔽的更高的磁场。屏蔽作用大小与核外电子云密度有关，电子云密度越大，屏蔽作用也越大，共振所需的磁场强度愈强。

当氢核发生核磁共振时，应满足如下关系：

$$H_0=\frac{\nu_{共振}h}{2\mu\beta(1-\sigma)}$$

因此，屏蔽常数σ不同的质子，其共振峰将分别出现在核磁共振谱的不同区或不同磁场强度区域。若固定照射频率，σ大的质子出现在高磁场处，而σ小的质子出现在低磁场处，据此我们可以进行氢核结构类型的鉴定。

（2）化学位移的表示　有机化合物中由于化学环境不同引起的氢核化学位移变化很小，只有百万分之十左右。在确定结构时，常常要求测定共振频率绝对值的准确度达到正负几赫兹，这是非常困难的。但是，测定位移的相对值比较容易。因此，一般都以适当的化合物（如四甲基硅烷，TMS）为标准试样，测定相对的频率变化值来表示化学位移。由于共振频率与外部磁场呈正比，为了消除磁场强度变化所产生的影响，从而使在不同核磁共振仪上测定的数据统一，通常用试样和标样共振频率之差与所用仪器频率的比值 δ 来表示。由于数值很小，故通常乘以 10^6。这样，δ 就为一相对值，即：

$$\delta = \frac{\nu_{试样} - \nu_{TMS}}{\nu_0} \times 10^6 = \frac{\Delta\nu}{\nu_0} \times 10^6$$

式中，δ 为试样中质子的化学位移；$\nu_{试样}$ 为试样质子的共振频率；ν_{TMS} 是 TMS 标样的共振频率（一般 $\nu_{TMS} = 0$）；$\Delta\nu$ 是试样与 TMS 的共振频率差；ν_0 是操作仪器选用的频率。

5. 自旋偶合与自旋分裂

对于一个有机化合物分子，由于所处的化学环境不同，其核磁共振谱于相应的 δ 值处出现不同的峰，各峰的面积与 ^{1}H 数成正比，如 CH_3CH_2OH 应有三个峰，它们分别代表 —OH，—CH_2— 和 —CH_3，其峰面积比分别是 1：2：3。但用高分辨率仪器能看到 —CH_2— 和 —CH_3 分别分裂为四重峰和三重峰，而且多重峰面积之比接近于整数比。—CH_3 的三重峰面积之比为 1：2：1，—CH_2 的四重峰面积之比为 1：3：3：1。

这就是所谓的自旋分裂，经研究，这种峰的分裂是由于分子内部的邻近 ^{1}H 的自旋相互干扰引起的。

相邻核的自旋之间的相互干扰作用称为自旋-自旋偶合。由于自旋偶合引起的谱峰增多的现象称为自旋-自旋分裂。氢核在磁场中有两种自旋取向，用 α 表示氢核与磁场方向一致的状态，用 β 表示与磁场方向相反的状态。乙醇中—CH_2—的两个氢可以与磁场方向相同，也可以与磁场方向相反。它们的自旋组合一共有四种（αα，αβ，βα，ββ），但只产生三种局部磁场。亚甲基所产生的这三种局部磁场，要影响邻近甲基上的质子所受到的磁场作用，其中 αβ 和 βα 两种状态产生的磁场恰好互相抵消，不影响甲基质子的共振峰，αα 状态的磁矩与外磁场一致，很明显，这时要使甲基质子产生共振所需的外加磁场较小；相反，ββ 磁矩与外磁场方向相反，因此要使甲基质子发生共振所需的外加磁场较大。这样，亚甲基的两个氢所产生的三种不同的局部磁场，使邻近的甲基质子分裂为三重峰。同理，甲基上的三个氢可产生四种不同的局部磁场，反过来使邻近的亚甲基分裂为四重峰。

6. 影响化学位移的因素

化学位移是由核外电子云产生的对抗磁场所引起的，凡是使核外电子云密度改变的因素，都能影响化学位移。影响因素有内部的，如诱导效应、共轭效应和磁的各向异性效应等；外部的如溶剂效应、氢键的形成等。

虽然影响化学位移的因素较复杂，但是各因素的影响都有规律可循，甚至在一定的条件下，化学位移可以恒定不变。所以，利用化学位移来确定有机化合物的结构是很有价值的。

二、核磁共振波谱仪

按工作方式，核磁共振波谱仪可分为连续波核磁共振谱仪和脉冲傅里叶核磁共振谱仪两种类型。

1. 连续波核磁共振谱仪

连续波核磁共振谱仪主要由磁铁、探头（样品管）、扫描发生器、射频发生器、信号检测器及记录处理系统五部分组成。其结构组成如图 9-17 所示。

（1）磁铁　磁铁是核磁共振仪最基本的组成部件。仪器的灵敏度和分辨率主要决定于磁铁的质量和强度。要求磁铁能提供强而稳定、均匀的磁场。核磁共振仪常用的磁铁有三种：永久磁铁、电磁铁和超导磁铁。永久磁铁一般可提供 0.7046T 或 1.4092T 的磁场，对应质

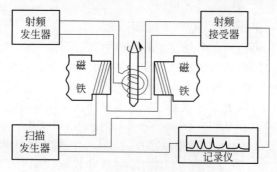

图 9-17　连续波核磁共振谱仪

子共振频率为 30MHz 和 60MHz。而电磁铁可提供对应 60MHz、90MHz、100MHz 的共振频率。超导磁铁可以提供更高的磁场，可达 100kGs（$1Gs = 10^{-4}T$，下同）以上，最高可达到 800MHz 的共振频率。由于电磁铁的热效应和磁场强度的限制，目前应用不多，商品核磁共振仪中使用永久磁铁的低档仪器，供教学及日常分析使用。而高场强的核磁共振仪由于设备本身及运行费较高，主要用于研究工作。

（2）探头　探头装在磁极间隙内，用来检测核磁共振信号，是仪器的心脏部分。样品探头可以固定样品管，使其保持在磁场中某一位置，探头中不仅包含样品管，而且包括扫描线圈和接收线圈，以保证测量条件的一致性。为了避免扫描线圈与接收线圈相互干扰，两线圈垂直放置并采取措施防止磁场的干扰。样品管底部装有电热丝和热敏电阻检测元件，探头外装有恒温水套。待测试样放在试样管内，再置于绕有接收线圈和发射线圈的套管内。磁场和频率源通过探头作用于试样。为了使磁场的不均匀性产生的影响平均化，试样探头还装有一个气动涡轮机，以使试样管能沿其纵轴以每分钟几百转的速度旋转。

（3）扫描发生器　核磁共振仪的扫描方式有两种：一种是保持频率恒定，线性地改变磁场，称为扫场；另一种是保持磁场恒定，线性地改变频率，称为扫频。许多仪器同时具有这两种扫描方式。扫描速度的大小会影响信号峰的显示。速度太慢，不仅增加了实验时间，而且信号容易饱和；相反，扫描速度太快，会造成峰形变宽，分辨率降低。在连续波核磁共振谱仪中，扫描方式最先采用扫场方式，通过在扫描线圈内加上一定电流，产生 $10^{-5}T$ 磁场变化来进行核磁共振扫描。相对于核磁共振仪的均匀磁场来说，这样变化不会影响其均匀性。相对扫场方式来说，扫频方式工作起来比较复杂，但目前大多数装置都配有扫频工作方式。

（4）射频源　核磁共振波谱仪要求有稳定的射频频率和功能。为此，仪器通常采用恒温下的石英晶体振荡器得到基频，再经过倍频、调频和功能放大后输入与磁场成 90°角的线圈中，从而得到所需的射频信号源。

为获得高分辨率且提高基线的稳定性和磁场锁定能力，频率的波动必须小于 10^{-8}，输出功率小于 1W，且在扫描时间内波动小于 1%。

（5）信号检测及记录系统　核共振产生的射频信号通过探头上的接收线圈，经一系列检波、放大后，显示在示波器和记录仪上，得到核磁共振谱。产生的电信号通常要大于 10^{5} 倍后才能记录，记录仪的横轴驱动与扫描同步，纵轴为共振信号。现代核磁共振仪常都配有一套积分装置，可以在核磁共振波谱上以阶梯的形式显示出积分数据。由于积分信号不像峰高那样易受多种条件影响，可以通过它来估计各类核的相对数目及含量，有助于定量分析。随着计算机技术的发展，一些连续波核磁共振谱仪配有多次重复扫描并将信号进行累加的功能，从而有效地提高仪器的灵敏度。但考虑仪器难以在过长的扫描时间内稳定，一般累加次数在 100 次左右为宜。

2. 脉冲傅里叶核磁共振谱仪（PFT-NMR）

连续波核磁共振谱仪采用的是单频发射和接收方式，在某一时刻内，只记录谱图中的很窄一部分信号，即单位时间内获得的信息很少。在这种情况下，对那些核磁共振信号很弱的核，如 ^{13}C、^{15}N 等，即使采用累加技术，也得不到良好的效果。为了提高单位时间的信息量，可采用多道发射机同时发射多种频率，使处于不同化学环境的核同时共振，再采用多道接收装置同时得到所有的共振信息。例如，在 100MHz 共振仪中，质子共振信号化学位移范围为 0～10 时，相当于 1000Hz；若扫描速度为 2Hz/s，则连续波核磁共振仪需 500s 才能扫完全谱。而在具有 1000 个频率间隔 1Hz 的发射机和接收机同时工作时，只要 1s 即可扫完全谱。可见，后者可大大提高分析速度和灵敏度。

傅里叶变换核磁共振谱仪是以适当宽度的射频脉冲作为"多道发射机"，使所选的核同时激发，得到核的多条谱线混合的自由感应衰减信号的叠加信息，即时间域函数，然后以快速傅里叶变换作为"多道接收机"变换出各条谱线在频率中的位置及其强度。这就是脉冲傅里叶核磁共振谱仪的基本原理。

傅里叶变换核磁共振谱仪测定速度快，除可进行核的动态过程、瞬变过程、反应动力学等方面的研究外，还易于实现累加技术。因此，从共振信号强的 ^{1}H、^{19}F 到共振信号弱的 ^{13}C、^{15}N 核，均能测定。

三、核磁共振波谱法的应用

核磁共振波谱法是鉴定有机化合物、金属有机物及生物分子结构和构象等的重要工具。核磁共振谱能提供的参数主要有化学位移、质子的分裂峰数、偶合常数以及各组峰的积分高度等，这些参数与有机化合物的结构有着密切的关系。此外，核磁共振波谱法还可用于定量分析、相对质量的测定及化学动力学研究等。

1. 结构鉴定

核磁共振波谱根据自身谱图即可完成简单化合物的鉴定。对比较简单的一级图谱，可用化学位移鉴别质子的类型，尤其是 $CH_3O—$、$CH_3CO—$、$CH_2=C—$、$Ar—CH_3$、$CH_3CH_2—$、$(CH_3)_2CH—$、$—CHO$、$—OH$ 等类型的质子均可鉴别。对复杂的未知物，可以配合红外光谱、紫外光谱、质谱、元素分析等数据推定其结构。核磁共振谱上可以反映以下信息：

① 吸收峰的组数，表示分子中不同化学环境下的质子组数。

② 化学位移，表示分子中基团的种类。

③ 峰的分裂个数及偶合常数，表示基团之间的连接方式。

④ 阶梯式积分曲线高度，表示各基团的质子比，在已知分子式的前提下，可推断各基团的个数。

利用核磁共振谱进行结构分析的一般过程如下：

① 首先判断谱图中峰的类型，确定标准参考峰、溶剂峰、杂质峰等。

② 根据化学位移，初步推断存在的基团。

③ 利用多重峰、复杂峰确定基团之间的偶合关系。

④ 对各组峰（基团）合理分配氢和碳原子数，确定各基团，由各基团之间的偶合关系来推断其分子片段或结构单元，最后组合成可能的分子结构。根据推断出的结构写出各基团的峰位与峰形，验证结构的合理性。

⑤ 如有必要，可以用推定化合物的标准物作谱图加以比对确认。

下面举例说明解析核磁共振谱的一般方法。

【例 4】 已知化合物分子式为 $C_7H_{16}O_3$，其 $^{1}HNMR$ 谱如图所示，试推断其结构。

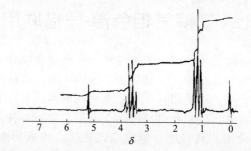

解：（1）根据分子式 $C_7H_{16}O_3$，计算不饱和度 $U=0$，为饱和有机化合物。

（2）谱图反映有 3 种质子，其比值为 1∶6∶9。

（3）化学位移 δ 在 1～4 之间有明显的乙基 CH_3—CH_2—的峰形。

（4）$\delta=1.2$ 为乙基中 CH_3—峰，9 个质子表示有 3 个等价甲基，被相邻的亚甲基分裂为三重峰。

（5）$\delta=3.6$ 为亚甲基—CH_2—的峰，可能连接氧原子，在较低场共振，同时被相邻甲基分裂为四重峰。

（6）$\delta=5.2$ 为单峰，含 1 个质子，表明无氢核相邻，判断为与氧连接的次甲基峰。

（7）综上所述，连接各部分结构应为：$(CH_3—CH_2—O)_3CH$。

（8）与标准谱图对照吻合。

2. 定量分析

积分曲线高度与引起该组峰的核数呈正比关系。这不仅是对化合物进行结构测定时的重要参数之一，而且也是定量分析的重要依据。用核磁共振技术进行定量分析的最大优点是，不需引进任何校正因子或绘制工作曲线，即可直接根据各共振峰的积分高度的比值求算该自旋核的数目。在核磁共振谱线法中常用内标法进行定量分析。测得共振谱图后，内标法可按下式计算 m_S：

$$m_S = \frac{A_S M_S n_R}{A_R M_R n_S} m_R = \frac{\dfrac{A_S}{n_S} M_S}{\dfrac{A_R}{n_R} M_R} m_R$$

式中，m 和 M 分别表示质量和分子量；A 为积分高度；n 为被积分信号对应的质子数；下标 R 和 S 分别代表内标和试样。外标法计算方法同内标法。当以被测物的纯品为外标时，则计算式可简化为

$$m_S = \frac{A_S}{A_R} m_R$$

式中，A_S 和 A_R 分别为试样和外标同一基团的积分高度。

3. 分子量的测定

在一般碳氢化合物中，氢的质量分数较低，因此，单纯由元素分析的结果来确定化合物的分子量是较困难的。如果用核磁共振技术测定其质量分数，则可按下式计算未知物的分子量或平均分子量：

$$m_S = \frac{A_R n_S m_S M_R}{A_S n_R m_R}$$

式中，各符号的含义同前。

任务七 了解气相色谱-质谱联用技术

　　色谱分析法作为一种分离分析技术，其主要优点在于复杂混合物的分离，进而进行定量分析，而定性及结构鉴定的效果较差。质谱法主要应用于未知物的定性及结构鉴别，但需要高纯度的样本，而复杂混合物并不适用，否则杂质形成的本底对样品的质谱图会产生严重干扰，谱图无法解析。由此可见，气相色谱和质谱在应用上恰好互补，针对复杂混合试样，可以利用气相色谱法先进行分离，获得单一组分的纯物质，再利用质谱法进行定性或结构分析。气相色谱-质谱联用技术就是在此基础上研发出来的。

　　气相色谱-质谱联用技术，简称气-质联用（GC-MS），即将气相色谱仪与质谱仪通过接口组件进行连接，以气相色谱作为试样分离、制备的手段，将质谱作为气相色谱的在线检测手段进行定性、定量分析，辅以相应的数据收集与控制系统构建而成的一种色谱-质谱联用技术。该法将气相色谱和质谱的优点有机地整合在一起，取长补短，具有气相色谱高效分离能力和质谱的高灵敏度、强鉴别能力。该法现已广泛用于化工、石油、环境、农业、法医、生物医药等方面的复杂组分分离、鉴定及定量测定，已经成为一种相对成熟的常规分析技术。

一、气相色谱-质谱联用系统

　　GC-MS 系统由气相色谱单元、接口、质谱单元和计算机控制系统四部分组成。其中，气相色谱单元负责完成复杂混合试样的分离任务，起着制备样品的作用；接口是样品组分的传输线以及气相色谱单元、质谱单元工作流量或气压的匹配器，负责把气相色谱流出的各组分送入质谱仪进行检测；质谱单元负责对从接口依次流出的各组分进行分析，实质是作为气相色谱的检测器；计算机控制系统主要负责数据采集、存储、处理、检索和仪器的自动控制。

　　GC-MS 一般由气路系统、进样系统、色谱柱与控温系统组成；质谱单元由离子源、质量分析器、离子检测器和真空系统组成。见图 9-18。

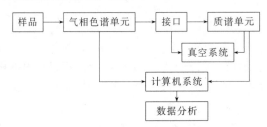

图 9-18　GC-MS 仪组成图

1. 气相色谱单元

主要由载气系统、进样系统、分离系统与控温系统组成。

（1）载气系统　GC-MS 的气源主要为氦气。其优点在于氦气的化学惰性对质谱检测无干扰，且载气的扩散系数较低；缺点是分析时间长。另外，载气的流速、压力和纯度（≥99.999%）对样品的分离、信号的检测和真空的稳定具有重要的影响。如果配置化学电离源，GC-MS 还需要甲烷、异丁烷、氨等反应气体及氩气、氮气等碰撞气体和相应的气路系统。

（2）进样系统　GC-MS 要求样品沸点低、热稳定性好、汽化效率高、样品损失小。为提高分析的精密度和准确度，近几年来分流/不分流进样、毛细管柱直接进样、程序升温柱头进样等毛细管进样系统取得了很大的进步。一些具有样品预处理功能的配件,如固相微萃取、顶空进样器、吹扫-捕集顶空进样器、热脱附仪、裂解进样器等也相继出现,越来越多地被应用于气相色谱进样中。

(3)分离系统 色谱柱作为色谱分离系统的核心,主要完成复杂混合物的分离。由于选择色谱固定相时遵循"相似相溶"原理,所以应根据需要选择专用色谱柱。目前,多用小口径毛细管色谱柱,检测限达到 $10^{-12} \sim 10^{-15}$ 级。

此外,色谱柱需要严格的温度控制。柱箱的控温系统范围广,可快速升温和降温。柱温对样品在色谱柱上的柱效、保留时间和峰高有重要的影响。

2. 接口

接口是连接气相色谱单元和质谱单元主要的部件。其目的是尽可能多地去除载气,保留样品,使色谱柱的流出物转变成粗真空态分离组分,且传输到质谱仪的离子源中。目前常用的 GC-MS 仪器的主要接口方式有直接导入型、开口分流型、喷射式分离器等。一般多采用直接连接方式,即将色谱柱直接通入质谱离子源。其作用是将待测组分在载气携带下从气相色谱柱流入离子源形成带电粒子,氦气不发生电离而被真空泵抽走。通常,接口温度应略低于柱温。

3. 质谱单元

主要由离子源、质量分析器、离子检测器和真空系统组成。

(1)离子源 其作用是将待测组分的分子电离成离子,然后进入质量分析器被分离。目前常用的离子源有电子轰击源(EI)和化学电离源(CI)两种。EI 是 GC-MS 中应用最广泛的离子源。其具有稳定、电离效率高、结构简单、控温方便、质谱图特征性强、重现性好等优点;CI 所得质谱图简单,分子离子峰和准分子离子峰较强,其碎片离子峰很少,易得到样品分子的分子量。特别是对某些电负性较强的化合物灵敏度非常高,但是,CI 源不适于难挥发、热不稳定性或极性较大的化合物。

(2)质量分析器 常用的气相色谱-质谱联用仪有气相色谱-四级杆质谱仪(GC/Q-MS)、气相色谱-离子阱串联质谱仪(GC/IT-MS-MS),气相色谱-时间飞行质谱仪(GC/TOF-MS)和全二维气相色谱-飞行时间质谱仪(GC×GC/TOF-MS)。质谱仪的分辨率是重要的性能指标,GC/Q-MS 由于本身固有的限制,分辨率一般在 2000 以下,而 GC/TOF-MS 分辨率可达 5000。

(3)离子检测器 质谱仪常用检测器为电子倍增管、光电倍增管、照相干板法和微通道板等。目前四级质谱、离子阱质谱常采用电子倍增器和光电倍增管,而时间飞行质谱多采用微通道板。其检测的灵敏度都很高。

(4)真空系统 一般由低真空前级泵(机械泵)、高真空泵(扩散泵和涡轮泵较常用)、真空测量仪表和真空阀件、管路等组成。质谱单元必须在高真空状态下工作,高真空压力达 $10^{-5} \sim 10^{-3}$ Pa。高真空系统不仅能提供无碰撞的离子轨道,还有利于样品的挥发,减少本底的干扰,避免在电离室内发生分子-离子反应,减少图谱的复杂性,是 GC-MS 的重要组成部分。

4. 计算机控制系统

包括自动调谐程序、数据采集和处理程序、谱图检索程序、故障诊断程序等。

自动调谐程序通过调节离子源、质量分析器、检测器等参数,可以自动调整仪器的灵敏度、分辨率在最佳状态,并进行质量数的校正。

数据采集和处理程序对色谱分离之后的各组分色谱峰进行多次扫描采集,其质量扫描的速度取决于质量分析器的类型和结构参数。一个完整的色谱峰通常需要至少 6 个以上数据点,这要求质谱仪有较高的扫描速度,才能在很短的时间内完成多次全范围的质量扫描。通过计算机的软件功能可完成质量校正、谱峰强度修正、谱图累加平均、元素组成、峰面积积分和定量运算等数据处理程序。

谱图检索程序可以在标准谱库中快速地进行匹配，得到相应的有机化合物名称、结构式、分子式、分子量和相似度。目前国际上最常用的质谱数据库有：NIST 库、NIST/EPA/NIH 库、Wiley 库等。另外，用户还可以根据需要建立用户质谱数据库。

诊断程序可以检测仪器使用过程中出现各种的问题和故障，也可以在仪器调谐过程中设置和监测各种电压，或检查仪器故障部位，有助于仪器的正常运转和维修。

二、气相色谱-质谱联用仪接口

接口是气-质联用系统的关键部件。经过气相色谱分离后的样品通过接口进入质谱仪。气-质联用仪接口的作用主要有：

① 压力匹配。质谱离子源的真空度一般在 10^{-3} Pa，而气相色谱柱出口压力高达 10^{5} Pa，接口的作用就是要使两者压力匹配。

② 组分浓缩。从气相色谱柱流出的气体中有大量载气，接口的另一个作用是排除载气，使被测物浓缩后进入离子源。

气-质联用仪常见接口技术有：

（1）直接导入型　主要用于毛细管柱。在色谱柱和离子源之间用长约 50cm、内径 0.5mm 的不锈钢毛细管连接，色谱流出物经过毛细管全部进入离子源，这种接口技术样品利用率高。

（2）开口分流型　此种类型的接口是放空一部分色谱流出物，让另一部分进入质谱仪，通过不断流入氦气清洗，将多余流出物带走。该种类型接口结构简单，但色谱仪流量较大时，分流比大，样品利用率低，不适于填充柱。

（3）喷射式分离器　是 GC-MS 常用的一种分离器。由色谱柱流出的具有一定压力的气体通过狭窄的喷嘴孔，以超声膨胀方式喷射向真空室。在喷嘴出口产生扩散作用，扩散速率与分子量的平方根成反比。其结构如图 9-19 所示。

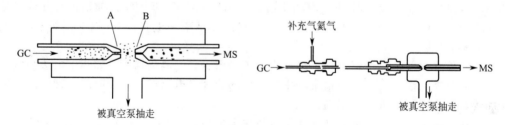

图 9-19　单级喷射式分子分离器结构和安装

当色谱流出物经过分离器时，小分子的载气易从微孔中扩散出去，被真空泵抽除，而被测物分子量大，不易扩散，大部分按照原来的运动方向进入质谱仪单元，从而得到浓缩的组分。为提高效率，可以采用双组分喷嘴分离器。

三、气相色谱-质谱联用技术的应用

1. 气相色谱-质谱定性分析

气相色谱-质谱联用在分析检测和科学研究等许多领域中起着越来越重要的作用，特别是在有机化合物常规检测工作中已成为一种必备的工具。例如，环保领域检测很多有机污染物，特别是一些低浓度的有机物，如二噁英等测定的标准方法就是 GC-MS；在药物研发、生产、质量控制以及进出口的许多环节中都用到 GC-MS；此外，在工业生产如石油、食品、化工等行业都离不开 GC-MS。

与普通气相色谱的定性方法相同，GC-MS 可以根据色谱保留时间定性，即在色谱图中首先选定目标化合物的色谱峰，然后调出质谱图库进行比对，确定待测组分可能的结构及其他相关信息。对于在总离子流色谱（TIC）中尚未完全分离的色谱峰，可以换用选择性离子色谱（SIC）法提高分辨率，其检测灵敏度较 TIC 高 2～3 个数量级。若无标准品对照时，则可以利用质谱法测定化合物特征离子并与标准质谱图库比对进行结构解析，与一般的质谱定性方法相同。

如果能够获得较纯的试样，可以不经过气相色谱分离而直接进行质谱分析，即采用直接进样模式（DI）进样。将试样盛入专用试样管后，放入质谱的直接进样杆，设定升温程序，使试样组分按沸点由低到高依次汽化，直接进入质谱仪进行分析。直接进样分析也可以选择全离子扫描（TIM）或选择离子扫描（SIM），所得到的图谱也称色谱图，解析方法与一般气-质联用分析所获得的色谱图相同。

在气-质联用中良好的分离是定性的基础，得到正确的质谱图是质谱定性准确的前提。质谱图不可靠则质谱图库检索匹配率低，将会增加质谱图解析的难度。对于未知化合物的结构鉴定，气-质联用只能提供关于化合物结构特征的部分信息。质谱库的检索结果可提供几个可能的化合物结构、名称、分子量、分子式等信息，并依照匹配程度的大小列出以供参考。待测物质结构的最终确证必须结合其他手段，如核磁共振、红外光谱等。

2. 气相色谱-质谱定量分析

GC-MS 可以在色谱峰分离不完全的情况下，采用选择性离子扫描，利用其各自特征离子保留时间的差异，根据化合物特征离子的峰面积或峰高与相应待测组分含量的比例关系，对其中的化合物分别进行定量。而且选择性离子流色谱图相对不易受干扰，定量结果更可靠。在用质谱进行定量前，应首先根据其保留时间和质谱图确认目标化合物的特征离子，以免产生检测错误。

定量操作时首先选定目标色谱峰两侧的基线噪声作为本底干扰予以扣除，然后对峰面积进行积分或计算峰高，然后换算成待测组分的浓度。由于质谱灵敏度较好，常用的换算方法是 TIC 峰面积归一化法，对于成分复杂的待测物，应考虑使用校正曲线法，以排除未完全分离的峰中非目标组分的干扰。

同位素标记内标法是将稳定性同位素（如 ^2H、^{13}C、^{15}N）标记到待测组分和内标物中的内标校正曲线法，具有很高的灵敏度和专属性。

知识拓展

核磁共振技术的进展

现代核磁共振技术的应用主要集中在生命科学、物质结构和应用化学研究领域。在生命科学研究中融合现代科技的核磁共振技术将继续向微观及功能诊断方向发展，为进一步揭示生命的奥秘发挥更大的作用。核磁共振技术可以直接研究活体细胞中分子量较小的蛋白质、核酸等的分子结构，而不损伤细胞。

在医学方面，应用核磁共振技术对疾病进行诊断具有突出的优势。它利用高磁场实现人体局部组织的波谱分析，从而进行精确诊断；可以直接提供各种斜面的体层图像，不产生CT检测中的伪影，获得的图像非常清晰精细，大大提高了诊断效率；不使用对人体有害的X射线和易引起过敏反应的造影剂，对人体伤害较小；可以忽略因器官运动对图像造成的影响；快速扫描技术可以使核磁共振扫描时间缩短至几毫秒。

在物质结构研究方面，核磁共振技术可用于解析分子结构，并从最初的一维氢谱发展到^{13}C谱、二维核磁共振谱等高级谱图，其解析分子结构的能力大幅度提高。20世纪90年代，发展出了用二维核磁共振法测定溶液中蛋白质分子三级结构的技术，可以精确测定蛋白质分子结构。由此可见，核磁共振技术的发展已深入分子级研究领域。

在应用化学方面，核磁共振技术的应用愈加广泛。在高分子材料方面，核磁共振技术在碳纤维增强环氧树脂、固态反应的空间有向性、聚合物中溶剂的扩散、聚合物硫化及弹性体的均匀性等研究方面发挥了巨大的作用；在金属陶瓷业中，核磁共振技术可以对多孔结构进行研究，从而检测出陶瓷制品中存在的砂眼；在火箭燃料中，核磁共振技术可以探测固体燃料中的填充物、增塑剂和推进剂的分布情况；在石油化工方面，核磁共振技术可用于研究流体在岩石中的分布状态和流通性等。

可以预见，随着现代科技的进步及人们关注度的提高，核磁共振技术的发展将会有广阔的前景。

部分练一练测一测答案

项目一

一、选择题

1. D 2. A，C

二、填空题

1. 复杂；物理；物理化学；组成；结构；相对含量

2. 灵敏度高；消耗样品量少；对于低浓度组分准确度高；分析速度快；非破坏性检测；应用广泛；专一性强；便于自动化、智能化及遥测

3. 灵敏；准确；快速；自动化；智能化

三、简答题

略。

项目二

一、选择题

1. A 2. C 3. B 4. C，D 5. C 6. A，C 7. A，C 8. B，D 9. B 10. C

二、填空题

1. 定性分析；定量分析

2. 溶液浓度；光程长度；入射光的强度

3. 增至 3 倍；降至 1/3；不变

4. 5.62

5. 单色性；化学变化

6. 被测物质的最大吸收；最大吸收波长处摩尔吸光系数最大，测定时灵敏度最高

7. 空白溶液；试样溶液

8. 最大吸收峰的位置（或 $\lambda_{\max}$）；吸光度

9. 增大；不变

10. 不变；不变

三、计算题

1. 解：在比色皿为 3.0cm 时，$A = -\lg T = -\lg \dfrac{40}{100} = -(\lg 40 - \lg 100) = 0.398$

根据 $\dfrac{A_1}{A_2} = \dfrac{b_1}{b_2}$，$A_2 = \dfrac{2.0}{3.0} \times 0.398 = 0.265$

$\lg T = 2 - 0.265 = 1.735$ $T = 54.3\%$

2. 解：$c_{Fe^{2+}} = \dfrac{50 \times 10^{-6}}{55.85 \times 100} \times 1000 = 8.95 \times 10^{-6} (\text{mol/L})$

$K = \dfrac{0.205}{5 \times 10^{-4} \times 2.0} = 205 [\text{L/(g · cm)}]$

$\varepsilon = \dfrac{0.205}{8.95 \times 10^{-6} \times 2.0} = 1.14 \times 10^{4} [\text{L/(mol · cm)}]$

3. 解：$c_x = \dfrac{c_s}{A_s} A_x$ $c_s = \dfrac{3.0 \times 10.0}{50} = 0.60$

$c_x = \dfrac{0.60}{0.460} \times 0.410 = 0.53$，$c_{水样} = \dfrac{0.53 \times 50}{25.0} = 1.06 (\text{mg/L})$

项目三

一、选择题

1. C　2. C　3. A　4. B　5. C　6. C　7. A　8. D　9. C　10. B

二、判断题

1. √　2. ×　3. ×　4. √　5. ×

三、填空题

1. 红外辐射恰好具有振动能级跃迁所需的能量；分子振动有偶极矩的变化

2. 红外光源；干涉仪；试样室；检测器；工作站

3. 低波数

4. 糊状法；压片法；薄膜法

5. 3750～3000；3300～3000；2400～2100

四、简答题

略。

项目四

一、选择题

1. B　2. D　3. C　4. B　5. B　6. D　7. A　8. D　9. C　10. A

二、填空题

1. 吸收；原子吸收；分子吸收；锐线光源；连续光源

2. La^{3+}；Sr^{2+}；EDTA；8-羟基喹啉

3. 非吸收线扣除背景；用空白溶液校正；用氘灯作背景扣除；用塞曼效应的原子吸收分光光度计扣除背景

4. 燃助比大于化学计量；燃助比小于化学计量；富燃；贫燃

5. 中心波长（频率）；谱线宽度；空心阴极灯（锐线光源）

三、计算题

1. 解：根据 $A = KcL$，设水样含 Mg^{2+} 为 $\rho_x (\mu g/mL)$

即：$A_s = KL \dfrac{\rho_s V_s + \rho_x V_x}{V}$，$0.225 = KL \dfrac{2.00 \times 1.00 + \rho_x \times 20.00}{50.00}$；

$A_x = KL \dfrac{\rho_x V_x}{V}$，$0.200 = KL \dfrac{20.00 \rho_x}{50.00}$；

$\dfrac{0.225}{0.200} = \dfrac{2.00 + 20.00 \rho_x}{20.00 \rho_x}$

$\rho_x = \dfrac{2.00}{2.5} = 0.8 (\mu g/mL) = 0.8 mg/L$

2. 解：理论通带宽度：$20 \times 10^{-3} mm \times 1.5 nm/mm = 3.0 \times 10^{-2} nm$

实际通带宽度：$\dfrac{407.10 nm - 401.60 nm}{10 mm} = 0.55 nm/mm$

$20 \times 10^{-3} mm \times 0.55 nm/mm = 1.1 \times 10^{-2} nm$

3. 解：$\rho_1 \propto -\lg T_1$、$c_2 \propto -\lg T_2$；

$\dfrac{\rho_1}{\rho_2} = \dfrac{\lg T_1}{\lg T_2}$；$\rho_1 = 10 \mu g/mL$ 时，$T_1 = 80\%$；$\rho_2 = 50 \mu g/mL$ 时，$T_2 = 32.8\%$

则光强减弱了：$100\% - 32.8\% = 67.2\%$

项目五

一、选择题

1.A，B，C，D　2.A，D　3.A，B　4.C，D　5.A，B，C　6.B，C　7.A，C，D　8.A，C　9.A，B，C　10.C，D

二、判断题

1.×　2.×　3.×　4.√　5.×　6.√　7.×　8.×　9.√　10.×

三、计算题

1.解：由 $E=K'-0.059\text{pH}$ 得

$$0.0435=K'-0.059\times5 \tag{1}$$

$$0.0145=K'-0.059\text{pH} \tag{2}$$

联立式(1)和式(2)解得 pH＝5.5

2.解：已知 $E_1=0.200\text{V}$，$E_2=0.185\text{V}$

$$\begin{cases} E_1=K-0.059\lg c_x \\ E_2=K-0.059\lg(c_x+\dfrac{0.1\times0.1}{10}) \end{cases}$$

下式减上式，得

$$0.015=0.059\lg\frac{c_x+10^{-3}}{c_x}$$

则 $c_x=1.26\times10^{-3}\text{mol/L}$

3.解：$c_x=\dfrac{c_sV_s}{V_0}(10^{\Delta E/S}-1)^{-1}$

$$=1.26\times10^{-2}(\text{mol/L})$$

4.0.652mg/g

5.解：根据标准加入法公式：

$$c_{F^-}=\frac{\Delta c}{10^{\Delta E/S}-1}=\frac{5.00\times10^{-4}}{10^{\frac{86.5-6.0}{59.0}}-1}=4.72\times10^{-4}(\text{mol/L})$$

项目六

一、选择题

1.D　2.D　3.C　4.A，B

二、填空题

1.物理化学分离；固定；流动；分配系数；相对运动；反复多次的分配；得以分离

2.定性分析；定量分析

3.分配系数

4.a，c、b

三、计算题

解：因为 $n=16\left(\dfrac{t_R}{Y}\right)^2$　所以 $Y=\dfrac{4t_R}{\sqrt{n}}$。　$Y_1=\dfrac{4\times100}{\sqrt{3600}}=\dfrac{20}{3}\text{s}$；　$Y_2=\dfrac{4\times110}{\sqrt{3600}}=\dfrac{22}{3}\text{s}$

$$R=\frac{2(t_{R_2}-t_{R_1})}{Y_2+Y_1}=\frac{2\times(110-100)}{6.7+7.3}=1.4<1.5$$

因此，两组分未能完全分离。

项目七

一、选择题

1.A，C，D　2.C　3.B　4.A，B，C　5.B　6.D

二、填空题

1. 固体吸附剂；吸附；脱附；高沸点的有机溶剂；溶解；挥发
2. 载气系统；进样系统；分离系统；检测系统；数据记录处理系统；温度控制系统
3. 相似相溶；非极性；氢键型
4. 组分；固定相
5. 少；大；低
6. 不规则因子；填充物的平均颗粒直径

三、计算题

1. 解：$\sum A_i f_i' = 120 \times 0.97 + 75 \times 1.00 + 140 \times 0.96 + 105 \times 0.98 = 428.7$

$$w_{\text{乙苯}} = \frac{120 \times 0.97}{428.7} \times 100\% = 27.2\%$$

$$w_{\text{对二甲苯}} = \frac{75 \times 1.00}{428.7} \times 100\% = 17.5\%$$

$$w_{\text{间二甲苯}} = \frac{140 \times 0.96}{428.7} \times 100\% = 31.4\%$$

$$w_{\text{邻二甲苯}} = \frac{105 \times 0.98}{428.7} \times 100\% = 24.0\%$$

2. 解：$w_{\text{燕麦敌}} = \dfrac{A_{\text{燕麦敌}}\ f_{i,s}'\ m_{\text{正十八烷}}}{A_{\text{正十八烷}}\ m_{\text{试样}}} = \dfrac{68.0 \times 2.40 \times 1.88}{87.0 \times 8.12} \times 100\% = 43.4\%$

3. 解：

$$w_{\text{甲酸}} = \frac{A_{\text{甲酸}}\ f_{i,s}'\ m_{\text{环己酮}}}{A_{\text{环己烷}}\ m_{\text{试样}}} = \frac{32.8 \times 0.385 \times 0.1848}{168.2 \times 1.565} \times 100\% = 0.89\%$$

$$w_{\text{乙酸}} = \frac{A_{\text{乙酸}}\ f_{i,s}'\ m_{\text{环己酮}}}{A_{\text{环己酮}}\ m_{\text{试样}}} = \frac{16.4 \times 0.674 \times 0.1848}{168.2 \times 1.565} \times 100\% = 0.78\%$$

$$w_{\text{丙酸}} = \frac{A_{\text{丙酸}}\ f_{i,s}'\ m_{\text{环己酮}}}{A_{\text{环己酮}}\ m_{\text{试样}}} = \frac{89.4 \times 0.937 \times 0.1848}{168.2 \times 1.565} \times 100\% = 5.88\%$$

参 考 文 献

[1] 黄一石, 吴朝华, 杨小林. 仪器分析. 第 3 版. 北京: 化学工业出版社, 2013.
[2] 朱明华, 胡坪. 仪器分析. 第 4 版. 北京: 高等教育出版社, 2008.
[3] 武汉大学. 分析化学: 下册. 第 5 版. 北京: 高等教育出版社, 2007.
[4] 冯建波. 仪器分析技术. 北京: 化学工业出版社, 2012.
[5] 魏福祥. 现代仪器分析技术. 北京: 中国石化出版社, 2011.
[6] 曹国庆. 仪器分析技术. 第 2 版. 北京: 化学工业出版社, 2018.
[7] 郑国经. 分析化学手册: 3A. 原子光谱分析. 第 3 版. 北京: 化学工业出版社, 2016.
[8] 柯以侃, 董慧茹. 分析化学手册: 3B. 分子光谱分析. 第 3 版. 北京: 化学工业出版社, 2016
[9] 苏彬. 分析化学手册: 4. 电化学分析. 第 3 版. 北京: 化学工业出版社, 2016.
[10] 许国旺. 分析化学手册: 5. 气相色谱分析. 第 3 版. 北京: 化学工业出版社, 2016.
[11] 陈焕文. 分析化学手册: 9A. 有机质谱分析. 第 3 版. 北京: 化学工业出版社, 2016.
[12] 付敏, 程弘夏. 现代仪器分析. 北京: 化学工业出版社, 2018.
[13] 李晓燕. 现代仪器分析. 北京: 化学工业出版社, 2008.
[14] 宁永成. 有机波谱学谱图解析. 北京: 科学出版社, 2017.
[15] 郑晓明. 电化学分析技术. 北京: 中国石化出版社, 2017.
[16] 翁诗甫, 徐怡庄. 傅里叶变换红外光谱分析. 北京: 化学工业出版社, 2016.
[17] 胡斌, 江祖成. 色谱-原子光谱/质谱联用技术及形态分析. 北京: 科学出版社, 2015.
[18] 中国标准出版社. 气相色谱分析技术标准汇编. 北京: 中国标准出版社, 2013.
[19] (美) 戴维·斯帕克曼 (David Sparkman). 气相色谱与质谱: 实用指南. 北京: 科学出版社, 2015.
[20] Silverstein R M 主编. 有机化合物的波谱解析. 第 8 版. 药明康德新药开发有限公司译. 上海: 华东理工大学出版社, 2017.
[21] (德) 格罗斯 (Jürgen H. Gross). 质谱. 第 2 版. 北京: 科学出版社, 2018.